nrf essais

Ian Tattersall

L'émergence de l'homme

Essai sur l'évolution et l'unicité humaine

Traduit de l'anglais
par Marcel Blanc

Ouvrage traduit avec le concours
du Centre national du Livre

Gallimard

L'édition originale de cet ouvrage est parue chez Harcourt Brace & Company, New York.

Titre original :

BECOMING HUMAN
Evolution and Human Uniqueness

Pour Jeanne Kelly,
avec affection et gratitude

PROLOGUE

Au départ de la calme petite ville des Eyzies-de-Tayac, dans le sud-ouest de la France, une promenade d'une demi-heure mène à une étroite crevasse qui s'enfonce profondément dans le front d'une falaise calcaire. Ce couloir souterrain et sinueux, qui était jadis emprunté par une rivière en sous-sol, constitue la grotte des Combarelles I. À son entrée, un guide déverrouille la serrure d'une vieille grille de fer et vous fait pénétrer. Au-delà, un boyau étroit, tortueux et bas de plafond plonge dans les ténèbres, juste assez haut pour que l'on s'y tienne debout, et juste assez large pour que l'on puisse, en se serrant, dépasser son voisin. Si vous vous courbez et vous effacez tantôt de droite, tantôt de gauche, vous progressez d'environ cent cinquante mètres dans ce sombre couloir. Mais pourquoi, diable, s'aventurer jusqu'en ce lieu resserré et inhospitalier, où règne l'obscurité malgré quelques lampes électriques allumées de loin en loin ? La réponse vient soudain. Le guide s'arrête, et toutes vos questions, tous vos doutes s'évanouissent. Sous les rayons obliques des pinceaux lumineux, les parois de la caverne s'animent d'une multitude de gravures, certaines d'entre elles disparaissent presque sous un dépôt de calcite formé sur les parois de la caverne au long des milliers d'années. Des images de chevaux, de mammouths, de rennes, de bisons, de bouquetins, de lions et de toute une série d'autres mammifères se pressent sur les parois de la grotte sur une distance de plus de cent mètres : il y en a plus de trois cents en tout. Exécutées avec un grand soin qui témoigne d'un sens aigu de l'observation, ces images variées qui se chevauchent ont été réalisées par des hommes de la fin de l'ère glaciaire, il y a peut-être treize mille ans de cela.

Le visiteur est littéralement fasciné, pas simplement par la finesse de ces merveilleuses gravures (exécutées à une époque où le paysage, à l'extérieur des Combarelles, aujourd'hui dominé par la chênaie, était une vaste steppe où pérégrinaient des mammouths, des rhinocéros laineux et des lions des cavernes), mais par leur ancienneté même. Car il ne s'agit absolument pas de dessins grossiers; cet art-là, à sa manière, est aussi raffiné, et sûrement aussi magistral, que tout ce qui a été réalisé depuis. Tous les préjugés entretenus jusqu'alors sur le caractère « primitif » des « hommes des cavernes » sont instantanément balayés. Lorsque le visiteur parvient enfin à s'arracher à la contemplation de ces superbes vestiges d'un passé humain incroyablement lointain et qu'il se retourne pour revenir en tâtonnant jusqu'à l'entrée de la caverne, il remarque alors autre chose. À mi-hauteur, la paroi change d'aspect. La partie basse de la caverne a en effet été agrandie au cours de notre siècle, afin de faciliter l'accès aux visiteurs. Lorsque les artistes de l'ère glaciaire pénétraient dans cette grotte, elle avait par endroits moins de soixante centimètres de haut. Il leur fallait se traîner sur le ventre en se tortillant, se faufiler entre le plafond et le plancher de la caverne, haleter, chercher sans doute leur souffle dans cet air à l'oxygène raréfié. Une fois qu'ils avaient repéré un endroit propice, éloigné de l'entrée de près d'une heure de pénible progression par reptation, les artistes y avaient à peine la place de bouger leurs bras, sans parler du reste du corps. Par ailleurs, ils devaient amener avec eux dans la grotte, non seulement leurs outils de silex pour graver, mais aussi des moyens d'éclairage lourds et guère fiables. Ces derniers, on le sait d'après les observations faites en d'autres sites préhistoriques de même date, étaient constitués de sortes de lampes, le plus souvent réalisées dans des pierres évidées (parfois remarquablement façonnées et ornées) dans lesquelles un peu de graisse animale brûlait grâce à une mèche de genévrier. Ces lampes, qui s'éteignaient facilement et répandaient à flot leur combustible fondu, fournissaient un éclairage faible qui devait sûrement accentuer l'impression produite par les gravures, telle que la percevaient les artistes. Car, dans une lumière tremblotante, les images paraissaient sans aucun doute prendre vie, elles bondissaient le long des parois de la caverne. Leurs auteurs se trouvaient alors dans des conditions particulièrement favorables pour donner aux animaux leurs mouvements appropriés.

Après avoir quitté la grotte, le visiteur ne laisse pas de s'interroger : « Pourquoi ? » Pourquoi les hommes de l'ère glaciaire ont-ils rampé avec beaucoup d'efforts dans un couloir étroit, étouffant, obscur, malcommode et éventuellement dangereux, se terminant en un cul-de-sac dans les profondeurs de la terre, où ils n'avaient qu'à peine la place de se retourner ? Pourquoi se sont-ils adonnés à ces réalisations artistiques qui ne pourraient être vues de nouveau ultérieurement qu'avec les plus grandes difficultés ? Pourquoi n'en ont-ils exécuté pratiquement aucune dans les parties de la grotte les plus proches de l'extérieur, et pourquoi les ont-ils cantonnées seulement dans ses recoins les plus reculés ? Pourquoi ont-ils gravé des multitudes d'images, et intercalé entre ces représentations très vivantes des signes géométriques et une profusion de marques dont le sens est obscur et qui semblent superflus ? En un mot, quelle fut donc la raison d'être de cet art ?

À vrai dire, nous ne connaîtrons sûrement jamais la réponse à l'une ou l'autre de ces questions : demeure qu'avancer des spéculations à leur sujet, comme nous le ferons au chapitre suivant, est évidemment passionnant. Ces manifestations artistiques remarquables constituent l'expression miraculeusement conservée des aspirations et des valeurs caractéristiques d'une culture disparue depuis longtemps, qui ne nous a laissé que ces images et ces signes comme témoignages indirects et incompréhensibles, reflets d'un ensemble indubitablement riche de mythes, de croyances et de traditions. Mais si obscure que nous soit la motivation qui, voilà de nombreux millénaires, a poussé les artistes de l'ère glaciaire dans les recoins humides et froids de la grotte des Combarelles et de beaucoup d'autres cavernes de France et d'Espagne, nous sommes capables de la reconnaître instinctivement comme quelque chose de profondément humain. Non seulement ce sont les êtres humains, et eux seuls, qui s'adonnent à la création artistique, mais ce sont eux, seulement, qui présentent des comportements aussi mystérieux et impénétrables que ceux-là.

Nous autres, êtres humains, sommes vraiment d'étranges animaux. Nous sommes reliés au monde animal, mais nous nous en distinguons nettement par nos facultés cognitives, et une grande partie de nos conduites sont conditionnées par l'abstrait et le symbolique. Cela ne veut assurément pas dire que nous ne partageons pas avec certains animaux des comportements, des dispositions et des structures physiques : nous en avons évidemment en commun. C'est par le biais de telles similitudes qu'en réalité nous savons que nous faisons partie de la nature, et c'est en regardant la façon dont elles sont distribuées chez de nombreuses espèces dans le monde que nous pouvons apercevoir exactement où nous nous situons dans le grand arbre généalogique de la vie. Cependant, analyser la structure de ce dernier n'entre pas dans les objectifs du présent livre, car je désire plutôt aborder ici la question des particularités propres à l'homme, son unicité (*uniqueness*), en recherchant quelles sont les caractéristiques qui nous séparent de nos plus proches parents au sein de la nature. Or il convient de remarquer que, de ces derniers, il existe deux catégories. Parmi tous les organismes vivants, nous sommes indiscutablement le plus étroitement apparentés aux grands singes, et une partie de ce livre visera à examiner l'abîme qui nous sépare d'eux en matière de capacités cognitives. Nous sommes en mesure d'apprécier directement celles-ci uniquement chez des organismes vivants.

Dans une perspective plus vaste, nous ne sommes pas aussi étroitement apparentés aux grands singes. Nous avons eu un ancêtre commun avec un ou plusieurs de ces grands singes, il y a six à sept millions d'années; et, depuis, aussi bien dans notre lignée que dans la leur, a pris place une longue évolution, que l'on peut étudier sur la base d'archives paléontologiques et archéologiques. Celles-ci nous renseignent sur la structure physique et le comportement d'au moins une dizaine d'espèces humaines et préhumaines, ayant existé dans la préhistoire, certaines nous étant très étroitement apparentées, d'autres, moins. Pour tenter de comprendre un peu, sur la base du volume cérébral comme sur la base de la structure des sites archéologiques, quelles étaient les capacités cognitives de nos ancêtres, humains ou préhumains, il est nécessaire de recourir à des déductions. On ne peut pas savoir directement comment ces ancêtres se comportaient ni pensaient. Mais, en combinant nos connaissances sur nos plus proches apparentés vivants avec les archives laissées par nos parents éteints, nous pouvons espérer comprendre un peu ce qui nous rend si particuliers, et comment nous avons acquis nos caractéristiques uniques en leur genre. Bien plus, l'examen des processus sous-jacents par lesquels nous sommes devenus ce que nous sommes permet de comprendre non seulement notre passé, mais aussi nos perspectives d'avenir. C'est de tout cela qu'il sera question ici.

CHAPITRE PREMIER

L'explosion créative

Les êtres humains, dans leur unicité, sont issus d'un long processus évolutif; tel sera l'objet central de cet ouvrage. Mais puisque nous avons ouvert celui-ci en nous replaçant dans la France de l'ère glaciaire, commençons donc notre voyage dans l'évolution en considérant d'abord ce qui en constitue, pour ainsi dire, presque le terme : les étonnantes traces laissées par les Européens de la fin de l'ère glaciaire. Ces derniers nous fournissent, en effet, le premier témoignage véritable, au sein des archives archéologiques, de l'apparition de cette capacité humaine et unique à l'état pleinement développé : la créativité. L'écrivain scientifique John Pfeiffer a parlé à son propos d'« explosion créative ». Il ne faut pas croire cependant que cette caractéristique nouvelle soit née sur place; l'Europe n'a été, jusqu'à – 40000[1], habitée que par les Néandertaliens : il s'agissait d'un groupe bien distinct, et actuellement éteint, d'êtres humains, qui appartenaient à l'espèce *Homo neanderthalensis.* Les Néandertaliens, que nous rencontrerons de nouveau au chapitre V, étaient des êtres complexes, et ils ont exploité avec talent le milieu dans lequel ils vivaient : ils étaient fort éloignés de l'image de brute que des générations de dessinateurs humoristiques leur ont attribuée. Mais ils n'ont laissé aucune trace probante de cette étincelle de créativité, de cette capacité d'innovation qui est la marque si

1. Ce chiffre négatif correspond à l'une des façons traditionnelles de dater les temps préhistoriques et signifie ici : 40 000 ans avant notre époque, celle-ci étant prise comme temps zéro. *(N.d.T.)*

évidente de notre propre espèce; et ils ont été rapidement évincés par les premiers *Homo sapiens* européens, qui arrivèrent à cette époque, pleinement dotés de comportements modernes.

On appelle souvent ces premiers Européens les hommes de Cro-Magnon, d'après le nom du site du sud-ouest de la France où leurs restes fossiles ont été pour la première fois décrits[1]. On ne sait pas encore très bien d'*où* exactement venaient les premiers hommes de Cro-Magnon (nous reviendrons à cette question dans les chapitres V et VI), mais il ne fait aucun doute qu'ils appartenaient à *notre* espèce. Physiquement, il est impossible de les distinguer d'*Homo sapiens* actuel; et, par leur richesse et leur complexité, les traces matérielles qu'ils ont laissées attestent indiscutablement qu'ils nous valaient sur le plan de l'intelligence.

Ces premiers Européens sont des chasseurs et des cueilleurs : ils vivent des ressources trouvées dans leur milieu. Ils sont arrivés dans leur nouvel habitat à un moment où le climat était en train de se refroidir considérablement et où la calotte polaire arctique tendait à prendre son extension maximale vers le sud : son rebord méridional atteignait vers – 18000 la latitude du nord de l'Allemagne et du sud de l'Angleterre. Au-delà du front des glaciers s'étendaient de vastes prairies pratiquement dépourvues de tout arbre, sur lesquelles pérégrinaient de grands troupeaux de gros mammifères herbivores. Cette époque, si elle a été froide, n'a pas forcément été dure pour les premiers Européens anatomiquement modernes (bien qu'à certaines périodes les squelettes des hommes de Cro-Magnon portent souvent des marques attestant des conditions de vie difficiles). Pour d'habiles chasseurs dotés de toutes les capacités cognitives d'*Homo sapiens*, l'abondante faune qui peuple les vastes steppes représente une incomparable source de nourriture à exploiter, parfois avec relativement peu d'efforts. Et les sites archéologiques caractéristiques des hommes de Cro-Magnon attestent que ces derniers ont efficacement tiré parti de tout ce qui leur était offert. La diver-

1. Cro-Magnon est un lieu-dit de la commune des Eyzies-de-Tayac (Dordogne). *(N.d.T.)*

sité des ossements d'animaux que l'on retrouve dans les lieux où ils campèrent dépasse de loin tout ce que l'on observe dans les périodes antérieures de notre histoire évolutive : ainsi, il apparaît, pratiquement pour la première fois, sur ces sites des os d'oiseaux ou des arêtes de poissons. Cela ne veut pas dire que les Néandertaliens n'ont jamais pêché de poisson; les ours en sont capables, après tout. Mais s'ils l'ont fait, ils mangeaient leur prise sur place, tandis que les hommes de Cro-Magnon les rapportaient au campement pour les partager avec les autres — une façon d'agir qui est propre à l'homme moderne. On a, en effet, des preuves frappantes de l'existence de tels comportements de partage, comme, par exemple, sur ce site archéologique de France où les préhistoriens ont observé qu'un même gros animal a été distribué entre trois stations de campement autour d'un feu, séparées par des centaines de mètres et probablement occupées par différentes familles.

Les hommes de Cro-Magnon ont également une connaissance inégalée des mœurs de leurs proies. Nous le déduisons non seulement du fait qu'ils mangent une vaste gamme d'animaux, mais aussi de la nature de leurs représentations artistiques et de l'emplacement de leurs campements. Ces derniers sont souvent situés près des cours d'eau, en des points où des troupeaux de mammifères, tels que des rennes, devaient essayer de traverser à gué et où ils étaient à ce moment-là particulièrement vulnérables aux attaques de chasseurs embusqués. Par ailleurs, au bout de vallées en cul-de-sac, où des troupeaux avaient dû être poussés, ou au bas de falaises sur les sommets desquelles ils avaient dû être aiguillés, on a trouvé, associés à des outils de pierre taillée, d'énormes tas d'os d'animaux, présentant parfois des traces de préparations culinaires. Nous savons avec certitude que les hommes de Cro-Magnon connaissaient parfaitement les variations d'apparence de leurs proies au cours des saisons : sur les représentations trouvées dans les cavernes, on voit des bisons avec leur fourrure en cours de mue en début d'été, des cerfs bramant à la saison du rut, en automne, des rhinocéros laineux exhibant un repli cutané qui n'était visible qu'en été, ou des saumons dotés de ce curieux ergot à la mâchoire inférieure que les mâles développent à la saison du frai. En fait, certains traits de l'anatomie d'espèces animales aujourd'hui éteintes ne nous sont connus que grâce aux représentations artistiques de l'homme de Cro-Magnon. Car, s'il est vrai que les tissus mous ne persistent normalement pas dans les archives fossiles, la morphologie à laquelle ils donnaient forme survit sur les parois des cavernes ou sur les petits blocs de pierre gravés datant de cette même époque. Ainsi, c'est seulement grâce aux observations que nous ont laissées les hommes de Cro-Magnon que nous savons que le rhinocéros de l'ère glaciaire en Europe était paré d'une fourrure à long poil ou que l'extraordinaire *Megaceros giganteus*, un cerf doté d'immenses bois et dont les ossements les plus récents datent de – 10600, présentait une importante bosse, de couleur sombre, derrière les épaules. Le cas du mammouth laineux, seul animal préhistorique dont les structures molles ont été préservées sous la forme de carcasses gelées trouvées dans les glaces de Sibérie, permet de conclure que les artistes de l'ère glaciaire observaient leurs sujets avec un très grand soin. Car certaines des caractéristiques particulières des mammouths ont été retracées de façon extrêmement précise sur les parois des cavernes, comme l'extrémité fendue de leur trompe.

Au sein des archives archéologiques et paléontologiques de l'homme de Cro-Magnon, dont on dispose maintenant et qui s'échelonnent entre – 40000 et – 10000, on trouve encore bien d'autres indices de nouveautés totalement inédites. Les campements sont bien plus divers en dimensions et en complexité que tout ce qui a existé auparavant. Lorsqu'ils sont installés dans des abris-sous-roche, ils sont généralement disposés de façon à bénéficier de la chaleur du soleil du matin. Dans les sites de plein air, des huttes de structure compliquée sont dressées et elles sont souvent plus raffinées que la simple nécessité ne le demande. Les plus remarquables d'entre elles ont été trouvées dans des lieux situés dans les plaines de l'Europe centrale, et datent d'environ 15 000 ans. Dans le site ukrainien de Mezhirich, on a ainsi mis au jour les restes de quatre huttes : elles étaient construites au moyen d'une profusion d'os de mammouth arrangés de manière complexe (et en quantités représentant des tonnes de ces matériaux). La façon délibérée, et variable d'une hutte à l'autre, dont ces os ont été choisis et disposés a conduit à parler de ces constructions comme des « premiers exemples d'architecture ». L'une des huttes est ainsi caractérisée par des séries de mâchoires inférieures de mammouth, arrangées en chevrons; une autre, par une sorte de palissade circulaire d'os longs, fichés en terre par leur extrémité. Sur ce même site, et sur d'autres, il semble que les habitants creusaient des puits dans le permafrost : ils s'en servaient comme de réfrigérateurs naturels pour stocker la viande. Cette innovation leur a peut-être permis de mener une vie semi-sédentaire, dans la mesure où ils pouvaient survivre grâce à leurs réserves de viande, même lorsque les troupeaux dont ils dépendaient étaient partis en migration. Le feu, qui avait été maîtrisé sur un mode rudimentaire, même avant l'époque des Néandertaliens, est utilisé de façon bien plus variée par les hommes de Cro-Magnon. Outre les lampes employées pour éclairer l'intérieur des cavernes, des foyers complexes ont été construits selon des styles très divers, et il semble qu'on se servait de pierres fortement chauffées pour faire bouillir l'eau retenue dans des fosses tapissées de cuir. Dès – 26000, les hommes de Cro-Magnon, dans un site de l'actuelle République tchèque, faisaient même cuire des statuettes d'argile dans des fours qui montaient à plus de 400 °C (puis, peut-être au nom de certains rites obscurs, ils les cassaient délibérément).

Les outils de pierre taillée existent depuis plus de deux millions et demi d'années lorsque apparaissent les hommes de Cro-Magnon, mais l'outillage qu'ils introduisent en Europe témoigne d'une habileté technologique inégalée. La technique fondamentale consiste à façonner un gros bloc, de préférence en silex, pour lui donner une forme cylindrique dont on détache ensuite de nombreuses « lames », longues et minces, en le martelant avec un percuteur, qui est normalement de bois ou d'os, mais peut aussi bien être un andouiller. Les lames ainsi produites présentent de longs bords coupants aigus et elles sont modifiables en toutes sortes d'outils plus spécialisés. Nombre de ces derniers sont ensuite montés sur des manches de bois ou d'os. Cette façon de tailler la pierre permet d'obtenir une longueur de tranchant utile, par kilo de matériau brut, dix fois plus grande que n'en donne n'importe laquelle des techniques utilisées antérieurement. La maîtrise du montage des lames sur des manches a ouvert toutes sortes de possibilités d'utilisation efficaces, à un degré inconnu jusque-là. Pour la première fois, par ailleurs, l'os et l'andouiller servent de matière première pour réaliser des objets soigneusement exécutés. C'est ainsi qu'on taille de main de maître des pointes osseuses effilées, et qu'on donne une forme bien droite aux andouillers pour qu'ils servent de propulseurs de lances, souvent sculptés et décorés de façon raffinée. Encore utilisés dans les temps historiques par les Esquimaux et les aborigènes australiens, ces objets en forme de bâton présentent, à leur extrémité postérieure, un crochet contre lequel est placé le pied de la lance, tandis que l'extrémité antérieure est empoignée par le chasseur. Ils avaient pour effet d'augmenter la force du bras de l'utilisateur, de sorte que les lances pouvaient être projetées beaucoup plus loin et avec plus de précision que lorsqu'elles étaient simplement lancées à la main.

Vers – 18000 ou un peu moins, les hommes de Cro-Magnon pratiquent la pêche au moyen de techniques perfectionnées et diversifiées : ils disposent ainsi de harpons à barbelures, parfois munis de cannelures permettant l'écoulement du sang (ce qui augmentait leur efficacité), mais aussi d'outils plus simples, ressemblants à des hameçons. À peu près à la même époque, des empreintes laissées dans l'argile indiquent que l'on tressait des fibres végétales pour en faire des cordes. Dès – 26000, on savait réaliser de petites aiguilles à chas très étroit, faites dans de l'os ou de l'andouiller — preuve que l'on s'habillait désormais avec des vêtements soigneusement ajustés. On pourrait ainsi continuer à dresser la liste des innovations effectuées par les hommes de Cro-Magnon ; car, s'ils sont déjà considérablement équipés au moment de leur arrivée en Europe, ils ne cessèrent d'ajouter à leur riche répertoire matériel et comportemental une quantité stupéfiante d'inventions et de stratagèmes ingénieux. Rien de tel dans les archives archéologiques laissées par les représentants antérieurs du genre *Homo.* Véritablement, c'est une nouvelle sorte d'être qui désormais habite la Terre.

Les Néandertaliens avaient occasionnellement pratiqué l'enterrement de leurs morts. Mais chez les hommes de Cro-Magnon, nous voyons pour la première fois des sépultures complexes et régulières. De plus, certains indices suggèrent qu'ils pratiquaient des rites et croyaient en une vie dans l'au-delà. L'exemple le plus frappant d'inhumation chez les hommes de Cro-Magnon est fourni par le site de Sounguir, en Russie, datant de – 28000. Dans cette tombe, deux jeunes et un homme de soixante ans ont été enterrés (soit dit en passant, aucun être humain du genre *Homo* n'avait jusque-là atteint un âge aussi avancé). L'aspect remarquable de cette sépulture est que les défunts ont été inhumés avec les marques d'une étonnante richesse matérielle. Chacun d'eux a été habillé de vêtements sur lesquels on avait cousu plus de trois mille perles d'ivoire — des expériences ont montré que la fabrication de chacune d'entre elles avait demandé une heure. Ils portaient aussi des pendentifs, des bracelets et des colliers de coquillages. Les deux jeunes, enterrés tête contre tête, étaient flanqués de deux défenses de mammouth de plus de deux mètres de long. En outre, ces dernières avaient été rendues rectilignes — or, comme le fait remarquer mon collègue Randy White, cela n'a pu être obtenu qu'en plongeant les défenses dans l'eau bouillante. Mais comment? Cela confond l'imagination, car il ne suffisait manifestement pas de plonger des pierres brûlantes dans une petite fosse tapissée de peaux de cuir. On a aussi trouvé à Sounguir de nombreux outils en os et des objets sculptés, comme des sortes de roue et un petit cheval en ivoire, orné d'une série ordonnée de minuscules trous. La sépulture raffinée de Sounguir ne constitue qu'un exemple, le plus spectaculaire de tous, parmi beaucoup d'autres; considérées toutes ensemble, les inhumations réalisées par les hommes de Cro-Magnon nous apprennent énormément de choses sur les êtres humains qui les ont réalisées.

D'abord, dans toutes les sociétés qui le pratiquent, le dépôt d'objets aux côtés des morts dans leur tombe est associé invariablement à des rites et à la croyance en une vie après la mort les objets sont là parce qu'à l'avenir ils seront utiles au défunt. Il ne s'agit pas nécessairement d'objets de la vie quotidienne (bien que tout ce que l'on a trouvé à Sounguir puisse en relever), puisque la parure personnelle semble être un besoin humain fondamental, et manifestement les hommes de Cro-Magnon lui ont donné une expression maximale. Bien qu'on ne sache pas si certains des objets de Sounguir ont été ou non fabriqués spécifiquement en vue de leur dépôt dans la tombe, une chose est cependant certaine : la conscience spirituelle et la connaissance de l'inéluctabilité de la mort sont étroitement liées, et l'on trouve dans les sépultures des hommes de Cro-Magnon d'abondants indices permettant de déduire leur présence respective. Il s'agit là indiscutablement de la plus ancienne trace de l'expérience religieuse.

Par ailleurs, le fait que les productions esthétiques trouvées dans les tombes ont demandé beaucoup de travail pour leur réalisation suggère que l'ornementation, le façonnement, l'art faisaient intégralement partie de la vie des individus et de la société ; ce n'était pas des activités sans importance, réalisées au petit bonheur. La pratique artistique n'était absolument pas une occupation occasionnelle ou fortuite chez les hommes de Cro-Magnon ; elle était au centre de leur façon de percevoir leur environnement et de s'expliquer le monde (ainsi que, sans doute, leur position au sein de celui-ci).

Ensuite, la société dans laquelle prennent place ces pratiques doit disposer de surplus économiques considérables, pour qu'elle se permette de se séparer d'objets dans lesquels avait été investi un important travail. Les hommes de Cro-Magnon ne sont manifestement pas tenus de consacrer tout leur temps à n'assurer que leur subsistance ; ils exploitent leur environnement avec assez d'efficacité pour pouvoir disposer de loisirs au cours desquels ils sont en mesure de s'adonner à des activités de ce genre, relevant de la communication symbolique. Mais, durant l'ère glaciaire, les hommes de Cro-Magnon se sont également livrés à la production artistique dans des conditions d'environnement variées, dont certaines furent certainement très favorables, et d'autres moins, pour la pratique de la chasse et la cueillette. Or, à partir du moment où la fabrication de tels objets a été établie comme une institution régulière, de concert avec un système de rites, il se pourrait qu'elle ait acquis, au-delà du statut d'activité liée aux loisirs, celui de partie intégrante du système économique des hommes de Cro-Magnon, dans la mesure où ceux-ci l'auraient désormais considérée comme essentielle au maintien de leur capacité d'exploitation de leur environnement. Par exemple, lorsque des périodes plus difficiles survenaient, comme cela devait sûrement se produire dans le cadre des fluctuations climatiques au cours de l'ère glaciaire, ces êtres humains regardaient alors peut-être leur art et les rites qui y étaient associés comme des facteurs nécessaires au maintien de leurs moyens d'existence : en d'autres termes, ils leur paraissaient peut-être alors essentiels à assurer leur succès à la chasse ou dans les autres activités permettant leur survie.

Pour finir, le fait qu'il existe de considérables variations dans le degré de complexité et dans les particularités des sépultures des hommes de Cro-Magnon (car l'opulence affichée à Sounguir est l'exception plutôt que la règle) semble indiquer une stratification sociale et une division du travail au sein de leur société. La richesse de la parure, lorsque les personnes sont vivantes, reflète souvent leur statut social, et celui-ci à son tour dicte la nature des objets qui sont déposés dans leur tombe. Certains hommes de Cro-Magnon ont été enterrés avec une extraordinaire abondance d'objets de toutes sortes ; d'autres ont été inhumés avec bien plus de simplicité. Certes, l'échantillon de sépultures dont nous disposons est très aléatoire, et certaines des variations observées de l'une à l'autre peuvent simplement traduire des différences dans la richesse globale des sociétés respectives. Mais il ne fait guère de doute qu'une partie de ces variations au moins reflète des différences sociales, selon l'importance de la position qu'occupaient les individus au sein de ces sociétés. Il est très possible que certaines de ces différences de statut aient été socialement héritées ; il est peu vraisemblable que les deux jeunes de Sounguir, par exemple, aient eu la possibilité de se distinguer dans leur société par la valeur de leurs propres actes ni, plus tard, qu'ils aient pu réaliser eux-mêmes leurs vêtements richement ornés. Il est bien plus vraisemblable que certains individus étaient spécialisés dans différentes activités, ce qui explique la diversité de la production qui y avait cours. Et les membres de la tribu qui ont façonné les perles d'ivoire de mammouth à Sounguir, ou qui, par un tour de force inexpliqué, ont rendu rectilignes les défenses de ce pachyderme, ont très bien pu être inhumés d'une façon beaucoup moins raffinée lorsque leur tour est venu.

En comparant la sépulture de Sounguir à celles d'autres sites datant de l'ère glaciaire, on est conduit à remarquer que les pratiques funéraires mises en œuvre par les hommes de Cro-Magnon ont présenté de considérables variations dans l'espace. Dans certains sites, les corps ont été placés dans la tombe en position repliée. À Sounguir, ils l'ont été en position allongée. Certaines tombes ont été couvertes de plaques rocheuses ; d'autres, non. D'un site à l'autre, la nature et l'abondance des objets funéraires varient. On pourrait multiplier ainsi les différences observées. Or, ces différences dans les modes d'inhumation devaient certainement s'inscrire dans une diversité culturelle touchant de nombreux autres aspects de la société. Contrairement aux productions matérielles relativement uniformes des populations plus anciennes du genre *Homo*, les traditions culturelles des hommes de Cro-Magnon, dans le domaine de la fabrication des outils de pierre taillée, ont varié énormément de site en site. Il semble parfois que les habitants de chaque vallée s'efforçaient de faire les choses à leur façon propre, se distinguant ainsi des vallées voisines. Il a même été suggéré que cette diversification dans le domaine des techniques se serait développée de concert avec la diversification linguistique et l'apparition de dialectes locaux.

Dans cette tendance à une incessante innovation, c'est bien le fond de notre propre nature que nous reconnaissons. Des sépultures des hommes de Cro-Magnon, le principal enseignement que l'on peut tirer est assurément que nous ne saurons jamais exactement quels rites les ont accompagnées, ni quels types de croyances elles incarnaient, mais qu'elles révèlent bien, quand on les considère globalement, non seulement le besoin humain fondamental d'orner et de façonner, mais aussi la complexité des sociétés humaines et leur raffinement extrêmement divers dans le monde entier.

Néanmoins, l'aspect matériel de la vie des hommes de Cro-Magnon qui nous touche le plus directement en tant qu'êtres humains réside dans les représentations artistiques qu'ils ont laissées derrière eux. Celles, étonnantes, qui figurent dans les grottes sont bien connues. Mais il nous faut aussi considérer l'art sous une forme plus large que celle des peintures ou des gravures, parce qu'on a trouvé dans certains des sites les plus anciens des indices de pratiques musicales ; et il nous faut aussi élargir la notion d'art à celle, plus générale, de la représentation de symboles abstraits, car on a également trouvé dans certains de ces sites des sortes de systèmes de notations. Le faciès culturel de l'homme de Cro-Magnon le plus ancien est appelé l'aurignacien ; et dans certains des sites aurignaciens les plus vieux, datant largement de plus de 30 000 ans, on a trouvé des instruments de musique : il s'agit de flûtes en os, percées de nombreux trous, qui étaient capables de produire une gamme de sons remarquablement complexe. Dans des sites plus récents, on a mis au jour des objets paraissant être des instruments à percussion. Et dans l'un d'eux, une série d'énormes lames de pierre disposées en parallèle sur le sol a peut-être représenté un « lithophone », l'équivalent du xylophone à l'âge de la pierre. Dans l'aurignacien le plus ancien, on a découvert aussi des plaques de pierre ou d'os portant des marques extrêmement complexes. On considère que l'une de celles-ci, datée de – 32000, provenant de l'abri Blanchard en France[1], représente un calendrier lunaire, et de nombreux autres objets portant des séries de marques ordonnées ont été interprétés comme des décomptes du gibier tué à la chasse ou d'autres sortes de registres. Mais ce ne sont là que des suppositions. Nous ne saurons jamais avec certitude ce que signifiaient exactement tels ou tels symboles abstraits aux yeux de leurs créateurs disparus depuis longtemps, même s'il est évident qu'ils ont été réalisés intentionnellement. Cela

1. Dans la même région du Périgord que Les Eyzies-de-Tayac. *(N.d.T.)*

s'applique d'ailleurs également à ce qui nous semble être des représentations artistiques; car nous pouvons certes facilement identifier les animaux figurés sur les parois des cavernes ou sur les plaques de pierre ou d'os. Mais, pour ceux qui les ont dessinés, il se pourrait qu'ils équivalent symboliquement aux marques géométriques de sens plus obscur ou à celles apparemment distribuées de façon aléatoire qui nous déconcertent depuis leur découverte. Il n'en est pas moins évident que nous sommes là confrontés à des systèmes de représentations symboliques extrêmement complexes.

Néanmoins, comme je l'ai déjà dit, parmi toutes les réalisations que nous ont laissées les hommes de Cro-Magnon, celles que nous percevons instinctivement comme de l'« art » stimulent particulièrement notre imagination. L'art, en tant que tel, est assurément un concept inventé par la civilisation occidentale. Laissons de côté cette tendance universelle qu'ont tous les êtres humains à s'adonner à la décoration, et considérons les réalisations que nous qualifions d'« art », telles que nous les rencontrons au sein des sociétés dites « traditionnelles » existant aujourd'hui : il est manifeste que ces réalisations ont, pour ces sociétés traditionnelles, un sens bien différent des notions d'esthétique que nous attachons à l'art dans notre propre culture. Et cette remarque s'applique bien évidemment aux réalisations du paléolithique supérieur. Si l'on veut chercher un « sens » à l'art de l'ère glaciaire, alors que la société dans laquelle il a été produit n'existe plus, on risque fort de ne rien trouver. Il nous reste, malgré tout, la possibilité de dresser une chronologie de cet art et d'y rechercher des règles susceptibles de nous éclairer sur sa structure. L'établissement de cette chronologie est ici un travail particulièrement important, parce que l'art de l'ère glaciaire n'a pas été le fait d'un seul type de civilisation, il s'est étalé sur une période de plus de vingt mille ans, durant laquelle plusieurs faciès culturels se sont succédé (et c'est là le sujet d'étude classique des archéologues). Remarquons d'ailleurs, au passage, que les plus anciennes réalisations de l'art de l'ère glaciaire en Europe sont donc éloignées des plus récentes par un intervalle de temps deux fois plus grand que celui qui nous sépare de ces dernières. Cependant, on se rend compte à présent qu'établir la chronologie de cet art se révèle bien plus difficile qu'on le croyait naguère.

Jusqu'à très récemment, on pensait généralement que les hommes de Cro-Magnon n'avaient commencé à peindre dans la profondeur des cavernes qu'assez tardivement. Cette pratique, estimait-on, avait débuté, d'abord lentement, vers – 25000 à – 24000, soit dix mille ans après les premières sculptures. Or, il est vrai que les peintures rupestres ont toujours posé un problème de datation, car elles sont situées en dehors de tout contexte archéologique. Par contraste, les spécimens d'art mobilier, c'est-à-dire les statuettes et les images gravées sur de petites pièces d'os ou de pierre, sont toujours retrouvés dans les couches de détritus laissés par les hommes préhistoriques dans les lieux où ils ont séjourné. Lorsqu'un site donné a été habité, de façon permanente ou sporadique, durant une période prolongée, des strates de ce type s'y sont déposées. Les plus récentes ont recouvert les plus anciennes, fournissant une série qui permet de suivre les changements culturels au cours du temps. Or, dans ces couches d'habitation, les objets d'art (statuettes, etc.) se trouvent associés aux outils de pierre sur la base desquels on a traditionnellement établi les chronologies du paléolithique (l'« ancien âge de la pierre »), en fonction des changements de techniques. En outre, les couches de ce type issues des activités humaines contiennent parfois des objets de nature organique, qui sont directement datables par la méthode du carbone 14 (laquelle est utilisable pour des datations remontant jusque vers – 40000, et est donc idéale pour l'époque de l'homme de Cro-Magnon). En mettant en parallèle les styles pratiqués dans l'art mobilier avec les diverses phases connues du travail de la pierre, les chercheurs ont pu établir une chronologie de ces styles couvrant les différentes périodes du paléolithique supérieur (c'est-à-dire de la période finale au cours de laquelle les hommes de Cro-Magnon se sont épanouis).

Cette méthode laborieuse reste cependant grossière, notamment parce que les spécimens les plus remarquables et importants de l'art mobilier ont été mis au jour dans les premiers temps de l'archéologie, à une époque où l'on ne prêtait que peu d'attention au contexte archéologique. Bien plus, les « styles » sont souvent difficiles à reconnaître, et en ce qui concerne l'art rupestre, des images exécutées selon des styles différents sont parfois superposées les unes sur les autres sur les parois des grottes. Mais c'est tout de même sur la base de cette chronologie relative aux styles que l'on avait défini la séquence dans laquelle s'étaient succédé les centaines d'œuvres connues de nos jours. Cependant, une donnée nouvelle est advenue récemment : il est désormais possible, grâce à de nouvelles techniques fondées sur la radioactivité du carbone, de dater les peintures figurant sur les parois des cavernes, bien que cela ne soit réalisable que dans les très rares cas où les artistes se sont servis de matériaux organiques, comme le charbon, pour exécuter leur travail. Le peu que l'on a ainsi appris grâce à cette nouvelle méthode a toutefois ébranlé, jusque dans leurs fondements, les notions que l'on avait jusqu'alors forgées sur la chronologie de l'art à l'ère glaciaire.

On a constaté en effet que, loin d'être une pratique apparue relativement tard dans l'évolution culturelle de l'ère glaciaire, les peintures réalisées dans la profondeur des cavernes ont représenté une innovation tout à fait précoce. Ainsi, celles de la grotte Chauvet, récemment découverte dans le sud de la France[1], ont été datées et on a constaté que quelques-unes au moins des images de plus de trois cents animaux qui couvrent à profusion les parois de cette caverne remontent à plus de 30 000 ans. Cela contraste fortement avec les estimations plus traditionnelles qu'on avait données de leur âge, peu de temps après leur découverte, soit 18 000 ans, pensait-on. Personne n'avait jamais imaginé qu'un art pariétal de cette qualité aurait pu être aussi ancien ; mais on a depuis constaté que d'autres sites dataient également de périodes aussi reculées, de sorte qu'apparaît clairement, à présent, la nécessité de réviser radicalement la chronologie de l'art de l'ère glaciaire. Cependant, une notion particulière n'est, pour

1. Dans les gorges de l'Ardèche. *(N.d.T.)*

le moment, pas remise en question : celle selon laquelle l'apogée de l'art de l'ère glaciaire (mobilier ou pariétal) s'est produit durant la période que l'on appelle le magdalénien, laquelle a débuté vers – 18000 (de façon intéressante, c'est aussi le moment où la dernière glaciation a atteint son maximum d'intensité).

De tout cela, que retenir sur l'homme de Cro-Magnon ? D'abord, cela soutient très fortement l'idée selon laquelle, lorsque *Homo sapiens* est arrivé en Europe, il était doté de toutes les capacités cognitives qu'il possède aujourd'hui. Ensuite, cela met en évidence cette tendance à l'innovation et à la diversification culturelle qui est une caractéristique tellement fondamentale d'*Homo sapiens* (et qui fait notablement défaut chez toutes les espèces humaines antérieures). Certains chercheurs avaient cru, sur la base de l'ancienne chronologie admise jusqu'ici, que l'évolution des styles, dans tout l'art de l'ère glaciaire, s'était déroulée dans une seule direction, depuis les premières réalisations de l'aurignacien, il y a 34000 ans environ, jusqu'à la fin du magdalénien, vers – 10000. Étant donné l'ampleur de durée embrassée, une telle continuité a toujours paru improbable, et il est maintenant clair que cela n'a pas été le cas. Simultanément, il semble que l'on puisse continuer à admettre que l'innovation technologique s'est développée par poussées successives au cours du paléolithique supérieur : les pointes d'os sont apparues il y a plus de 34000 ans, par exemple, tandis qu'il a fallu attendre vers – 26000 pour voir des aiguilles d'os, et vers – 18000, pour les harpons à barbelures.

Cette absence de continuité permet de comprendre plus facilement (mais, cela reste tout aussi étonnant) que certaines des toutes premières réalisations artistiques que nous connaissions comptent au nombre des plus belles de tous les temps. Sur le site de Vogelherd, en Allemagne, datant du tout début de l'aurignacien dans cette région, il y a plus de 32000 ans, une collection de petites statuettes, représentant des animaux, relève du plus haut niveau de l'art de la sculpture. La plus frappante de toutes ces pièces est un cheval, mesurant à peine cinq centimètres de long, réalisé en ivoire de mammouth.

Polie par le contact prolongé avec la peau d'un individu, cette figurine, probablement portée originellement en tant que pendentif, est l'une des représentations les plus élégantes qui aient jamais été sculptées. Elle ne ressemble pas étroitement aux chevaux trapus et courtauds qui parcouraient les steppes d'Europe à cette époque ; en fait, avec ses lignes sinueuses, fluides, elle évoque l'essence fondamentalement gracieuse du cheval. Le moins que l'on puisse dire, c'est qu'il ne s'agit pas d'un travail grossier ; celui qui l'a réalisé possédait à la fois une habileté et une imagination rivalisant avec celles de n'importe quel artiste ultérieur. Très précocement aussi ont été exécutées des représentations symboliques d'une autre sorte, comme nous l'avons vu, et pas seulement sous la forme de notations sur des plaques. Datant d'une époque peut-être même antérieure à celle de Vogelherd, une sculpture a été trouvée dans la grotte voisine de Hohlenstein-Stadel, d'une trentaine de centimètres de haut, représentant un homme debout avec une tête de lion. Elle est moins finement exécutée que le cheval de Vogelherd ; mais peut-on espérer meilleur témoignage de l'exercice de l'imagination humaine ? Il s'agit sûrement d'une représentation mythologique. Elle atteste donc l'existence de l'un de ces systèmes de mythes, obtenus par la synthèse complexe d'observations et de croyances, dont la finalité était de rendre compte de la place de l'homme au sein du monde.

Cependant — je l'ai déjà suggéré —, toutes les innovations ne sont pas apparues en même temps. Car la fin de l'ère glaciaire a été remarquable par la diversité des cultures qui s'y sont épanouies, dans le temps aussi bien que dans l'espace. À la suite de l'aurignacien, nous trouvons le gravettien, caractérisé par les statuettes et les gravures représentant des sujets féminins, improprement appelés « Vénus ». Il s'agit typiquement de femmes dont les traits du visage ne sont pas figurés ; leur corps est hypertrophié, avec de gros seins et de grosses fesses, et des membres petits. Chez certaines « Vénus », cependant, les proportions du corps sont plus modestes et l'apparence globale est plus gracile. On a généralement interprété ces représentations comme des symboles de la fécondité, mais cette explication n'est guère convaincante, car cette donnée physiologique est rarement un sujet de préoccupation chez les chasseurs-cueilleurs. Néanmoins, puisqu'on les trouve dans une large partie de l'Europe et qu'elles s'étalent sur une longue période (entre – 28000 et – 22000 en Europe occidentale, beaucoup plus tard à l'est), cela suggère que ces représentations étaient un élément d'une puissante et durable tradition culturelle, avec manifestement des variations locales au sein de cette tradition. La plus étonnante de toutes, déjà évoquée, est peut-être celle que l'on a observée sur le site tchèque de Dolní Věstonice : des statuettes représentant des sujets féminins (ou des animaux) ont été cuites dans un four, puis délibérément cassées, au cours, semble-t-il, de certains rites propres à ce site. On n'a jamais retrouvé de production de ce type où que ce soit ailleurs. Et la pratique de la cuisson de l'argile s'est ensuite interrompue pendant près de cent cinquante siècles, jusqu'à ce que commence l'industrie de la poterie au néolithique, cette fois-ci dans un but utilitaire.

L'expression artistique la plus aboutie du paléolithique supérieur demeure celle de la culture magdalénienne, qui a débuté vers – 18000. Les Magdaléniens ont à leur disposition la plus vaste des panoplies d'astuces techniques ayant jamais existé jusque-là, et c'est pendant leur période que les plus belles œuvres d'art pariétal sont créées, comme dans les grottes de Lascaux, Altamira et Niaux[1], et que les plus remarquables séries d'art mobilier sont produites. Ce qui nous ramène à la question posée plus haut, en quittant la grotte des Combarelles : quelle fut donc la raison d'être de cet art rupestre ?

Commençons par le fait que les sites eux-mêmes où il s'est déployé ont été très variables d'aspect, tout comme la qualité et la quantité des œuvres y figurant. Certaines des grottes sont minuscules, resserrées : seul un petit nombre de personnes pouvaient y entrer simultanément. D'autres sont d'énormes cavernes, pouvant éventuellement contenir un grand nombre de spectateurs. Certaines sont ornées de peintures en des

1. Lascaux se trouve dans la région des Eyzies-de-Tayac ; Altamira, dans le nord de l'Espagne ; et Niaux, dans l'Ariège. *(N.d.T.)*

endroits faciles d'accès. Dans d'autres, ces dernières ne se trouvent que dans les recoins les plus éloignés. Dans une grotte de l'Ariège, il faut patauger dans un cours d'eau souterrain, puis marcher, se contorsionner et ramper pendant deux heures avant d'arriver, après un kilomètre et demi sous terre, dans une chambre terminale. Là, il y a peut-être 14000 ans, des Magdaléniens ont modelé, dans l'argile prélevée sur le plancher de la grotte, deux magnifiques bisons, un mâle et une femelle, chacun ayant presque un mètre de long.

Aujourd'hui, lorsque vous pénétrez dans ce genre de caverne, vous avez l'impression d'entrer dans un autre monde, et vous réalisez combien les Magdaléniens ont été courageux pour entreprendre de pareils voyages sous terre, seulement éclairés par la faible lumière de lampes toujours prêtes à s'éteindre. Mais, en un point de la grotte aux bisons, loin dans les profondeurs, une plate-forme argileuse porte les traces de pas d'un enfant, âgé au plus de six ans, qui a gambadé dessus, y enfonçant ses orteils (l'empreinte en est encore visible), juste avant la déclivité menant au plancher de la grotte, trente centimètres plus bas. Dans une autre caverne, à mille mètres de l'entrée, vous pouvez également observer une empreinte attestant la présence d'un enfant : elle a sans doute été réalisée par un adulte qui avait dû saisir la main de ce dernier et tracer le contour de ses doigts sur la paroi tendre de la grotte. Et dans une autre encore, l'empreinte a été obtenue par un adulte qui avait dû plaquer la main d'un enfant contre la paroi et souffler dessus un liquide contenant des pigments colorés : la main et ses petits doigts apparaissent donc en négatif.

Comment interpréter de telles observations? Si des adultes de l'ère glaciaire ont emmené des enfants dans ces ténébreuses cavernes, dans le labyrinthe desquelles il est aisé de se perdre, même pour des explorateurs d'aujourd'hui, il est difficile de conclure qu'ils trouvaient ces lieux aussi effrayants et dissuasifs que la plupart d'entre nous ne les trouvent de nos jours. Il paraît vraisemblable que les hommes du paléolithique supérieur s'y sentaient parfaitement à l'aise. Mais il semble également clair que ces grottes représentaient aussi pour eux des lieux *spécifiques.* Par exemple, on n'a pratiquement trouvé aucune trace indiquant qu'on y ait vécu à l'ère glaciaire, ni qu'on y ait pratiqué des activités courantes de la vie quotidienne. Les hommes de Cro-Magnon habitaient souvent dans l'entrée des grottes, là où l'on trouvait à la fois un abri, de la place et de la lumière. Ils pénétraient dans l'obscurité intérieure des cavernes uniquement dans un but particulier, que l'on peut supposer associé aux réalisations artistiques qu'ils y ont laissées. Et ces dernières faisaient l'objet de visites répétées, comme on peut le voir au fait que de nouvelles gravures ont souvent été surimposées sur les plus anciennes, et que celles-ci ont été altérées : autrement dit, ces représentations artistiques ont fait l'objet d'un « emploi » renouvelé à de nombreuses reprises.

Les hommes de Cro-Magnon ne se sont pas livrés à l'art pariétal seulement dans les profondeurs des cavernes (bien que ce soit surtout en ces lieux qu'il ait été préservé). Il est tout à fait probable qu'ils ont souvent décoré leurs lieux d'habitation également, bien que les traces de cette pratique aient généralement disparu, étant donné qu'il s'agissait d'endroits exposés à l'action des éléments. Il en subsiste malgré tout quelques exemples exceptionnels. L'un de ces derniers est tout à fait extraordinaire. Dans l'abri-sous-roche de Cap-Blanc, dans le sud-ouest de la France[1], une superbe frise a été préservée. Sur une distance de quinze mètres environ, quatorze animaux (surtout des chevaux), certains presque grandeur nature, sont représentés pêle-mêle de profil et distribués sur toute la paroi de l'abri, en bas-relief profondément sculpté, témoignant d'un grand sens de la composition et même de la perspective, comme on peut le voir par leur disposition sur la paroi. Des traces de pigment montrent que ces images ont été originellement peintes en brun rougeâtre, grâce à de l'ocre que l'on trouvait à l'état naturel dans le sol aux alentours ; et il est parfaitement possible que, durant les temps magdaléniens, les parois des vallées calcaires de cette région aient flamboyé de couleurs.

1. Ce site se trouve sur la commune des Eyzies-de-Tayac. *(N.d.T.)*

Il paraît vraisemblable cependant que la peinture dans les grottes ait eu, pour les Magdaléniens, un sens différent de celui de la décoration de leurs sites d'habitation. Il existe un indice allant dans ce sens — outre le fait que, probablement, on ne rendait visite aux réalisations artistiques au fin fond des grottes que tout à fait rarement, tandis que les spécimens de l'art mobilier faisaient évidemment partie intégrante de la vie quotidienne des hommes de Cro-Magnon : la gamme des animaux représentés dans l'art pariétal ne reflète pas l'abondance des différentes espèces présentes dans le milieu. Les chevaux, les aurochs, les mammouths et les bisons figurent par centaines, mais les rennes (l'une des espèces le plus chassée) sont rares, et les chevreuils, les belettes et les tortues sont presque absents. Bien plus, la fréquence de représentation des diverses espèces animales dans l'art rupestre est très différente de celle de l'art mobilier que l'on trouve sur les lieux d'habitation : dans ce dernier cas, parmi des milliers de représentations, il y a beaucoup plus de rennes et énormément moins de mammouths (mais pas de belettes du tout), et la gamme des espèces représentées est aussi beaucoup plus large. Dans l'art mobilier, donc, nous trouvons une représentation plus fidèle de la faune globale et des espèces chassées. Toutefois, il convient de conclure avec prudence : dans les régions de l'Europe où les deux formes d'art ont été pratiquées, le nombre des sites riches à la fois en l'un et en l'autre est particulièrement faible. Il est également intéressant de remarquer que, tandis que les représentations d'êtres humains sont plus courantes dans l'art de l'ère glaciaire qu'on ne l'avait généralement cru, elles sont presque toujours bien moins réalistes que celles des animaux (et cela est particulièrement vrai dans l'art pariétal).

Dans la plupart des grottes, la décoration est sporadique et limitée au mieux à quelques images. Mais dans certaines, l'abondance même et l'exubérance des images ne font rien moins que vous subjuguer. C'est particulièrement vrai de la grotte relativement petite de Lascaux, dans le sud-ouest de la France, qui a été décorée il y a environ 17000 ans et, probablement, plus ou moins en une seule fois. Je ne pense pas avoir jamais ressenti une aussi forte impression que lorsque je suis entré pour la première fois dans ce lieu extraordinaire où, dans la première salle (et il y en a d'autres, tout aussi impressionnantes), vous accueille une débauche de grandes images polychromes d'animaux, où dominent les chevaux et d'énormes aurochs, et comprenant aussi ce qui semble être une bête mythique. Par le sens de l'observation, l'intensité expressive et l'habileté même de l'exécution (sur le plus difficile des supports), Lascaux reste inégalé à ce jour ; ce ne sont pas là des représentations simples, et les artistes ont recouru à de subtils effets de perspective pour donner encore plus de puissance à leurs images.

En général, les animaux représentés à Lascaux sont accompagnés d'une multitude de signes géométriques réguliers ; nous ne saurons jamais ce qu'ils signifiaient pour ceux qui les ont dessinés, mais il y a manifestement plus de choses ici que n'en aperçoit l'œil moderne. Mais l'une des images de Lascaux constitue une rareté dans l'art de l'ère glaciaire : on peut, en effet, facilement penser qu'elle raconte une histoire. Au fond d'un puits, au sein de la grotte, figure une scène complexe, dans laquelle un homme (dessiné schématiquement, comme c'est souvent le cas, et ici représenté avec une tête d'oiseau et sous un aspect ithyphallique) est étendu à proximité d'un énorme bison qui semble perdre ses entrailles à la suite d'un coup de lance lui ayant percé le flanc. En arrière du personnage humain, un rhinocéros laineux s'éloigne, et en dessous de lui se dresse un bâton vertical sur lequel est perché un oiseau. S'il est un exemple dans l'art de l'ère glaciaire de figuration d'un récit mythique, c'est bien celui-ci. Et, de façon intéressante, dans la grotte de Villars, à une cinquantaine de kilomètres de là, une scène dramatique analogue, quoique simplifiée, semble avoir été représentée. Comment s'empêcher de spéculer sur le sens de telles scènes ? Le grand archéologue français François Bordes, pour sa part, n'a pu y résister. « Il était une fois, a-t-il raconté, essayant de deviner la signification de ce tableau, un chasseur, qui appartenait au clan de l'oiseau. Il fut, un jour, tué par un bison. L'un de ses compagnons, membre du clan du rhinocéros, pénétra dans cette grotte et dessina la scène de la mort de son ami, et de sa revanche. Le bison est percé de coups de lance et il perd ses entrailles, peut-être après avoir été éventré par la corne du rhinocéros. » Cela n'est certainement qu'un conte, comme François Bordes ne l'ignorait pas, mais cette scène, quel que soit son sens, suggère à l'évidence l'existence d'une conscience spécifiquement humaine. En quittant Lascaux, on demeure sous le choc de la magnificence des œuvres réalisées par ces lointains ancêtres, il y a des milliers d'années. Et si différents des nôtres qu'aient pu être leur vie, leur langage et leurs croyances, on se sent aussi extraordinairement proche d'eux.

La nature intensément sociale des réalisations artistiques de Lascaux est attestée par le fait qu'elles ont manifestement été l'œuvre d'une équipe. Des indices très nets montrent que des échafaudages ont été dressés pour permettre de peindre sur les parois à des hauteurs dépassant largement celles que pouvaient atteindre des artistes se tenant debout sur le sol de la grotte. Et l'on a trouvé, dans l'argile, une empreinte laissée par une corde qui a peut-être servi à lier les éléments de l'échafaudage. Des os de renne découverts dans la grotte représentent probablement les restes des repas qu'y ont pris les membres de l'équipe. Et des dizaines de lampes de pierre éparpillées sur le sol de la grotte (l'une d'entre elles étant elle-même une œuvre d'art) attestent que l'éclairage de ces lieux obscurs a fait l'objet d'une stratégie complexe. Tous ces détails suggèrent à eux seuls que les réalisations artistiques de Lascaux ont été l'œuvre de spécialistes ; mais la meilleure preuve en réside dans l'excellence même des peintures exécutées. Il est clair que Lascaux a été une sorte de « sanctuaire », dont l'importance devait être grande pour la société qui l'a produit ; toutefois nous ne saurons jamais quel était exactement son objet, ni quelles croyances il reflétait.

Les premiers scientifiques ayant étudié l'art pariétal tendaient à penser que les créations artistiques des hommes de l'ère glaciaire étaient associées à des « rites magiques liés à la chasse », notion qui transparaît encore dans l'interprétation plus récente qu'a donnée François Bordes de la scène du bison éventré et que nous avons rapportée. Les explications initiales posaient que les animaux étaient figurés à proportion de leur importance économique respective au sein de la vie des hommes qui les avaient peints. Par le biais d'un « lien empathique magique », le fait de représenter certains animaux sur la paroi d'une caverne contribuait à promouvoir leur fécondité, ce qui augmentait les chances de survie et de prospérité des êtres humains qui en dépendaient. En outre, de nombreuses représentations d'animaux, dans l'art de l'ère glaciaire, sont recouvertes de traits apparemment surimposés, pouvant bien entendu correspondre à des lances; et, en un petit nombre de sites, des images d'êtres humains sont également « transpercées » de cette façon. Peut-être, pensait-on, ces « coups de lance symboliques » avaient-ils eu pour fonction d'augmenter le succès de la chasse (ou, dans un domaine plus sinistre, celui de la guerre). Mieux encore, dans la mesure où elles étaient inaccessibles dans la profondeur des grottes, on estimait que ces images étaient la propriété d'une classe supérieure de « sorciers » : ceux-ci détenaient les clés du succès économique du groupe et s'assuraient un statut à part parmi les membres de la tribu, lesquels les entretenaient matériellement. Tout cela semblait indiquer l'existence mystérieuse d'une sorte de religion ayant pour fonction de garantir la sécurité économique de la tribu. Le succès à la chasse, bien que résultant en réalité de l'habileté et des efforts des chasseurs, pouvait sans doute rétrospectivement apparaître à ces hommes comme la preuve de l'efficacité des rites religieux en question.

De telles interprétations ne sont aujourd'hui plus en vogue. Assez rapidement, on a fait remarquer que les animaux représentés dans les grottes n'étaient pas nécessairement ceux qui étaient le plus couramment chassés. Les mammouths, les ours et les rhinocéros laineux n'auraient sans doute pas été choisis en priorité comme proies par des chasseurs désirant ne pas trop risquer leur vie; à l'inverse, le renne, qui a été la source alimentaire de base au paléolithique supérieur, apparaît rarement sur les parois des cavernes. En outre, la plus célèbre des images représentant des rennes dans l'art pariétal de l'ère glaciaire n'évoque guère un contexte de chasse. Dans la grotte de Font-de-Gaume[1], une peinture, malheureusement très décolorée, mais extrêmement émouvante, met en scène deux de ces animaux. Celui de droite est une femelle agenouillée, les pattes antérieures repliées. Devant elle, se tient un mâle portant de superbes bois, qui se penche vers l'avant et lui lèche doucement le front. C'est une scène magnifiquement observée et pleine de tendresse ; je ne puis, pour ma part, y voir le moindre indice de violence. Le créateur de ce chef-d'œuvre devait avoir à l'esprit une autre intention que la représentation de la chasse.

Reproduction en noir et blanc d'une peinture pariétale polychrome aujourd'hui très décolorée, se trouvant dans la grotte de Font-de-Gaume, en Dordogne. Une femelle de renne s'agenouille devant un mâle doté de magnifiques bois. Celui-ci se penche vers l'avant et lui lèche délicatement le front. Cette représentation a été peinte il y a probablement 14 000 ans environ.

Considérant cependant les grottes ornées comme des sanctuaires retirés, les chercheurs ont étudié, ces dernières années, comment la décoration était distribuée dans ces lieux. Ils ont constaté l'existence d'une règle générale — comportant, il est vrai, beaucoup d'exceptions —, une règle selon laquelle l'aire « centrale » de l'ornementation dans les grottes comprenait des peintures de chevaux, de bisons et d'aurochs, fréquem-

1. Grotte située sur la commune des Eyzies-de-Tayac. *(N.d.T.)*

ment entourées de représentations de mammouths, de cerfs et de bouquetins ; et celles figurant des ours, des lions et des rhinocéros tendaient à se trouver dans les coins les plus retirés des grottes. On a aussi constaté qu'au moins dans certaines régions les images d'animaux étaient associées par paires : par exemple, le cheval est souvent représenté avec le bison ou avec l'espèce voisine, l'aurochs. Il a été suggéré que cette association reflétait l'opposition des sexes, et que le genre du membre d'une espèce particulière ainsi figurée était indépendant du sexe que l'espèce représentait. Cette interprétation, plutôt freudienne, laissait entendre qu'il existait, dans l'art pariétal, un symbolisme complexe fondé sur les genres sexuels, dont l'origine et l'objet restent obscurs. Au fur et à mesure qu'on a étudié de plus en plus de grottes ornées, ce type d'association est devenu moins évident, et récemment, cette théorie a été quelque peu mise à mal. Mais il faut, néanmoins, porter à son crédit qu'elle a renforcé l'idée selon laquelle les grottes ornées étaient des lieux particuliers, consciemment structurés et ayant une grande importance pour ceux qui y entraient. En quittant ce genre de site, empli d'admiration et d'une émotion aussi profonde qu'indéfinissable, aucun visiteur d'aujourd'hui ne songera à le nier. Mais, étant donné que l'accès à certaines de ces grottes était « réservé », et le fait que de très jeunes enfants y étaient emmenés et apparemment consciemment encouragés à imiter les adultes, nous ne serons jamais tout à fait sûrs du sens qu'avaient ces lieux.

De nombreuses grottes cependant ont été décorées à plusieurs reprises au cours de vastes intervalles de temps, et il semble que les artistes de périodes plus tardives aient respecté l'œuvre de ceux des époques antérieures. Dans la grotte de La Mouthe[1], l'existence de premières peintures à l'entrée a, en quelque sorte, forcé les artistes ultérieurs à travailler plus loin dans l'intérieur de la caverne, ce qui donne l'impression (illusoire) que la décoration est organisée en fonction d'une signification particulière, si l'on ne prend en compte que les espèces représentées. Cependant, ce genre de phénomène

1. Grotte située sur la commune des Eyzies-de Tayac. *(N.d.T.)*

met aussi en évidence la longueur de la période durant laquelle on a pratiqué la décoration des grottes. Pendant plus de 20000 ans, les premiers hommes de la région franco-cantabrique se sont livrés, au moins sporadiquement, à cet art (qui est quelquefois du grand art) sur les parois des cavernes. Il n'est guère vraisemblable, simplement en se référant à la longueur de la période concernée et aux preuves abondantes attestant que des changements de culture se sont opérés au cours du paléolithique supérieur, sans parler de ce que nous savons de l'homme d'aujourd'hui, que ces réalisations artistiques aient été le produit d'une seule tradition ininterrompue. Il apparaît en réalité de plus en plus évident, sur la base de preuves intrinsèques aussi bien qu'extrinsèques, que tel n'a pas été le cas. Comment dès lors se fait-il que cette production artistique se soit maintenue aussi longtemps en cet endroit géographique particulier — car l'art pariétal présente une distribution dans le monde bien plus restreinte que l'art mobilier ?

Une suggestion intéressante a été avancée : le secteur dans lequel on observe cet art aurait été, à la fin du paléolithique, l'un des habitats les plus riches dans lesquels se seraient jamais trouvés les chasseurs-cueilleurs humains. Les habitants du sud de la France et du nord de l'Espagne, à la fin de l'ère glaciaire, vivaient dans une région très favorisée par la géographie. Relativement abritée, de nature calcaire, elle offrait une vaste gamme d'habitats, depuis les coteaux escarpés où abondaient les bouquetins jusqu'aux fonds de vallée où les rivières grouillaient à chaque saison de saumons migrateurs. L'homme pleinement moderne ne s'était peut-être jamais trouvé auparavant dans un milieu aussi varié et riche ; par suite, les stimuli visuels incitant à la création artistique n'avaient jamais été aussi grands. L'art de l'homme de Cro-Magnon a reflété la richesse de son environnement et sans aucun doute aussi la façon dont il percevait sa place en son sein. Bien qu'il soit peu probable que cela explique à soi seul cet art, qui a été très répandu, riche et a duré longtemps, l'environnement dans lequel s'est trouvé ce type d'homme en a indubitablement constitué un facteur important.

Dans l'art de l'homme de Cro-Magnon, les références à cet environnement sont à ce point nombreuses et précises qu'on peut y voir l'indice que cet homme se voyait lui-même comme faisant partie de l'écosystème qui l'entourait, qu'il se percevait comme partie intégrante de celui-ci. L'archéologue français Jean Clottes a récemment remarqué que la fréquence des animaux « dangereux » décline constamment au cours du long intervalle de temps durant lequel a existé l'art de l'ère glaciaire. Dans l'aurignacien, par exemple, les images d'animaux tels que lion, rhinocéros, mammouth et ours comptent pour 50 pour cent des différentes espèces représentées. À l'époque du magdalénien, cette proportion est tombée globalement à 5 pour cent (bien qu'il y ait d'importantes variations d'un site à l'autre). Cette disparité doit sûrement traduire un changement dans la façon dont les hommes de Cro-Magnon voyaient le monde à l'entour, et probablement aussi la façon dont ils interagissaient avec lui. Il se peut que les Magdaléniens aient simplement mis au point de meilleures stratégies pour faire face aux prédateurs, ce qui rendait ceux-ci moins effrayants qu'ils ne l'avaient été pour leurs lointains prédécesseurs, et qu'ils n'incarnaient plus avec autant de force l'image du danger extérieur. Il est certain, en tout cas, que les hommes de cette époque disposaient, pour les affronter, d'une panoplie de techniques plus complexes. À moins qu'il ne se fût produit un changement dans la façon dont ces premiers hommes envisageaient leur propre relation au monde extérieur, et cela se serait traduit dans l'imagerie employée pour l'exprimer[1].

Quoi qu'il en soit, les hommes de Cro-Magnon nous ont donc légué de spectaculaires témoignages attestant que l'activité symbolique était une composante importante de leur vie. L'analyse approfondie des signes abstraits qu'ils ont peints sur les parois des grottes ou gravés sur des plaques, ainsi qu'une meilleure compréhension de leur art, commence à révéler que nous n'avons pas affaire ici à un seul ensemble unitaire

1. Nous reviendrons à la fin de cet ouvrage sur la façon dont les hommes de Cro-Magnon voyaient la place de l'homme au sein de la nature (et nous verrons aussi comment nous pouvons nous-mêmes l'envisager). *(N.d.A.)*

de formes symboliques et de croyances. Au contraire, des dizaines de systèmes symboliques différents ont eu cours durant la fin de l'ère glaciaire, dans la seule région géographiquement restreinte de l'Europe occidentale. Cette diversité culturelle, si caractéristique de l'homme moderne, et en fait l'existence même de l'activité symbolique, contraste de façon radicale avec la relative monotonie que l'on observe au sein de l'évolution humaine tout au long des cinq millions d'années qui ont précédé. Car, avant les hommes de Cro-Magnon, l'innovation, pour autant que nous puissions en juger, a été au mieux extrêmement sporadique. Grâce à de nouvelles techniques d'observation en archéologie préhistorique, nous commençons à apercevoir des facettes et des rythmes de l'évolution de l'art et de la société de l'ère glaciaire, que nous n'aurions jamais imaginés auparavant. D'où le bouillonnement sans précédent qui s'empare de cette discipline scientifique. Sans présumer de l'avenir, nous avons d'ores et déjà d'amples preuves permettant de dire qu'avec l'arrivée sur la Terre d'*Homo sapiens* une entité véritablement nouvelle est apparue, une entité dotée de potentialités que nous sommes encore en train d'explorer et d'élargir de nos jours.

Comme je l'ai déjà laissé entendre, il existe des traces suggérant que la pratique de l'art et de l'activité symbolique, dans ces temps reculés, a existé ailleurs qu'en Europe, et il est peu douteux qu'à la fin de l'ère glaciaire des phénomènes semblables ont pris place dans tout l'Ancien Monde. Mais les archives archéologiques que nous ont laissées les hommes de Cro-Magnon n'ont jusqu'ici pas d'équivalent. Nous verrons aux chapitres V et VI d'autres données sur l'apparition et l'essor de cette aptitude humaine unique en son genre ; mais pour le moment, au moins, il reste vrai que c'est sur la base des pratiques bien attestées et des réalisations des Européens du paléolithique supérieur qu'il nous faut juger celles des représentants antérieurs de la lignée humaine. Pour retracer la longue histoire évolutive des ancêtres de l'homme, le haut niveau culturel atteint par les hommes de Cro-Magnon est un précieux point de repère.

CHAPITRE II

Le cerveau et l'intelligence : l'homme et les grands singes

Avec l'apparition d'*Homo sapiens* sur la Terre, une variété d'être totalement nouvelle entre donc en scène. Dans quelle mesure est-elle particulière ? Quelles sont exactement les caractéristiques qui donnent aux hommes le sentiment aigu d'être vraiment *différents* de toutes les autres espèces vivantes ? Pourquoi et comment ces caractéristiques sont-elles apparues dans l'évolution de notre lignée ? Et — question très à la mode de nos jours — pouvons-nous trouver des explications évolutives à nos comportements complexes et souvent impénétrables ? Nous examinerons tous ces points au long des chapitres qui vont suivre ; mais commençons par le commencement, en essayant de voir ce qui fait de nous des êtres uniques en leur genre parmi tous les organismes vivants.

Lorsque les grands singes furent pour la première fois observés dans l'Antiquité par des explorateurs dotés d'un certain niveau d'instruction, la réaction intuitive de ces derniers fut de reconnaître en eux une variété d'êtres humains, comme l'atteste le premier récit qui nous soit parvenu d'une rencontre de ce type, rapporté par le célèbre navigateur carthaginois Hannon. Explorant les côtes de l'Afrique de l'Ouest, au Ve siècle av. J.-C., celui-ci vit des « sauvages [...] dont le corps était velu et que nos interprètes appelèrent des gorilles ». Hannon savait distinguer un être humain d'un singe ; mais à lire son récit, on devine, sans erreur possible, dans laquelle de ces deux catégories il pensait que les gorilles se rangeaient (lesquels étaient d'ailleurs peut-être des chimpanzés). La familiarité a toutefois engendré le mépris[1]; et lorsque vint l'ère victorienne, le statut des grands singes s'était fort éloigné de celui de l'homme : il ne s'agissait plus que d'êtres inintelligents que les visiteurs des zoos ne voyaient au mieux que comme de grotesques caricatures d'eux-mêmes. De nos jours cependant nous savons bien plus de choses à leur sujet que n'en savaient nos prédécesseurs de l'ère victorienne; et ce que nous avons appris montre que ce sont des êtres bien plus complexes que ne le croit généralement le grand public.

Contrairement à Hannon, nous savons pourquoi les grands singes nous ressemblent à un point extraordinaire : parmi tous les êtres vivants, ce sont nos plus proches apparentés. Nous avons eu des ancêtres communs, il n'y a pas très longtemps. En un sens très large, nous sommes en fait des grands singes, car eux et nous, nous descendons tous d'un type d'organisme que l'on peut plus facilement qualifier de grand singe que d'homme. Cet ancêtre commun ne ressemblait évidemment à aucun des grands singes vivant aujourd'hui, lesquels possèdent toutes sortes de spécialisations anatomiques que n'avait pas le premier. Néanmoins, parmi tous les animaux, les grands singes nous fournissent le meilleur modèle de référence à partir duquel juger de notre unicité. Ils ne sont assurément pas nos plus proches apparentés *connus*, car de nombreuses variétés humaines fossiles, que nous examinerons plus loin dans ce livre, ont avec nous des ancêtres communs plus récents. Les grands singes sont cependant les plus proches apparentés que nous pouvons aborder en tant qu'organismes vivants et respirants. De plus, nous pouvons également observer leur comportement sans avoir à nous livrer à des déductions. Cette dernière circonstance nous offre la possibilité d'une approche directe de la sphère cognitive qu'il sera à jamais impossible d'obtenir sur la base des données archéologiques laissées par nos apparentés plus proches, mais malheureusement aujourd'hui éteints. De récentes études ont montré que nous avons en commun avec les grands singes bien plus de caracté-

1. Allusion à l'expression anglaise classique dont l'origine remonte à l'auteur dramatique du XVIe siècle Nicholas Udall : « *familiarity breeds contempt* » (la familiarité engendre le mépris). *(N.d.T.)*

ristiques que nous n'aurions jamais imaginé ; mais il est également fondamental de bien comprendre les différences qui nous en séparent, si nous voulons arriver à interpréter correctement les archives fossiles humaines.

Qu'est-ce que l'intelligence ?

Nous nous distinguons des grands singes par de nombreuses différences anatomiques. À cela, il n'y a rien d'étonnant : c'est ainsi que se manifeste la diversité biologique en général. Lorsque nous cherchons à définir ce qui nous différencie de ces apparentés, ce n'est pas à l'effacement, chez nous, du prognathisme ou à la diminution de la taille des canines que nous pensons en premier lieu, ni même au fait que nous pourrions difficilement craquer une allumette au moyen de nos doigts de pied, alors que — s'ils avaient à manipuler ce genre d'objets — ils y parviendraient. Ce qui nous différencie véritablement des autres êtres vivants se situe exactement au niveau de cette différence que nous *sentons* par rapport à eux : nos capacités cognitives uniques en leur genre. Tout bonnement (et apparemment), nous sommes plus intelligents que les autres espèces. Plus doit s'entendre ici sur le plan non seulement quantitatif — beaucoup d'espèces sont plus intelligentes que d'autres —, mais également qualitatif. Nous sommes intelligents *différemment* : nous avons une manière unique de nous concevoir et de manipuler notre environnement.

Que convient-il d'entendre par intelligence ? Les psychologues ont toujours eu le plus grand mal à donner de ce terme une définition qui satisfasse tout le monde, à commencer souvent par eux-mêmes. C'est que l'intelligence, quels que soient ses traits constitutifs, se présente sous de nombreuses formes. Un individu peut être supérieur dans des domaines où un autre sera tout à fait incompétent, et réciproquement, peut-être. À en croire la réplique cinématographique de Nigel Greene sur son lit d'agonie à David Niven : « Vous êtes peut-être un bon médecin, mais à coup sûr un très mauvais espion[1]. » S'il est déjà difficile de faire des comparaisons d'intelligence entre êtres humains, comme la vaste littérature et les nombreuses controverses sur ce sujet le montrent bien, le problème est à l'évidence encore plus grand lorsqu'on tente d'estimer l'intelligence d'autres espèces. Vous ou moi pouvons considérer un test donné comme très ingénieux, mais il n'est pas du tout évident qu'un chimpanzé le trouve le moins du monde intéressant. Pourquoi d'ailleurs essayerait-il de s'y attaquer ? En outre, même si nous le poussons à répondre de façon quasi obligatoire, en lui proposant une récompense artificielle, telle qu'une friandise appréciée, il n'y a pas de raison particulière pour laquelle sa réponse devrait être appropriée, au regard de nos propres critères — notamment de ceux des concepteurs du test. Nous percevons notre environnement d'une façon qui est manifestement différente de celle dont les chimpanzés perçoivent le leur ; et la façon d'appréhender le monde est inextricablement liée à l'expression de l'intelligence. Il convient donc ici d'être extrêmement prudent.

Cela ne veut pas dire que tous les tests — même ceux qui n'ont pas de rapport avec le vécu normal des sujets — ne sont d'aucune utilité pour essayer d'apprécier leur intelligence. Un certain nombre de travaux sont extrêmement éclairants. Admettons — je crois la chose raisonnable — que la principale utilité de l'intelligence soit d'aider l'individu à agir aussi régulièrement et efficacement que possible au sein de son environnement physique, biotique et social. Dès lors, il paraît judicieux de compléter les résultats des expériences de laboratoire par des observations sur des sujets dans leurs conditions naturelles, afin d'évaluer dans quelle mesure ils s'y comportent de manière flexible et innovatrice. La notion de conditions naturelles est prise dans l'acception la plus large possible, de façon à y inclure les autres membres de l'espèce. L'analyse du comportement de sujets appartenant à des espèces non humaines nous fait courir évidemment le risque de leur attri-

1. Allusion à un film de Val Guest, *Where the Spies Are* (1965), dans lequel David Niven interprète le rôle d'un médecin recruté par les services secrets pour une mission au Liban. *(N.d.T.)*

buer des motivations et des intentions qu'ils n'ont pas en réalité. Mais l'examen serré des circonstances et des conditions permettra souvent de réduire ce risque au minimum.

Cette approche permet également de dépasser le vieux débat sur les aspects « innés » ou « acquis » du comportement. Dans le passé, pour comparer l'intelligence de différentes espèces, on s'est souvent efforcé de distinguer entre comportements innés et acquis, dans le but de ne s'intéresser qu'à ces derniers, puisqu'on admettait que les capacités d'apprentissage étaient liées à l'intelligence, tandis que les comportements innés (ceux qui sont inscrits dans le patrimoine héréditaire) ne pouvaient, pensait-on, rien nous apprendre sur cette aptitude à la flexibilité et à l'innovation qui est si manifestement rattachée à l'intelligence, telle que nous la comprenons pour nous-mêmes. Il y a là, cependant, une difficulté : pratiquement aucun comportement acquis n'est dépourvu de quelque base génétique. En un sens, je le suppose, chaque individu (à quelque espèce qu'il appartienne) vient au monde à la manière d'une *tabula rasa* (une « ardoise vierge »), de sorte qu'il lui faudra apprendre à réaliser les comportements qu'il lui faudra répéter (en réalité, il s'agit de pratiquement tous les comportements). Mais la nature elle-même de la *tabula* reçue à la naissance varie d'un individu à l'autre et, en moyenne, d'une espèce à l'autre. En outre, les comportements acquis peuvent faire l'objet d'un apprentissage à de nombreux niveaux, et des comportements apparemment semblables peuvent résulter de la mise en œuvre de systèmes différents. Mais le fait le plus important demeure que l'intelligence et les capacités d'apprentissage ne sont manifestement pas synonymes. *Comprendre* une situation nouvelle (ou même familière) n'est pas la même chose que d'y répondre seulement, que ce soit de façon réflexe ou acquise. De plus, développer une nouvelle réponse dans ces conditions (ce qui est encore différent) demande d'effectuer une démarche distincte de tous les comportements antérieurement acquis, bien que la mise en rapport de connaissances anciennes avec les circonstances présentes soit souvent un facteur fondamental dans la résolution des problèmes.

On dispose désormais d'une abondante littérature sur les comportements « intelligents » des grands singes et d'autres vertébrés, aussi bien dans la nature qu'au laboratoire. Inévitablement, les chercheurs ont eu tendance à appeler « intelligentes » les conduites déclenchées par des situations dans lesquelles nous autres, êtres humains, adopterions une approche « intelligente » pour résoudre ce que nous définirions comme des « problèmes ». Comment pourrait-il en aller autrement ? Cependant, lorsqu'on examine la plupart de ces cas, on constate que, mis à part peut-être les grands singes, aucun des sujets de ces études n'aborde ces problèmes avec la compréhension des causes et des effets qui caractérise le comportement des êtres humains placés dans des situations semblables.

Comportement et intelligence

Au cours de ces dernières décennies, les primatologues et les psychologues spécialistes de la cognition ont consacré beaucoup de travaux à l'étude des comportements des primates supérieurs pouvant ressembler aux nôtres (et donc en être les précurseurs). Leur objectif a généralement été de mettre au point et de tester des hypothèses sur *les raisons* ayant poussé certains primates ancestraux à devenir intelligents. Autrement dit, ces recherches ont surtout visé à identifier les impératifs évolutifs ayant *provoqué* un accroissement de l'intelligence. Une démarche de ce type n'a évidemment de sens que si l'on envisage l'évolution comme un processus se développant graduellement, selon une ligne ininterrompue, piloté par la sélection naturelle. Mais, comme nous le verrons au chapitre suivant, l'évolution est en réalité bien plus complexe que cela. Néanmoins, en nous comparant aux grands singes, nous avons la possibilité d'apprendre beaucoup de choses.

Au fil des années, deux types de circonstances ont été invoquées tour à tour comme des facteurs ayant pu être à l'origine de l'accroissement de l'intelligence (ou, comme je préfère le formuler, comme les raisons éventuelles du succès remporté par les individus ou les espèces les plus intelligents). L'accent a été mis tantôt sur le milieu social, tantôt sur l'environnement externe. Et en ce qui concerne ce dernier, la plupart des études ont porté sur la capacité des sujets à trouver leur nourriture, bien que tous les primates — en fait tous les organismes — semblent n'avoir aucune difficulté à cela, du moins lorsque les conditions sont favorables. Les membres de certaines espèces détectent la nourriture simplement grâce à l'odorat; d'autres ont pour stratégie d'avancer droit devant eux; d'autres encore d'aller de-ci de-là, s'en remettant au hasard pour trouver sur leur chemin le prochain spécimen alimentaire; et il semble que toutes ces espèces y ont réussi parfaitement bien jusqu'à présent, sans avoir jamais mis en œuvre de stratégie « intelligente » de recherche de la nourriture. Il est vrai cependant que les primates, de leur côté, habitent la canopée de la forêt et vivent donc dans des conditions écologiques plus complexes. Les forêts, et tout particulièrement les forêts tropicales dans lesquelles se trouvent le plus souvent les primates, n'ont pas toujours le même visage tout au long de l'année, et les arbres constituant des sources alimentaires sont dispersés de façon irrégulière en leur sein. On a donc fait grand cas de la notion selon laquelle les primates (ou du moins certains d'entre eux) doivent nécessairement posséder une « carte mentale » de leur territoire, dans laquelle la position des arbres donnant de la nourriture est localisée non seulement dans l'espace, mais aussi dans le temps, en fonction du cycle annuel. Peu d'arbres produisent des fruits ou de nouvelles feuilles, par exemple, tout au long de l'année. Pour un animal qui se nourrit de l'un ou l'autre de ces aliments, la même forêt apparaîtra très différente en mai ou en décembre. Et bien que tous les primates (en fait, tous les animaux vivant dans les arbres) doivent plus ou moins faire face à ce problème, il est possible que certaines espèces soient plus capables que d'autres de s'adapter aux variations de ce genre. En fait, certains résultats de recherche plaident un peu dans ce sens. L'orang-outang paraît être un bon exemple. Il semble être capable de prendre les chemins les plus directs, au sein de vastes étendues de forêt tropicale très peu variées, pour aller d'un arbre individuel à un autre, dès lors que chacun d'eux ne porte des fruits que de façon très temporaire.

L'aspect de la recherche de nourriture qui intéresse le plus les anthropologues est, à l'évidence, la chasse. On pensait jadis que l'homme était le seul des primates à obtenir sa subsistance de cette façon, mais depuis quelques années ce point de vue a dû être modifié du tout au tout. Les exploits cynégétiques des chimpanzés sont désormais bien connus ; on a observé de même que les babouins (singes d'Afrique) et les capucins (singes d'Amérique du Sud) sont capables de tuer de petits mammifères. Mais le chimpanzé se distingue nettement des autres primates non humains par le fait qu'il chasse couramment et qu'il semble s'y prendre de façon organisée (bien qu'avec le progrès des recherches sur le babouin, nous nous apercevrons peut-être que ces caractéristiques ne sont pas le seul fait du chimpanzé). Dans deux sites de Tanzanie, par exemple, les chimpanzés attrapent régulièrement, pour les manger, des oiseaux et plus d'une dizaine d'espèces de mammifères, parmi lesquelles un singe, le colobe, semble une proie de prédilection. Ils préfèrent généralement capturer des espèces de petites dimensions (ou les jeunes d'espèces plus grosses), mais on les a vus attraper des animaux atteignant presque vingt-cinq kilos. Dans certains cas, ils se mettent à chasser manifestement parce que l'occasion s'en présente, comme lorsqu'un chimpanzé isolé croise par hasard une proie potentielle. Mais dans d'autres cas, il s'agit d'une véritable entreprise collective, mettant en jeu plusieurs individus. Il est fréquent ainsi qu'une « chasse au colobe » se termine par la capture de deux à quatre de ces malheureux singes (généralement des jeunes) grâce à la coopération d'un groupe de chimpanzés semblant faire équipe, les uns grimpés dans les arbres pour poursuivre un colobe, les autres dispersés au sol. De la fréquence de cette activité, on ne saurait toutefois conclure que certains chimpanzés se réveillent un beau matin avec l'intention d'aller à la chasse, comme le feraient des êtres humains. Mais lorsque des chimpanzés ont eu l'attention attirée par un groupe de colobes, il semble qu'ils se livrent alors à une soigneuse évaluation de la situation. Ils se mettent rarement à chasser dans des endroits où la canopée de la forêt est continue, car les colobes auraient alors de bonnes chances de fuir en sautant de branche en branche dans la hauteur des arbres. Les chimpanzés ne se lancent dans cette chasse que lorsque leurs proies potentielles sont en train de s'alimenter dans un petit groupe d'arbres isolés du reste de la forêt, d'où il leur sera beaucoup plus difficile de s'échapper.

Les chimpanzés mâles de Tanzanie chassent plus que les femelles, mais il n'est pas rare que celles-ci participent; on a observé assez souvent des groupes de chasse composés uniquement de femelles. Celles-ci sont, en fait, responsables de la capture de la majorité des proies faciles à attraper, tels que de jeunes guibs ou phacochères[1], tandis que les mâles réalisent pratiquement toutes les captures les plus difficiles, comme celles des colobes. Lorsque les femelles chassent seules, elles ont plus de chance d'attraper une proie, et le plus souvent elles la garderont alors pour elles. De manière générale, les chimpanzés apprécient beaucoup la viande, et une proie est rarement consommée de façon solitaire, sauf si l'individu est seul lorsqu'il réalise sa capture. En effet, lorsqu'un chimpanzé attrape une proie, les autres membres de son groupe convergent vers lui, exprimant leur convoitise de façon agressive. Dans cette société dominée par les mâles, une femelle ou un mâle de rang hiérarchique inférieur est exposé à perdre tout ou partie de la pièce qu'il aura eu tant de mal à capturer. Même les mâles dominants réussissent rarement à garder pour eux la totalité de leur proie. Ils peuvent faire l'objet d'attaques, lorsqu'ils en détiennent une, et être obligés d'en céder une partie à leurs assaillants. Mais le plus souvent, les autres chimpanzés leur quémanderont une part de viande, ce qui est normalement la seule façon par laquelle les individus de rang hiérarchique inférieur en obtiennent. La manière dont une proie est, en définitive, partagée dépend souvent des relations sociales existant entre les individus concernés, bien que certains facteurs propres à son possesseur puissent jouer également un rôle, tels sa force physique, son inclination à la tolérance ou le fait d'être rassasié. Si la chasse

1. Le guib est une espèce d'antilope à pelage fauve et à bandes blanches; le phacochère est le sanglier africain. *(N.d.T.)*

elle-même semble être chez le chimpanzé une activité coopérative (bien que peut-être pas entièrement dans l'acception que nous donnons à ce qualificatif), le partage des carcasses ne l'est pas. Il y a donc une différence très nette entre le chimpanzé et l'homme moderne en ce qui concerne l'ensemble du processus de la chasse. Classiquement, les êtres humains programment leur chasse ; ils la réalisent de façon véritablement coopérative ; et la proie est distribuée entre les membres du groupe en fonction de certaines règles, souvent après que la carcasse a été transportée en quelque lieu central pour y être découpée en quartiers. Donc, considérées globalement, depuis l'intention initiale jusqu'à la consommation finale, les façons dont chassent les chimpanzés et les êtres humains sont complètement différentes. S'il est un point commun, cela ne semble guère être plus que le fait de savoir repérer les proies et la manière de s'en emparer le plus efficacement possible.

Si la chasse est donc une activité qualitativement différente chez l'homme moderne et le chimpanzé, doit-on accorder plus d'importance, pour l'interprétation des tout premiers stades de notre lignée, au fait que les chimpanzés obtiennent des protéines animales également (bien que très rarement) par le biais de la récupération de viande sur les carcasses d'animaux morts ? Comme nous le verrons plus loin, on pense que cette dernière activité a compté non seulement beaucoup aux origines de la lignée humaine, mais qu'elle a continué à jouer un grand rôle jusqu'à très récemment dans l'histoire évolutive de nos ancêtres. En outre, on pensait naguère que ce comportement était propre à l'espèce humaine parmi les primates. Le voir pratiquer par d'autres nous obligerait donc à le reconsidérer. Toutefois, dans le petit nombre de cas où l'on a vu des chimpanzés se livrer à la récupération, ce comportement ne s'est observé le plus souvent que dans des circonstances qui les faisaient revenir sur les lieux d'une capture antérieure, afin d'y consommer des restes, bien qu'on ait vu aussi quelques cas de récupération de viande sur des carcasses abandonnées par des léopards. On a observé tout aussi fréquemment que les chimpanzés se détournent des carcasses qu'ils rencontrent par hasard. Il est clair que ces grands singes ne considèrent pas habituellement les animaux morts comme une source normale de nourriture, alors que ce devait être manifestement le cas pour nos ancêtres.

Parmi les circonstances qui amènent les chimpanzés à tuer, celles qui entourent la pratique du meurtre et du cannibalisme chez ces grands singes exercent, chez les scientifiques de même que dans le grand public, une fascination certaine, quelque peu morbide. Chez les mammifères en général, il est plutôt rare qu'un animal tue un individu adulte de sa propre espèce. Lorsque cela se produit, c'est généralement la conséquence indirecte d'un autre comportement, comme la compétition des mâles pour les femelles. Chez les chimpanzés, en revanche, on a non seulement observé des meurtres (si l'on peut employer ce terme), mais il semble bien qu'ils aient été intentionnels et même prémédités. Il n'est pas rare chez eux qu'un groupe, rencontrant un individu qui lui est étranger, l'attaque avec une vigueur dépassant celle que l'on voit ordinairement pratiquée au sein des groupes locaux dont les membres se connaissent bien. Il peut y avoir une raison à cela : tandis que la plupart des primates se déplacent en groupes assez compacts et cohérents, dont les membres peuvent venir à la rescousse de ceux qui sont attaqués, l'organisation sociale des chimpanzés est telle que leurs groupes, au cours de leur vagabondage, peuvent rencontrer un individu recherchant sa nourriture indépendamment, éloigné de son propre groupe et, de ce fait, relativement sans défense. Mais on a aussi observé des attaques uniques en leur genre par leur degré extrême de violence et de férocité ; elles étaient alors dirigées contre des adultes, généralement dans des circonstances très spécifiques et apparemment très rares.

Les exemples les mieux étayés de ce genre d'agression ont été observés à Gombe, en Tanzanie, où une large communauté de chimpanzés distribuée sur une vaste région s'est un jour scindée en deux, probablement parce qu'elle était devenue trop importante pour son territoire ou que le nombre interdisait désormais que les communications sociales s'effectuent correctement entre ses membres. Jane Goodall a décrit de façon détaillée comment, par la suite, l'un des sous-groupes résultant de la scission a totalement anéanti l'autre. Des agresseurs (qui étaient des mâles), elle écrit : « S'ils avaient eū des armes à feu et appris à s'en servir, je soupçonne qu'ils les auraient employées pour tuer. »

Une observation prend ici toute son importance : elle concerne la façon particulière dont les groupes de chimpanzés sont organisés. La plupart des groupes de primates le sont autour d'un noyau de membres permanents qui sont des femelles. Celles qui sont nées dans un groupe y restent normalement toute leur vie, tandis que les mâles adolescents en partent pour chercher une nouvelle compagnie. Les transferts de ce genre permettent d'éviter les problèmes de consanguinité dans les petites populations. Chez les chimpanzés, au contraire, ce sont les femelles qui émigrent, laissant les mâles assumer et faire perdurer l'identité du groupe. C'est également typiquement le cas chez l'homme.

Le cannibalisme représente un cas encore plus sinistre que le meurtre. Ce sujet suscite en général dans le public des réactions tellement vives qu'il est à la mode d'affirmer que toutes les histoires de cannibalisme dans notre espèce ont été inventées dans des buts politiques. Il ne fait guère de doute, cependant, que les hommes se sont livrés au moins occasionnellement au cannibalisme ; et un grand nombre de données indiquent que les chimpanzés nous ressemblent quelque peu sur ce point, bien que dans tous les cas observés jusqu'ici les victimes aient été des nouveau-nés. On a vu une demi-douzaine de fois, en douze ans, à Gombe, des adultes tuer des tout-petits, et le même phénomène a été enregistré avec une semblable fréquence par des observateurs japonais sur le site, pas très éloigné, de Mahale. Cela a été remarqué dans d'autres endroits également. Le meurtre des nourrissons est un fait bien établi chez les primates et chez d'autres mammifères. Il est souvent pratiqué par les mâles adultes lorsqu'ils conquièrent le statut de dominant au sein d'un groupe ; les sociobiologistes l'ont donc expliqué en disant qu'il s'agit d'une stratégie visant à éliminer les gènes des autres mâles, tout en promouvant les leurs propres. Chez les chimpanzés, cependant, on a vu des nourrissons tués aussi bien par des mâles que par des femelles, et dans de nombreux cas, la victime était mangée. Les sociobiologistes ont constaté, non sans surprise, qu'à Mahale du moins les petits chimpanzés, dans un grand nombre des cas, ont été tués et mangés par des mâles qui pouvaient bien être leur père. Presque aussi surprenant, peut-être (car la paternité est difficile à établir), le fait que dans un petit nombre de cas les tueurs étaient des femelles. Il est probable que les meurtres de nourrissons par des mâles soient une retombée involontaire des attaques dirigées contre leur mère ; et, dans le cas des femelles tueuses, le bénéfice le plus évident qu'elles en tirent est sans doute la chair de leur victime. On peut, bien entendu, soupçonner que, dans ce genre de circonstances, la motivation soit aussi un sentiment d'hostilité à l'égard de la mère ; mais dans l'un des cas observés au moins, on a vu la tueuse prendre dans ses bras la mère de la victime, tout en mangeant son petit. Il est possible d'interpréter ce dernier type d'observation de bien des façons, dont certaines évoquent ces complexes et ténébreuses motivations qui caractérisent une grande partie des conduites humaines.

Les chimpanzés font également preuve d'autres types de comportements qui, à l'instar du meurtre ou du cannibalisme, ne rentrent pas classiquement dans la catégorie des stratégies de recherche alimentaire, mais illustrent de façon spectaculaire l'aptitude remarquable de ces grands singes à comprendre et à exploiter leur environnement. Il s'agit de la consommation de plantes médicinales. La forêt équatoriale n'a rien d'un milieu édénique, et les chimpanzés souffrent fréquemment de maladies ou d'infestations par des parasites. On dispose à présent d'un grand nombre d'observations montrant que ces grands singes recherchent certaines plantes, non pas pour leurs qualités nutritives ou gustatives, mais pour leurs propriétés curatives, et cela dans les moments où ils en ont expressément besoin. Ainsi, on peut les voir avaler, sans mâcher, les feuilles de diverses plantes, telles que celles de l'arbuste dénommé *Aspilia*, surtout à la saison des pluies, moments où ils sont particulièrement sujets à des infestations parasitaires par des nématodes. Or ces feuilles contiennent non seulement des principes actifs reconnus, comme notamment un antibiotique, mais elles ont aussi souvent une texture grossière : au cours du transit intestinal, elles agissent comme des tampons récurants, détachant les vers qui adhèrent aux parois du tube digestif. Elles sont finalement évacuées entières et on retrouve les parasites dans les fèces. Certaines feuilles sont gardées en bouche pendant de longs moments avant d'être avalées, ce qui laisse penser que les chimpanzés essayent d'absorber des composés actifs par le biais de l'épiderme buccal. Rien qu'en Tanzanie, on a identifié plus d'une douzaine de plantes consommées par ces grands singes en tant que plantes médicinales; et les analyses ont montré qu'il y figure des antibactériens et des composés susceptibles de calmer les maux de tête et d'estomac. Bien que les études sur la consommation de plantes médicinales chez les chimpanzés en soient encore à leurs premiers balbutiements, il apparaît déjà clairement que ces grands singes sont capables d'associer leurs sensations de malaise physique aux propriétés curatives de certaines parties de plantes et à des façons particulières d'ingérer ces dernières afin qu'elles soient efficaces. Aucun autre primate, en dehors des grands singes et de l'homme, n'est capable, pour autant que nous le sachions, de faire des associations complexes de ce genre.

L'intelligence, dans la mesure où elle se traduit par la flexibilité du comportement, est une aptitude qui n'est pas limitée à un domaine particulier, et il ne paraît pas excessif de passer du constat de la similitude des stratégies de recherche alimentaire du chimpanzé (ou de l'orang-outang) avec les nôtres à la proposition selon laquelle ces primates pourraient peut-être bien avoir une intelligence équivalente, voire identique, à celle qu'avaient nos lointains ancêtres. C'est du moins ce qu'ont proposé certains chercheurs. Le spécialiste des chimpanzés W.C. McGrew a ainsi comparé les stratégies de recherche alimentaire du chimpanzé avec celles des aborigènes de Tasmanie, une société aujourd'hui éteinte de chasseurs-cueilleurs humains qui possédait un outillage technique très simple. Celui-ci était d'ailleurs si modeste qu'il n'aurait laissé que peu de traces dans les archives archéologiques. McGrew a soutenu avec beaucoup de force que, s'il est vrai que la gamme des activités de recherche alimentaire est beaucoup plus grande chez l'homme que chez le chimpanzé, il existe des secteurs où les similitudes sont importantes. Beaucoup de ces dernières ont trait, nous le verrons, à l'emploi d'outils.

Intelligence et milieu social

À trop insister auprès d'un anthropologue, probablement réticent, pour qu'il vous explique *pourquoi* est apparu dans l'évolution ce phénomène particulier qu'est la haute intelligence des êtres humains (ou, comme je préfère le dire, pourquoi des espèces plus intelligentes ont prévalu au sein de notre lignée), il y a de fortes chances qu'il finisse par vous jeter en pâture le « milieu social complexe ». Il est assurément vrai que, tout en ayant un cerveau plus gros et plus élaboré, les primates supérieurs font preuve d'une « intelligence sociale » largement supérieure à celle de leurs plus proches apparentés, les primates inférieurs — une évidence à laquelle pour ma part je me rallie, étant un spécialiste et un admirateur de longue date des lémuriens de Madagascar, le groupe le plus varié des primates inférieurs (même si je suis sincèrement convaincu que l'on a généralement sous-estimé jusqu'ici la complexité sociale chez les lémuriens, du fait peut-être que leurs formes de communication sont moins évidentes pour les observateurs humains que celles des singes non anthropomorphes et des grands singes[1]).

1. La langue anglaise distingue deux types de singes : ceux qu'elle appelle *apes* et ceux qu'elle appelle *monkeys.* Les premiers correspondent grossièrement à ce que les zoologistes appellent les singes anthropomorphes (comprenant notamment le chimpanzé, le chimpanzé pygmée ou bonobo, le gorille, l'orang-outang). On a choisi de leur donner ici une désignation relativement classique dans la littérature de vulgarisation scientifique, celle de *grands singes* (la plupart de leurs espèces ont, en effet, des dimensions plus grandes que les autres espèces de singes). L'autre catégorie (celle des *monkeys*) est zoologiquement plus disparate, puisqu'elle comprend les singes cercopithécoïdes de l'Afrique et de l'Asie (babouins, macaques, etc.) et les singes platyrrhiniens de l'Amérique du Sud (ouistitis, capucins, etc.). Il n'y a pas d'équivalent français exact de *monkeys.* On a choisi ici de traduire par singes *non anthropomorphes,* puisque c'est bien là le sens de la terminologie anglaise. *(N.d.T.)*

Il ne fait aucun doute, donc, que lorsqu'on passe des lémuriens aux singes non anthropomorphes, puis aux grands singes et finalement à l'homme, l'environnement social immédiat dans lequel ces créatures vivent, se déplacent et obtiennent de quoi se nourrir devient de plus en plus complexe : autrement dit, leur environnement social compte pour une part de plus en plus grande de leur environnement global. Chez les êtres humains modernes vivant dans les villes, il est fréquent que l'environnement social constitue à lui seul pratiquement la totalité de l'environnement (nous en examinerons plus loin les conséquences). Dans ces conditions, il n'est pas étonnant de constater que, si de nombreux primatologues ont essayé d'expliquer l'organisation des groupes de primates en fonction de l'environnement externe (prédation réduite, exploitation plus efficace des ressources disponibles, etc.), les chercheurs s'intéressant aux mécanismes susceptibles de stimuler l'accroissement de l'intelligence ont, au contraire, eu tendance à mettre l'accent sur la complexité des interactions entre individus *au sein* des groupes sociaux. Et leurs observations les ont conduits à qualifier de « machiavélien » le type d'intelligence qui est mis en jeu dans ces interactions. La principale raison justifiant cette désignation quelque peu désobligeante (à moins qu'il ne faille, au sens où l'entendent les sciences sociales, la prendre comme un compliment) est que la vie au sein de groupes sociaux, composés d'individus dont le comportement est largement dépendant de la volonté (contrairement à ce que l'on observe dans les colonies d'abeilles, où les individus coopèrent involontairement), est loin de se traduire par la coopération et l'harmonie. Les individus, au sein des groupes de primates, sont en compétition les uns avec les autres pour l'accès à une vaste gamme de ressources comprenant des facteurs fondamentaux tels que la nourriture, le statut ou les partenaires sexuels. Et c'est là que l'aspect machiavélien de l'intelligence intervient.

La raison en est que, dans des groupes relativement stables et hiérarchiquement organisés comme le sont ceux de la plupart des primates supérieurs, le succès rencontré par un individu donné dépend souvent moins de ses propres caractéristiques — sa force physique ou son charme ou son agressivité — que des individus qu'il connaît. La plupart des singes non anthropomorphes de l'Ancien Monde et des grands singes, par exemple, vivent dans des sociétés caractérisées par des structures de dominance bien nettes, quoique changeantes, et souvent linéaires (A prime sur B, qui prime sur C, et ainsi de suite). La position d'un individu au sein de la hiérarchie est souvent déterminée tôt dans sa vie par les premières interactions qu'il a eues avec les autres membres du groupe, mais aussi généralement par le statut de sa mère. Et la façon dont un individu débute dans la vie est un facteur important pour son avenir, car un statut élevé est souvent le gage d'un accès préférentiel aux ressources, tandis qu'un statut inférieur est souvent associé à des désavantages comme l'infestation excessive par des parasites ou le rejet à la périphérie du groupe (où les risques de prédation sont plus élevés). Cette description pourrait bien s'appliquer en partie à l'homme, malgré la complexité de la société industrielle.

Mais le statut social peut changer ; pour qu'un individu s'élève dans la hiérarchie (à partir de la position, quelle qu'elle soit, déterminée par celle de la mère et de ses partenaires), de nombreux facteurs entrent en jeu, et la force ou l'agressivité ne sont pas forcément parmi les plus cruciaux. Plus importantes, semble-t-il, à cet égard, sont les alliances formées par chaque individu au cours de sa vie. Et la formation d'alliances implique l'élaboration de stratégies, même de façon fruste, ce qui nous ramène à Machiavel.

La littérature scientifique consacrée aux primates supérieurs dans leur milieu naturel fourmille d'exemples attestant, entre autres, que des mâles de rang inférieur, dans une espèce donnée, se sont ligués pour accéder à des femelles réceptives que des mâles alpha essayaient de monopoliser ; ou bien que deux mâles de rang inférieur ont agi ensemble pour écarter un individu de rang supérieur et l'empêcher d'accéder à une ressource alimentaire convoitée. Des rapports interindividuels complexes existent dans toutes les sociétés de primates supérieurs, et les relations hiérarchiques linéaires y sont constamment remises en question par les changements fréquents d'alliance entre les individus. Les chercheurs qui s'intéressent au problème de l'apparition de l'intelligence ont particulièrement noté, parmi les manipulations sociales de ce genre, les manœuvres par lesquelles certains individus cherchent à induire en erreur d'autres individus, une tactique apparemment largement employée par les primates supérieurs. Les observations de ce dernier type de comportement dans les conditions naturelles, bien que toujours rapportées sous la forme d'anecdotes, n'en demeurent pas moins révélatrices. Par exemple, un très jeune babouin peut faire semblant, auprès de sa mère, d'être harcelé par un jeune plus fort que lui, de façon à pouvoir s'emparer de sa part de nourriture, pendant que sa mère lui donnera la chasse ; ou bien une femelle babouin peut se servir d'un obstacle visuel pour dissimuler à un mâle dominant qu'un mâle subordonné est en train de lui faire la toilette de son pelage. Il est important de remarquer que le fait de tromper l'autre, en l'induisant à se former une représentation erronée de la réalité, suppose que l'individu responsable de la tromperie soit capable de prévoir les états mentaux de celui qu'il trompe.

Cette notion a été explorée en détail par les psychologues spécialistes de la cognition travaillant sur des animaux en captivité, dans des conditions plus contrôlées qu'on ne peut les avoir en extérieur. Prenons un exemple.

Dans une célèbre expérience qui visait originairement à étudier chez les jeunes chimpanzés les capacités de raisonnement et de mémorisation par rapport à des repères spatiaux, on a montré à l'un d'entre eux — une femelle nommée Belle — l'endroit, au sein d'un vaste parc, où l'on avait caché une certaine quantité d'aliments, Puis on l'a ramenée au sein de son groupe que l'on a ensuite lâché dans le parc. Les premières fois que cette expérience a été effectuée, Belle a pratiquement mené l'ensemble de ses congénères jusqu'à la cachette de nourriture, celle-ci étant alors, comme de juste, partagée entre tous. Mais ensuite, l'un des jeunes mâles les plus forts, nommé Rock, a commencé à monopoliser la nourriture à laquelle Belle amenait le groupe. À partir de ce moment, cette dernière a refusé de montrer la cachette lorsque Rock était dans les parages et s'asseyait dessus, attendant que celui-ci s'éloigne. Mais ce dernier s'est mis à observer à quel endroit elle s'asseyait, puis est venu la pousser pour récupérer la nourriture. Belle a répondu en s'asseyant loin de la cache et en ne s'en approchant pas tant que Rock ne regardait pas dans la direction opposée. La réponse de ce dernier a été de contempler le paysage jusqu'à ce que Belle commence à bouger. Quelquefois même, il s'est éloigné ostensiblement, puis s'est retourné soudainement pour voir à quel endroit Belle commençait à déterrer la nourriture — et il est venu ensuite s'en emparer. Certaines fois, Belle a entraîné le groupe dans la mauvaise direction et tandis que Rock furetait dans le mauvais secteur pour trouver les aliments qui n'y étaient pas, elle s'est dépêchée de revenir à la véritable cache. D'autres fois, les expérimentateurs ont mis un peu de nourriture supplémentaire à une certaine distance de la cache principale. Belle y a entraîné alors le groupe, et tandis que Rock dévorait l'extra, elle est revenue en courant à la première. Rock finit par comprendre sa nouvelle tactique et cessa de tenir compte du peu de nourriture déposé à l'écart. La pauvre Belle n'eut plus d'autre recours que l'abandon à la colère.

Les psychologues se sont efforcés de distinguer entre tromperies « calculées » et tromperies « non calculées », ces dernières résultant simplement de la mise en œuvre de stratagèmes dont le sujet a appris, par son expérience personnelle, qu'ils sont efficaces. Car, s'il est vrai que les capacités d'apprentissage de comportements « conditionnés » chez les primates supérieurs sont considérables, elles ne demandent pas que ces animaux soient capables de « lire » l'état mental de leurs congénères. Dans la série des actions et réactions entre Belle et Rock, décrite ci-dessus, un grand nombre d'entre elles pourraient être expliquées par un processus d'apprentissage conditionné, tout comme pourraient l'être les comportements des babouins mentionnés plus haut. Mais à partir du moment où Rock a commencé à faire semblant de ne pas s'intéresser à Belle, pour mettre en défaut les propres stratagèmes de cette dernière, il est parfaitement clair qu'il a compris la logique de ses initiatives et a prévu ce qu'elle allait faire ensuite. En d'autres termes, Rock s'est formé, dans son for intérieur, une représentation de ce qui se passait dans celui de Belle. Cette déduction a été confirmée par un certain nombre d'autres observations chez les grands singes, certaines étant réalisées dans des conditions naturelles ; mais on n'a pas encore établi sans équivoque l'existence de cette aptitude chez les singes non anthropomorphes. Ainsi, bien que les comportements de manipulation sociale soient courants chez les primates supérieurs, il semble que les grands singes soient les seuls à partager avec l'homme la capacité à « pénétrer » les états mentaux des autres individus et à prédire leur comportement à partir de la connaissance ainsi acquise.

Si l'aptitude à lire dans les pensées des autres est présente sous une certaine forme chez les grands singes, qu'en est-il de la conscience de *soi*? On affirme en effet depuis longtemps que notre seule connaissance véritable est celle qui porte sur nous-mêmes, dans la mesure où la connaissance que nous acquérons du monde extérieur dépend de nos propres constructions mentales et est filtrée par nos perceptions. Mais il est extrêmement difficile, même chez l'homme, d'étudier la conscience de soi, et jusqu'ici, la façon la plus fructueuse de l'aborder chez les autres primates a reposé sur le stratagème, assez grossier il est vrai, de la reconnaissance dans le miroir. Il est bien établi que les singes non anthropomorphes sont capables d'utiliser les propriétés réfléchissantes des miroirs pour voir dans les coins et identifier leurs congénères — ce qui montre, une fois de plus, que ces primates ont une appréciation visuelle correcte de la géométrie dans l'espace, comme le prouvent les exemples de tromperie mettant à profit des obstacles visuels. Mais ils ne semblent jamais se rendre compte que lorsqu'ils regardent directement dans un miroir, c'est eux-mêmes qu'ils voient. Les grands singes, de leur côté, paraissent vraiment comprendre la nature de l'image que leur renvoie le miroir (après une période initiale d'hésitation, que l'on observe aussi chez les êtres humains qui rencontrent cet objet pour la première fois de leur vie). Ainsi, par exemple, si l'on peint une tache de couleur sur la face d'un chimpanzé, tandis qu'il est endormi au moyen d'une anesthésie, il va d'abord, au sortir de celle-ci, reprendre le cours de sa vie sans se préoccuper de quoi que ce soit, jusqu'au moment où il s'aperçoit dans un miroir. Il va alors, à l'aide de ce dernier, essayer d'enlever la tache. Et à partir du moment où ils se sont reconnus eux-mêmes dans un miroir, les chimpanzés recourent régulièrement à cet objet pour s'examiner le visage et le corps, se regarder sous tous les angles, tirer sur telle ou telle partie pour voir ce que cela donne.

On a soutenu de façon convaincante que l'évidente aptitude des grands singes à reconnaître leur propre image dans le miroir implique que les sujets concernés ont conscience d'eux-mêmes ; car s'ils ne l'avaient pas, il leur serait impossible d'interpréter correctement leur image. Et l'on a aussi soutenu que, pour un individu donné, la conscience de soi et de ses propres états mentaux est une des conditions préalables nécessaires à la compréhension des pensées et des réactions des autres. Ce dernier processus est, bien entendu, très différent de celui qui repose sur la simple anticipation des réponses que les propres actions du sujet peuvent évoquer chez les autres — même si les comportements résultant de chacun de ces deux processus peuvent être difficiles, voire impossibles à distinguer en pratique. Il faut admettre que les grands singes se servent de leur image spéculaire d'une façon beaucoup moins complète que les êtres humains. On a noté, par exemple, qu'à part d'enlever les marques indésirables, ils n'essaient pas de modifier leur apparence, même d'une façon qui pourrait leur assurer de plus grands succès sociaux. On n'a pas relevé chez eux le moindre désir d'améliorer leur image, comme le font les êtres humains dans toutes les sociétés avec l'aide ou non de miroirs, en se coiffant, se coupant les cheveux, s'ornant de bijoux ou se maquillant.

On pourrait allonger indéfiniment la liste des comportements par lesquels les grands singes — et eux seuls — ressemblent à l'homme. Mais il est également évident qu'aucune observation chez les primates non humains ne révélera jamais le facteur causal *suffisant* à expliquer le pourquoi de l'intelligence chez l'homme, même si certaines des aptitudes identifiables chez ces primates peuvent avoir été des stades obligés pour son acquisition. Car l'homme est l'homme, et le chimpanzé est le chimpanzé. Les primates supérieurs sont partis, à l'origine, de potentialités égales pour tous, sous la forme d'un ancêtre commun unique (qui, lui-même, ne devait pas être très différent de ses plus proches apparentés). Les diverses lignées qui sont descendues de ce dernier ont simplement tendu à développer, de façon différente et sur de longues périodes, l'aptitude initiale particulière de l'ancêtre commun, laquelle représentait le précurseur d'une intelligence plus grande. La sélection naturelle, comme nous le verrons, dépend elle-même d'événements aléatoires — elle ne peut travailler que sur ce qui se présente à elle —, et on ne peut sûrement pas la voir comme un mécanisme d'optimisation, au sens où on l'entendrait dans le domaine de l'ingénierie. L'espèce humaine actuelle est issue d'une série unique en son genre d'événements évolutifs qui ont dépendu non seulement de l'acquisition d'aptitudes particulières héritables, mais aussi de l'existence d'autres capacités qui avaient déjà été acquises par sa lignée lorsque la sélection est intervenue.

Globalement, le comportement des grands singes a sans aucun doute anticipé celui des êtres humains sous bien des aspects. Comme les comparaisons même très sommaires rapportées ci-dessus le montrent, le fossé cognitif que l'on imaginait entre eux et nous tend, dans certaines limites, à se combler. Cependant, pour répéter ce que l'on a déjà dit précédemment, il est inutile de vouloir rechercher l'explication de notre intelligence dans les ressemblances entre nos aptitudes et celles des grands singes et des singes non anthropomorphes. Ces comparaisons entre l'homme et les grands singes peuvent nous aider à établir de quel niveau de base nos remarquables aptitudes mentales ont émergé et à mesurer l'étendue des ressemblances et des différences entre eux et nous. Il s'agit là d'une tâche fondamentale, si nous voulons évaluer ce qui fait notre propre unicité — et ce faisant, cela devrait nous conduire à réfléchir sur le comportement d'*Homo sapiens* à l'égard des espèces qui, pour être ses plus proches apparentées, ne sont cependant pas les plus chères à son cœur. Deux comportements spécifiques de l'homme — la fabrication d'outils et le langage — ont fait de ce point de vue l'objet d'une très grande attention de la part des anthropologues, des psychologues spécialistes de la cognition et de tous les chercheurs désirant comprendre comment nous sommes parvenus à être ce que nous sommes.

La fabrication et l'usage d'outils

À en croire James Boswell, Benjamin Franklin, le premier, a forgé l'expression de « l'Homme, fabricant d'outils », pour décrire la caractéristique principale qui nous distingue du reste de la nature. Des recherches plus récentes ont montré avec certitude que nous ne sommes pas seuls à utiliser des outils. Il n'en est pas moins vrai que l'homme, de nos jours, dans le monde entier et quelle que soit sa façon de subsister, se distingue par un mode de vie totalement dépendant d'outils. Toutefois, comme nous le verrons, les outils (du type de ceux qui se conservent dans les archives archéologiques) représentent une innovation relativement récente dans notre lignage. Pendant la première moitié de notre histoire évolutive du moins, nous n'avons pas la moindre trace attestant que des outils capables de durer étaient fabriqués. Sur la base de déductions, nous pouvons cependant être sûrs que nos ancêtres fabriquaient des outils en matériaux périssables, tels que des bâtons, bien avant que les outils de pierre n'apparaissent dans les archives archéologiques, il y a environ 2,5 millions d'années. L'une des raisons pour lesquelles nous pouvons en être quasiment certains réside précisément dans le fait que, comme nous l'avons récemment appris, nous ne sommes pas les seuls utilisateurs d'outils dans le monde vivant. Il semble bien, d'ailleurs, que l'emploi d'outils ne soit pas limité aux primates : on a vu des oiseaux, des loutres et même des dauphins se servir d'objets comme moyens de réaliser diverses activités ; et il est probable que, si l'on examinait de très près de nombreux mammifères, on obtiendrait un ou deux exemples de plus de ce qu'il faudrait bien appeler, dans un sens très large, une « utilisation d'outils ». Cependant, le pinson australien qui emploie une épine pour extraire de savoureuses chenilles des fissures profondes dans certains troncs d'arbre ou même la loutre marine qui se sert de pierres pour écraser la carapace des crabes semblent être des exemples isolés de comportements représentant des réponses apprises face à des problèmes spécifiques. Seuls les primates fournissent des exemples d'une approche « intelligente » de l'emploi d'outils.

Dès lors que l'on restreint notre définition de l'emploi d'outils, il ne demeure étonnamment qu'un nombre restreint de candidats, même parmi nos cousins les primates. Les grands singes sont les prétendants au titre de champion dans ce domaine, mais lorsqu'on s'éloigne d'eux dans l'échelle des primates on ne leur trouve pas beaucoup de concurrents. Le singe capucin d'Amérique du Sud — ce singe non anthropomorphe favori des joueurs d'orgue de Barbarie — est à peu près le seul autre utilisateur spontané d'outils. On l'a vu dans la nature se servir de pierres pour ouvrir des noix en les écrasant; l'un d'eux a même été observé en train de battre un serpent à coups redoublés au moyen d'un bâton. Mais les observations les plus nombreuses d'utilisation d'outil chez le capucin ont été faites en laboratoire. Récemment, l'une de ces études, particulièrement intéressante, a permis de mettre tous ces résultats en perspective. On avait donné à des capucins la possibilité de se servir d'un bâton de diamètre et de longueur appropriés pour extraire des cacahuètes hors d'un cylindre transparent ouvert aux deux extrémités et posé horizontalement. La plupart des animaux à qui fut présenté ce test comprirent comment s'en servir (et obtenir les graines d'arachide). On leur donna alors toute une gamme de bâtons, généralement de dimensions inappropriées, et on les soumit de nouveau au test. La plupart le réussirent là encore, bien qu'après de nombreuses tentatives infructueuses et énormément de temps passé à essayer des bâtons de mauvaise longueur ou de mauvais diamètre, alors que par apprentissage, ils auraient dû s'en apercevoir rapidement. On pouvait donc difficilement conclure que ces singes comprenaient quelles caractéristiques font d'un bâton donné un outil utilisable.

Aucunement ébranlés, les expérimentateurs rendirent le problème un peu plus difficile. Ils aménagèrent une petite dépression dans la paroi du cylindre, de telle sorte que, lorsque ce dernier était posé horizontalement, la cacahuète pouvait y tomber si elle était poussée dans la mauvaise direction (et le singe ne pouvait plus alors la récupérer). Un seul des sujets réussit ce nouveau test, en apprenant à pousser constamment la graine dans la direction opposée à celle de la dépression et à la faire ainsi sortir à l'autre extrémité du tube. Mais même cet individu n'avait pas véritablement compris la signification de la dépression. En effet, si l'on faisait tourner le cylindre sur lui-même, de telle sorte que la dépression ne constituait plus un piège pour la cacahuète, ce capucin continuait à pousser celle-ci dans la direction qui lui avait antérieurement réussi, même si cela revenait à la pousser sur une plus longue distance. Il résulte apparemment de toutes ces observations que les capucins ont assez bien réussi ce type de test, en procédant par essais et erreurs, mais n'ont pas véritablement maîtrisé les données du problème. En d'autres termes, ils n'ont pas fait preuve d'une grande compréhension des mécanismes mis en jeu dans l'emploi d'outils.

Telle n'est pas la conclusion que l'on peut tirer dans le cas des chimpanzés, pour lesquels nous disposons à présent d'une grande quantité d'observations, non seulement en laboratoire, mais aussi dans la nature. Ces grands singes utilisent toute une série d'objets dans toutes sortes de buts, comme le prouvent quelques exemples. La plus impressionnante de ces utilisations d'outils est illustrée par les chimpanzés de l'Afrique de l'Ouest : ceux-ci ouvrent des noix en les écrasant avec une pierre dont ils se servent comme d'un « marteau » (ou parfois avec une grosse bûche) et une autre de plus grosse dimension qui tient lieu d'« enclume » — bien qu'au cours de ce processus, ils ne modifient intentionnellement aucun objet, si ce n'est les noix. Ces dernières n'éclatent pas si elles sont frappées sur le sol meuble de la forêt. C'est pourquoi les « enclumes » jouent un rôle important, et certaines présentent des traces attestant un usage répété sur de longues périodes. Par ailleurs, les chimpanzés ne trouvent pas toujours de

« marteaux » là où ils en ont besoin, et, le cas échéant, ils peuvent les transporter sur près d'un kilomètre, jusqu'au site de récolte des noix, bien qu'ils s'arrangent souvent pour raccourcir le plus possible ces transports, ce qui nous ramène au cas de ces « cartes mentales » que nous avons évoquées plus haut. En fonction de la région géographique où ils vivent, les chimpanzés ne présentent pas toujours ce comportement. Et notamment, ils n'écrasent pas de cette façon les noix au moyen de pierres dans toutes les régions où existent les matériaux bruts pour ce faire; cela conforte l'idée que de nombreux comportements de ce type, chez ce grand singe, sont conditionnés « culturellement ». Autrement dit, il s'agit de comportements acquis, qui se transmettent par apprentissage de génération en génération, seulement dans certaines populations. Ils dépendent à l'évidence des aptitudes globales de l'espèce considérée, mais ils ne sont pas répandus dans la totalité de celle-ci.

Les exemples les plus célèbres d'emploi d'outils chez les chimpanzés ont été observés en Tanzanie (où ils ne pratiquent pas l'éclatement des noix, bien que celles-ci y soient présentes, de même que les pierres). Il s'agit de la « pêche » aux termites ou aux fourmis. Les chimpanzés choisissent donc de minces brindilles, les effeuillent si nécessaire, puis les plongent dans une termitière ou une fourmilière. Les insectes qui jouent le rôle de gardes pour ces colonies attaquent la baguette introduite dans leur territoire et s'y cramponnent tandis que le « pêcheur » la retire : celui-ci n'a alors plus qu'à les manger. Les chimpanzés sélectionnent différentes sortes de branches, en fonction des objectifs qu'ils poursuivent, et de récentes observations montrent qu'ils peuvent se servir des plus grosses comme de leviers ou comme d'ustensiles pour extraire le miel des ruches. Il est intéressant de remarquer que les baguettes ne sont pas nécessairement abandonnées lorsqu'elles sont courbées ou effrangées à l'extrémité. Les chimpanzés brisent cette dernière pour les « rafraîchir », et ils continuent à s'en servir aussi longtemps que des modifications de ce genre sont possibles. On a observé également que ces grands singes peuvent casser des branches pour les utiliser comme des crochets afin d'atteindre des fruits qui resteraient autrement inaccessibles; ou bien comme une arme pour attaquer un prédateur menaçant ou pour déloger des animaux occupant une anfractuosité dans un arbre. On les a vus aussi brandir des branches pour rendre plus impressionnantes leurs parades d'intimidation, et jeter des pierres ou des bâtons pour essayer de faire peur à des concurrents ou à des prédateurs.

Les chimpanzés utilisent également de nombreux autres objets, principalement des feuillages d'une variété ou d'une autre, dans différents buts. Ils se servent ainsi de feuilles de bananier comme de « parapluies » durant les fortes pluies; ils emploient des feuilles pour se nettoyer après la défécation, ou pour sécher le sang d'une blessure; ils se servent d'un paquet de feuilles comme d'une éponge pour prélever de l'eau, puis la récupérer dans la bouche en le pressant. D'année en année croît la liste des objets trouvés dans l'environnement qu'utilisent spontanément les chimpanzés en vue de résoudre tel ou tel problème particulier. Ces grands singes sont donc capables de se saisir d'une grande diversité d'objets, et dans certains cas de les modifier, afin d'atteindre des objectifs variés. Cela ne veut pas dire que le chimpanzé soit un producteur d'outils (ni même un utilisateur) dans le sens où l'est l'homme moderne : manifestement, ce n'est pas le cas. Mais cela montre que le chimpanzé est capable de se former une représentation mentale des caractéristiques que doivent avoir certains outils simples au moins pour parvenir à certains buts.

Les dispositions dont font ainsi preuve les chimpanzés ont attiré l'attention des nombreux chercheurs qui étudient ces primates en captivité. Parmi les plus anciennes études réalisées dans ce domaine, l'une a été effectuée dans les années 1920 par Wolfgang Köhler, le fondateur de la théorie de la forme (*Gestalttheorie*). L'un de ses chimpanzés, nommé Sultan, se rendit compte un jour qu'il pouvait mettre bout à bout deux bâtons pour en faire un seul, beaucoup plus long, ce qui lui permettait d'atteindre et d'attirer à lui de la nourriture. Bien qu'on ait souligné plus tard que les chimpanzés, lorsqu'ils n'ont rien de mieux à faire, se mettent occasionnellement à attacher des bâtons ensemble, en l'absence de toute sollicitation, il ne fait pas de doute que Sultan avait compris la pertinence de son acte dans le cadre de la situation en question. Les recherches en laboratoire de Köhler ont été suivies de beaucoup d'autres qui ont confirmé que les aptitudes de Sultan n'avaient rien d'inhabituel chez les chimpanzés ; et la plus passionnante des recherches ultérieures s'est concentrée sur une question intéressant particulièrement les scientifiques qui se préoccupent de comprendre l'apparition des capacités spécifiquement humaines dans l'évolution. Cette étude a essayé d'évaluer l'aptitude éventuelle des chimpanzés à fabriquer des outils de pierre ; ou plus exactement, elle a porté sur les éventuelles aptitudes dans ce domaine d'*un* chimpanzé du nom de Kanzi, lequel a été aussi l'auteur de divers autres exploits qui l'ont rendu célèbre dans la communauté scientifique, notamment au cours d'expériences sur la communication.

Jusqu'ici, lorsque j'ai cité des études sur les chimpanzés, je me référais à des sujets appartenant à l'espèce *Pan troglodytes*, qu'on appelle malencontreusement le chimpanzé « commun ». Kanzi, pour sa part, est un bonobo, appartenant à l'espèce *Pan paniscus*, que l'on désigne souvent du nom également inapproprié de « chimpanzé pygmée ». Le chimpanzé et le bonobo sont étroitement apparentés, mais font preuve d'étonnantes différences en matière de comportement, telle l'absence de dominance des mâles chez le bonobo. Ses aptitudes de *fabricant* d'outils de pierre, Kanzi ne les a montrées qu'en laboratoire, puisqu'à cette activité de fabrication, il importe de s'en souvenir, ni les chimpanzés ni les bonobos ne se livrent dans la nature — ainsi, lorsque les chimpanzés de l'Afrique de l'Ouest ouvrent les noix avec des pierres, ils ne façonnent pas celles-ci dans ce dessein. Cependant, chimpanzés et bonobos ont retenu l'attention des chercheurs dans la mesure où ils pourraient représenter de possibles « modèles » des aptitudes comportementales des tout premiers humains.

Les plus anciens outils de pierre qu'aient fait nos ancêtres consistaient en des éclats tirés de petits blocs. À les regarder, ils ne paraissent peut-être pas très impressionnants ; mais ces outils rudimentaires, surtout lorsqu'ils sont réalisés à partir des matériaux adéquats, sont capables de couper de façon très efficace, et les hominidés s'en sont servis pendant des millions d'années. Produire ce genre d'objet utile est plus difficile qu'il n'y paraît, comme toute personne qui s'y est essayée le confessera, en se frottant sans doute les mains endolories et égratignées. L'astuce technique consiste à frapper le bloc avec une pierre faisant office de marteau et sous un angle adéquat : il faut donc comprendre quelles sont les caractéristiques du matériau qui le font se casser de la façon désirée lorsqu'il est frappé. Sachant que les chimpanzés modifient spontanément des objets pour atteindre diverses fins, les archéologues expérimentateurs Nick Toth et Kathy Schick décidèrent de voir si un chimpanzé serait capable d'apprendre les principes impliqués dans la fabrication des outils de pierre. Au zoo de Bristol, en Angleterre, on avait appris antérieurement à un orang-outang à détacher d'un bloc de pierre déjà préparé un éclat dont il pouvait se servir pour couper une corde retenant une récompense alimentaire maintenue hors de sa portée. Et bien qu'on n'ait jamais observé de bonobo ni d'orang-outang fabriquer quelque outil que ce soit dans la nature, Kanzi, que l'on avait vu briller dans d'autres domaines, semblait un candidat idéal pour ce genre d'expérience. Le protocole a consisté à obtenir de Kanzi qu'il ait envie de réaliser un éclat coupant afin de se procurer une récompense alimentaire, à lui montrer comment on pouvait fabriquer un tel éclat et à lui fournir toute une gamme de blocs à partir desquels des outils pouvaient être fabriqués. Aucune contrainte n'a été mise en œuvre ; Kanzi pouvait toujours se livrer à d'autres activités que celle vers laquelle on voulait le conduire.

Il comprit vite l'usage qu'il pouvait faire d'un éclat coupant, produit devant lui par les expérimentateurs, pour obtenir une récompense alimentaire. Puis il apprit rapidement à choisir, dans une gamme qui lui était proposée, un éclat capable de couper la corde. À partir de ce moment, on le laissa simplement en présence de la récompense inaccessible et des matériaux bruts qui pouvaient lui servir à l'obtenir. Bien qu'il n'ait jamais cherché à réaliser cette tâche de façon très opiniâtre, Kanzi détacha finalement plusieurs éclats d'un bloc de pierre et coupa la corde avec le plus gros (qui était le premier qu'il avait réalisé). Il avait procédé en frappant spontanément un bloc à coups redoublés sur une pierre posée sur le sol servant d'« enclume », une procédure qu'on ne lui avait pas montrée. Au long de plusieurs mois, Kanzi fut capable de répéter avec succès plusieurs fois cette fabrication d'éclats, mais sans jamais frapper avec suffisamment de force, ni bien diriger ses coups. Il ne saurait donc être jugé capable de produire des outils fiables. De nombreux mois plus tard, Kanzi comprit qu'il pouvait produire des éclats en projetant violemment son bloc de pierre sur un sol de béton. Cela devint sa méthode préférée, et il ne produisit qu'une seule fois un éclat en frappant un bloc tenu dans sa main. On l'emmena alors en extérieur, où le sol était meuble, de façon qu'il ne puisse plus recourir à sa technique de projection des blocs par terre. Dès lors, il perfectionna sa façon de produire des éclats en tenant « marteau » et « enclume » en mains, frappant plus fort et de façon plus précise avec le marteau, mais sans réussir à obtenir des éclats avec une certaine régularité. Son dernier progrès fut de découvrir — là encore spontanément — qu'il pouvait produire des fragments de façon très constante en projetant un bloc sur un autre disposé au sol.

Quelles conclusions peut-on donc tirer de cette expérience qui s'est étalée sur près d'un an ? Manifestement, à un certain niveau, Kanzi avait appris de façon concluante par imitation. Mais on savait déjà que d'autres grands singes en sont capables : les orangs-outangs, en particulier, miment souvent spontanément, mais comme Kanzi de façon inefficace, les comportements humains, même ceux qui peuvent paraître complexes, comme laver des vêtements ou allumer un feu. Kanzi toutefois ne s'est jamais réellement représenté ce qu'il faisait ; il a imité à l'évidence les actes de ses mentors humains, sans se soucier de la nature exacte des résultats qu'il obtenait. Kanzi a compris une notion fondamentale : les chocs sont susceptibles de faire se fendre la pierre. Il a même trouvé de nouvelles façons de les administrer. Mais il ne s'est jamais efforcé de reproduire de façon fiable le résultat vers lequel le poussaient les expérimentateurs. À quelque technique qu'il ait recouru, il a pratiquement toujours obtenu la même chose : des éclats relativement petits, principalement du genre de ceux qui sont produits par des pierres entrechoquées au hasard (dans le lit d'un torrent, par exemple).

Kanzi n'a donc pas réussi le test suprême : il a montré qu'il ne comprenait ni les propriétés des matériaux sur lesquels il travaillait ni les modalités selon lesquelles ces derniers pouvaient être brisés afin d'obtenir des résultats comparables à ceux que lui avaient montrés les expérimentateurs. Kanzi ne s'est peut-être pas montré très brillant faute de motivation, plutôt que d'aptitudes innées adéquates. Cette dernière explication, étant donné que l'expérience s'est prolongée de longs mois et que, pendant un moment, Kanzi a réellement fait des progrès, n'est probablement pas pertinente — encore que, comme je l'ai signalé ci-dessus, façonner des outils de pierre en tenant « marteau » et « enclume » en mains est une tâche qui provoque des désagréments chez les débutants, ce qui peut inciter à ne pas employer toute la force requise ; dans ces conditions, il ne faudrait pas blâmer Kanzi d'avoir préféré produire des éclats en projetant son bloc au sol. De plus, il n'est pas possible de savoir avec certitude pour quelle raison Kanzi ne s'est pas montré un bon fabricant d'outils de pierre. Ses aptitudes cognitives centrales sont-elles insuffisantes ? L'insuffisance est-elle plutôt celle de ses capacités de coordination et de régulation neuromusculaires ? Les deux lacunes se cumulent-elles ? De plus, nous ignorons si Kanzi, sous l'angle de ces traits particuliers, s'inscrit dans la norme des bonobos ou si, au contraire, il fait en ce domaine montre de maladresse quand, dans d'autres activités, il déploie d'étonnantes aptitudes.

En approfondissant les recherches sur Kanzi et sur d'autres grands singes, il se pourrait qu'à l'avenir certaines de ces questions trouvent réponse. Pour le moment, il est important de noter que les tout premiers hominidés qui ont fabriqué des outils de pierre bien reconnaissables possédaient manifestement les mécanismes nerveux centraux et périphériques nécessaires à cette activité. Mais, plus important encore, ils ont *inventé* un mode efficace de fabrication d'outils à partir des matériaux qu'ils ont consciemment choisis, et cette activité est devenue une composante majeure de leur répertoire comportemental. Sur le plan cognitif, il est clair qu'ils différaient de façon considérable de n'importe lequel des grands singes vivant actuellement. En interprétant l'expérience réalisée avec Kanzi, il convient de ne pas le considérer, lui ou n'importe quel autre grand singe, comme une sorte d'être humain inférieur, bien que ces primates puissent, en un sens très limité, représenter un stade du développement cognitif par lequel sont passés les tout premiers hominidés. Comme toutes les espèces, la nôtre réalise ses activités de base différemment de ses apparentées même les plus proches, et l'intelligence s'exprime de bien des façons diverses. Kanzi se situe à l'extrémité d'une longue lignée généalogique qui accumule ses propres adaptations depuis le même temps exactement que la lignée humaine développe les siennes.

Les grands singes et le langage

Il n'est peut-être pas de trait humain qui ait plus attiré l'attention que notre aptitude au langage. À son tour, la nature mystérieuse de cette capacité suscite depuis longtemps des spéculations sur les aptitudes des autres espèces dans ce domaine. Deux siècles avant Darwin, par exemple, Samuel Pepys[1] fut suffisamment impressionné par le comportement d'un babouin qui avait été ramené à Londres par le capitaine d'un navire pour confier à son journal sa conviction que l'animal comprenait véritablement l'anglais et « qu'on pourrait peut-être lui apprendre à parler ou à faire des signes ». Une centaine d'années plus tard, le juriste et philosophe écossais James Burnett, ennobli sous le titre de lord Monboddo, eut à l'évidence une impression similaire en lisant les récits de voyageurs affirmant que les orangs-outangs étaient à demi humains, se différenciant de nous principalement par le fait

1. Samuel Pepys (1633-1703) est un écrivain anglais auteur d'un *Journal* qui n'a été publié qu'en 1825 et représente un témoignage unique en son genre sur certains grands événements de l'histoire anglaise entre 1660 et 1669 (restauration de Charles II, peste, incendie de Londres, etc.). *(N.d.T.)*

qu'il leur manquait le langage. Les histoires anciennes selon lesquelles les orangs-outangs, dans la nature, marchaient comme des bipèdes, vivaient dans des grottes, voire enterraient leurs morts, sont fausses, on le sait. Mais Monboddo avait eu manifestement raison de penser que le langage est « nécessairement une caractéristique à envisager dans toute étude sur la nature originale de l'Homme ». Savant et raffiné, il avançait sans cesse quantités d'idées inhabituelles et passait aux yeux de la plupart de ses contemporains pour un excentrique; mais peu de personnes, par la suite, ont contesté sa thèse selon laquelle le langage occupe une position centrale dans les aptitudes qui nous distinguent du reste des êtres vivants. Il est étroitement lié à nos facultés symboliques complexes, et c'est, en fait, le moyen par lequel nous nous expliquons celles-ci à nous-mêmes. On le rencontre universellement chez tous les êtres humains, et c'est la plus évidente de nos caractéristiques uniques en leur genre : en son absence, il ne nous est guère possible de concevoir l'état d'être humain, tel que nous le percevons.

La communication interindividuelle, d'un autre côté, est une question différente, puisqu'à un degré ou à un autre elle est caractéristique de toutes les formes vivantes évoluées. Chez les primates, la communication entre les individus est particulièrement complexe, bien que la communication *vocale* ne prédomine de façon nette que chez les primates supérieurs. Et, parmi ceux-ci, en dehors de l'homme, cette dernière est plus particulièrement développée chez les grands singes. Cela suggère qu'il existe véritablement, dans l'ensemble des êtres vivants, des niveaux de complexité distincts en matière de communication vocale, l'homme se situant à l'échelon le plus élevé, les grands singes figurant à celui du dessous. Deux questions se posent alors. Premièrement, ces niveaux de complexité différents forment-ils un continuum, auquel cas la communication vocale des grands singes représente-t-elle un stade prélinguistique par lequel seraient passés nos lointains ancêtres? Il semble, en effet, raisonnable de penser qu'en quelque point lointain de notre évolution nos ancêtres ont communiqué selon des modes qui ressemblaient grosso modo à ceux de grands singes vivant en groupes complexes. Mais c'est une question complètement différente de savoir si ce genre de comportement peut être considéré comme prélinguistique (sauf dans le strict sens de l'antériorité temporelle). D'où la seconde question, plus subtile : les grands singes possèdent-ils l'un ou l'autre des aspects particuliers de la cognition qui pourrait avoir prédisposé nos ancêtres à acquérir le langage ? La réponse exige préalablement que soit examinée la manière dont les grands singes communiquent dans leur cadre naturel.

Reprenons l'exemple du chimpanzé, ne serait-ce que pour la seule raison qu'il vit en groupes de grandes dimensions (les plus importantes connues chez les grands singes), qu'on l'étudie soigneusement depuis de nombreuses années dans la nature et qu'il a fait l'objet de la plupart des recherches en laboratoire. Comme l'homme, le chimpanzé possède un riche répertoire de postures, de gestes et d'expressions faciales qu'il utilise pour exprimer entre autres des intentions, des désirs, des avertissements, des attitudes de subordination. On a identifié chez diverses populations de chimpanzés différents « dialectes » non verbaux, reposant sur une large gamme de signaux. Encore sous-estimons-nous probablement l'importance de ce type de communication dans notre propre espèce, dans la mesure où elle est reléguée au second plan par le langage — lequel représente un moyen bien plus raffiné et précis d'exprimer les mêmes choses (et, ce qui est plus important dans ce contexte, de les expliquer). Mais, si nous désirons comprendre le substrat à partir duquel le langage s'est dégagé, c'est manifestement la communication vocale qu'il nous faut examiner.

Les études sur les chimpanzés dans la nature ont révélé qu'ils émettent une vaste gamme de cris : on a répertorié et nommé plus de trente émissions vocales différentes. Mais même ce nombre élevé sous-estime probablement la véritable complexité du système, parce que cette trentaine de cris semble en réalité faire partie d'une série graduée, et il se pourrait que nous regroupions sous le même nom plusieurs émissions vocales ne différant que par des subtilités. Bien plus, les chimpanzés recourent constamment à la combinaison de différents cris, ce qui donne une complexité supplémentaire au système. Néanmoins, dans la nature (où il faut attribuer une signification à des cris sur la base d'indices indirects), les observateurs ont estimé que ces cris n'avaient pas de sens abstrait. Certains d'entre eux sont caractéristiques d'activités particulières, mais aucun ne paraît correspondre, par exemple, à la transmission d'instructions. Même lorsqu'ils se livrent à des comportements complexes comme la chasse en coopération, individuellement les chimpanzés se guident sur les mouvements qu'accomplissent les autres et non sur les sons que ceux-ci peuvent émettre.

D'un autre côté, les émissions vocales paraissent refléter de très près l'état émotionnel de celui qui les émet, et elles transmettent ainsi une information d'importance cruciale, dans une société qui est fondée sur des relations interindividuelles complexes. Selon Jane Goodall, les émissions vocales sont si étroitement liées à l'état émotionnel que « l'émission d'un son en l'*absence* de l'état émotionnel correspondant semble une tâche presque impossible pour un chimpanzé ». Les émissions sonores de ce type paraissent dépendre de structures cérébrales appartenant aux systèmes anciens que sont le système limbique et le tronc cérébral, impliqués l'un et l'autre dans les réponses émotionnelles. Les centres « supérieurs » du cerveau ne paraissent pas beaucoup concernés. On est donc bien loin du langage tel que le connaissent les êtres humains, lequel dépend de centres cérébraux supérieurs (le cortex cérébral) et de l'émission et de l'interprétation de sons, indépendamment de l'état émotionnel du locuteur et de l'auditeur. Le langage humain dépend aussi de règles de grammaire, de la syntaxe, et ainsi de suite — tous facteurs qui sont totalement absents des combinaisons de sons formées par les chimpanzés. Ces derniers, non seulement ne possèdent pas de langage, mais ils n'en ont pas même une forme élémentaire.

Pour faire ressortir ce point encore plus clairement, examinons d'un peu plus près le langage humain. Ce phénomène complexe a, jusqu'ici, résisté à toute définition pouvant être acceptée universellement. Mais il est plus ou moins communément admis qu'il met en jeu un certain nombre de facteurs reliés entre eux et probablement aussi interdépendants. Premièrement, le langage met en rapport, de façon complètement arbitraire, des significations avec des sons particuliers. Ainsi, tous les locuteurs français savent ce qu'est une maison, mais le mot « maison » n'a pas d'autre lien avec l'objet qu'il désigne que l'association que nous avons apprise à faire — c'est ce que depuis le *Cours de linguistique générale* de Ferdinand de Saussure (1916), il est convenu d'appeler l'« arbitraire du signe ». Un Anglais qui ne parle que sa langue maternelle ne peut en aucune façon découvrir cette association. Deuxièmement, les mots n'ont pas seulement pour fonction de désigner des objets concrets : ils peuvent aussi se référer à des qualités ou des entités qui n'existent que dans un sens *abstrait*, et pas nécessairement dans le moment présent. Troisièmement, l'ordre dans lequel sont arrangés ces symboles arbitraires est porteur lui aussi d'un sens, indépendant de ceux-ci : « l'homme peint la maison » décrit une scène fréquemment observée en été; mais « la maison peint l'homme » est une expression tout bonnement surprenante. Pensez au nombre de mots formant un vocabulaire même limité, au nombre de mots figurant en moyenne dans une phrase, sans même parler des phrases longues, au nombre des façons possibles d'arranger ces mots, et vous verrez rapidement que le langage recèle des potentialités pratiquement infinies. Toutes les combinaisons de mots n'ont pas forcément un sens. Il y a donc besoin d'un code pour identifier celles qui *ont un sens* et pour comprendre ce qu'elles sont précisément destinées à transmettre. Ce code est ce que l'on appelle la « grammaire générative », et il est tout aussi arbitraire que le sens des mots dont il gouverne la combinaison en des phrases. Pour utiliser vraiment un langage, il faut donc à la fois posséder un vocabulaire et maîtriser un code grammatical qui permette d'aligner en série les mots de ce vocabulaire, de telle façon que les auditeurs, possédant les mêmes connaissances arbitrairement acquises, puissent les interpréter correctement.

Le langage est présent dans toutes les sociétés humaines : il y aurait aujourd'hui six mille langues activement parlées de par le monde, quoique la plupart soient proches de l'extinction. Des variations fantastiques existent dans les vocabulaires employés par ces langues, de même que dans la gymnastique vocale nécessitée par leur prononciation et dans la logique gouvernant leur emploi. Néanmoins, tout être humain est doté de la capacité d'apprendre n'importe laquelle de ces langues, à condition qu'il le fasse suffisamment tôt dans son existence. La façon dont les enfants apprennent à parler (par exemple, l'ordre dans lequel ils maîtrisent les difficultés, le type d'erreurs qu'ils font et la vitesse globale de l'apprentissage) suggère fortement qu'il existe dans notre espèce une aptitude générale innée à cet apprentissage. Elle semble aller de pair avec la maturation du système nerveux central et décroît très nettement après la première décennie de la vie. Tout cela ne veut pas dire que l'environnement dans lequel on apprend une langue ne joue pas de rôle important ; des observations montrent de plus en plus que l'environnement joue effectivement un grand rôle et que la répétition des expressions pratiquée par les parents, ou par d'autres êtres humains, aide à l'apprentissage de la langue. Il est évident que, dans tout cela, l'organisation du cerveau humain est un facteur primordial, mais c'est loin d'être le seul. L'aptitude à produire les sons associés au langage articulé dépend de la forme de l'appareil vocal. Par suite, le développement de ce dernier est également un facteur critique de la possibilité de parler. Le langage n'a donc pas été inventé par caprice ; c'est une caractéristique qui est intimement liée à notre évolution biologique.

Les cris des chimpanzés dans la nature desservent quant à eux des fonctions qualitativement différentes des émissions vocales qui sont associées au langage humain. Mais se pourrait-il néanmoins qu'existe dans l'appareil cognitif du chimpanzé une prédisposition à l'acquisition du langage ? Certains psychologues en ont fait l'hypothèse, au point d'investir beaucoup de temps et d'énergie à essayer de le démontrer. La première de ces tentatives a été effectuée avant la Seconde Guerre mondiale. Elle a consisté, au prix de considérables efforts, à essayer d'apprendre à une jeune femelle chimpanzé à prononcer des mots et à s'en servir. Après des années d'entraînement, cette dernière n'avait appris à « dire » que trois mots, identifiables en tant que tels par une assistance bienveillante. Elle avait reconnu, de son côté, quelques mots de plus, prononcés par ses éducateurs. En outre, elle avait fait preuve d'une incroyable incapacité à comprendre la signification de l'ordre des mots. Les chercheurs ultérieurs, se rendant compte des évidentes imperfections de l'appareil vocal des chimpanzés (pour réaliser les émissions sonores spécifiques de l'espèce humaine), ont adopté différentes démarches nouvelles. Certaines d'entre elles ont consisté à essayer d'enseigner l'*Amcrican Sign Language* (ou ASL), le langage des signes utilisé par les sourds-muets américains (un système façonné pour des sujets humains, avec toutes les subtilités que l'on rencontre dans un langage humain). D'une de ces expériences, il a été conclu qu'un chimpanzé particulier avait maîtrisé plus de 130 de ces signes et qu'il les avait assemblés pour faire des phrases simples. Dans une approche différente, d'autres chercheurs ont essayé de mimer le langage humain en employant des jetons de plastique de couleur, symbolisant tel ou tel mot, et de persuader des chimpanzés d'apprendre à les reconnaître et à les arranger en séquence afin d'obtenir des récompenses (un sujet sur quatre y a réussi). D'autres chercheurs encore, plus enclins à faire appel à la technologie, ont placé un chimpanzé devant une sorte d'écran et de clavier reliés à un ordinateur : les symboles abstraits et colorés de façon codée qui apparaissaient à l'écran représentaient des objets que pouvait désirer le chimpanzé ou bien encore des concepts, tels que « s'il vous plaît ». Le chimpanzé avait pour tâche de presser les touches du clavier selon les séquences qu'on lui avait enseignées, s'il voulait obtenir les récompenses indiquées à l'écran.

Ces expériences, ainsi que diverses autres, qui ont été conduites aussi bien avec des chimpanzés qu'avec des gorilles et qui ont mis en œuvre d'énormes efforts pour apprendre à ces sujets à répondre de façon « appropriée », ont fait l'objet de comptes rendus exhaustifs dans de nombreux livres et articles; elles ont été suivies avec fascination par le public puisque les médias s'en sont fait l'écho : combien de fois n'ont-ils pas annoncé à partir d'une nouvelle prouesse de l'un de ces grands singes qu'un primate avait réussi à communiquer avec les êtres humains ? La réalité, hélas, est beaucoup plus prosaïque, comme l'a montré l'une des expériences les plus soigneusement conçues pour enseigner l'ASL (dans une version convenablement modifiée) à un grand singe. À partir du moment où en ont été publiés les résultats, les chercheurs les plus enthousiastes du domaine ont été gagnés par le scepticisme, au point que désormais ils évaluent à la baisse les résultats jusqu'alors obtenus. Il est ainsi apparu que les expérimentateurs avaient souvent été tellement désireux de montrer que les grands singes étaient capables d'acquérir certaines compétences liées au langage qu'ils avaient largement interprété les réponses de leurs sujets au-delà de ce qui était légitime. L'examen serré des résultats qu'ils avaient obtenus dans le passé a révélé une lecture excessivement optimiste dans un grand nombre de cas. À l'occasion de ces réévaluations, par exemple, on s'est aperçu que le nombre des signes de l'ASL maîtrisé par un chimpanzé particulier n'était pas de 130 comme annoncé au départ, mais plutôt de 25. Il est certain que les chimpanzés sujets de ces expériences apprennent à reconnaître certains signes fondamentaux, exécutés par leurs éducateurs. Mais ils tendent, en réalité, à y répondre par des gestes extraits de leur propre répertoire comportemental naturel, ressemblant aux signes de l'ASL. Les chimpanzés sont aussi capables d'apprendre à reconnaître certains mots élémentaires prononcés par les êtres humains ; mais les chiens de berger en sont aussi capables. Ces grands singes réussissent même à reconnaître et à répondre à des combinaisons de mots (quand, dans certaines expériences, on leur ordonnait d'« emporter l'aspirateur à l'extérieur », ils obtempéraient) ; cela montre seulement qu'ils sont capables de faire l'association entre deux mots (dans l'expérience en question, ils pouvaient ne pas tenir compte de l'ensemble de la phrase et, malgré tout, exécuter parfaitement l'ordre donné ; il leur aurait été, de toute façon, difficile d'« apporter l'extérieur dans l'aspirateur »). Mais il a été absolument impossible dans toutes ces recherches de montrer que les chimpanzés arrivaient à comprendre un tant soit peu la grammaire ou la syntaxe, même après l'entraînement le plus prolongé. En outre, on n'a jamais observé que leur apprentissage des signes de l'ASL ou d'autres symboles linguistiques s'effectuait selon la courbe classique de l'apprentissage. Tandis qu'un enfant humain se met rapidement à construire des phrases de plus en plus longues, les grands singes ne progressent pratiquement plus, peu de temps après avoir saisi qu'ils peuvent assembler plusieurs mots ensemble. En résumé, rien n'indique que les grands singes aient jamais réellement compris quoi que ce soit dans les expériences citées ci-dessus. Ils ont appris à formuler des demandes ; mais contrairement même à de très jeunes enfants, aucun n'a jamais essayé d'entamer une conversation.

Ces expériences ont toutefois démontré des capacités d'apprentissage tout à fait impressionnantes chez ces primates : les grands singes peuvent faire des associations entre des objets et des symboles se référant à ceux-ci — ils comprennent que des signes gestuels ou des images peuvent être manipulés en lieu et place de concepts ou d'objets. Et ces expériences ont montré que leurs sujets sont capables de comprendre l'association de deux concepts inclus dans une commande verbale plus longue. L'espoir renaît donc toujours, et Kanzi le bonobo est, alors que je rédige cet ouvrage, de nouveau engagé dans une expérience visant à tester le « langage chez les grands singes ». La plupart des expériences de ce genre ont été réalisées au moyen de protocoles de modification du comportement par renforcement (récompense). Or les chercheurs travaillant avec Kanzi ont récemment essayé de procéder autrement. Ils avaient initialement cherché à tester de la façon classique les capacités d'apprentissage d'un langage chez sa mère. Ils avaient alors remarqué que le jeune Kanzi, qui se trouvait par hasard dans les parages, avait compris quelques symboles, simplement en observant sa mère les frapper sur le clavier. Ils en avaient conclu que le jeune bonobo était capable de combiner l'apprentissage par imitation avec au moins quelque aptitude à faire usage de symboles se référant à des objets. Abandonnant leur projet initial de travailler avec la mère de Kanzi, les expérimentateurs se mirent donc à montrer à ce dernier les symboles figurant sur le clavier au fur et à mesure qu'ils parlaient d'objets se trouvant dans son environnement. Celui-ci apprit alors rapidement à reconnaître la signification d'un nombre tout à fait important de ce type de « mots ». Les chercheurs affirment même maintenant que Kanzi sait arranger ces symboles en « phrases ». Plus précisément, il serait capable, selon eux, d'organiser trois de ces symboles en une « phrase » et de reconnaître le sens des différents arrangements dans lesquels lui sont présentés ces symboles. Mais il est difficile de démontrer que ces « phrases » représentent quelque chose d'autre que des formules opératoires, plutôt que des expressions correctement agencées. Kanzi a progressé bien plus lentement que ne l'aurait fait n'importe quel enfant humain. À présent, on peut se demander s'il continuera encore à faire des progrès tandis que l'expérience se poursuit. Les chercheurs les plus enthousiastes répondront probablement oui; mais j'ai personnellement tendance à penser qu'il n'ira plus très loin désormais. En avançant vers la maturité, son caractère se gâtera peut-être, comme c'est souvent le cas chez les grands singes, ce qui mettra fin à l'expérience. Kanzi a été présenté de façon exagérée, dans les journaux et les livres de vulgarisation, comme le grand singe qui se situe « aux portes de l'esprit humain »; dans le meilleur des cas, il a jusqu'ici seulement démontré qu'il est capable de faire, peut-être un peu mieux, ce que d'autres chimpanzés ont aussi (laborieusement) appris à faire. Il n'est pas plus compétent en matière de langage, même avec l'aide de son clavier et de ses éducateurs dévoués, qu'il ne l'est comme producteur d'outils.

Les chimpanzés, donc, ne possèdent pas de langage. Ils ne sont pas non plus capables d'en acquérir une forme rudimentaire. En outre, on peut difficilement apercevoir chez eux la trace d'aptitudes cognitives que l'on pourrait appeler prélinguistiques. Les êtres humains sont véritablement uniques en leur genre du fait qu'ils possèdent un langage et l'appareil qui leur permet de l'acquérir et de l'exprimer. De peur que l'on me prenne pour l'ennemi méprisant des chimpanzés, je me hâte d'ajouter qu'il n'y a pas de raison que l'on doive exiger des grands singes la capacité d'acquisition d'un langage. Le problème vient de notre façon d'envisager les choses. Nous regardons notre propre espèce comme l'entité biologique ayant atteint un sommet évolutif; et même plus que cela, le sommet de l'évolution. Et nous aimons souligner ce fait en attribuant à nos plus proches apparentés une position plus basse que la nôtre sur la ligne ascendante qui culmine dans notre position élevée. Or c'est une conception absolument fausse que de mesurer le succès évolutif de telle ou telle espèce en fonction de son progrès en direction du sommet d'une échelle. Il y a de nombreuses façons de mener sa barque dans ce monde-ci, et les grands singes ont la leur, tout comme nous avons la nôtre. La communication vocale chez les grands singes sous-tend un certain nombre d'objectifs différents de ceux que dessert notre propre système de communication vocale, et il est totalement erroné de considérer la version mise en œuvre par les grands singes comme une forme inférieure de la nôtre. Si nous voulons penser en termes de sommets évolutifs, il nous faut admettre qu'il y a d'autres sommets dans le monde que celui que nous occupons : chacune des millions d'espèces peuplant le monde en occupe un.

Il demeure toutefois probablement vrai que le langage de l'homme moderne n'est pas apparu d'un seul coup chez une espèce qui ne possédait jusque-là aucun langage. Sur le simple plan anatomique, la possibilité du langage suppose la présence, non seulement de mécanismes nerveux centraux, mais aussi d'un appareil externe d'élocution. Presque plus personne ne songe, et c'est heureux, à arguer sur ce point de la vieille scie paléontologique des intermédiaires : un organisme seulement à moitié capable de voler ou de marcher debout était-il viable ? Une communication toujours plus perfectionnée présente d'évidents avantages à tous les stades jalonnant la voie qui mène de l'état de complète absence de langage à celui de la maîtrise de ce dernier (et tous ces stades impliquent une nécessaire coordination entre les mécanismes centraux et périphériques). Toutes les personnes qui admettent que nous sommes apparus grâce à l'évolution ne voient guère de difficulté à penser que nos prédécesseurs immédiats possédaient des capacités de communication vocale très largement supérieures à celles de nos ancêtres les plus lointains, même si ces capacités n'égalaient pas les nôtres. Le problème est de savoir de quelle nature furent ces intermédiaires; car nous avons du mal à imaginer des phénomènes qui se situent au-delà de notre propre expérience, ou que nous ne pouvons pas extrapoler à partir de celle-ci.

Ainsi, vous avez la *conviction* que votre chien « pense » à quelque chose lorsqu'il vous regarde de façon insistante avec ses grands yeux. Mais que diable se passe-t-il donc dans son esprit (s'il en a un) ? Vous n'en avez tout simplement pas la moindre idée, et il faut vous contenter d'essayer de le reconstituer, en faisant de l'anthropomorphisme. Peut-être veut-il vous dire combien il vous aime, ou vous adresse-t-il des reproches, ou désire-t-il sortir, à moins, tout simplement, qu'il ne s'ennuie et n'ait rien de mieux à faire. Quelle que soit la solution que vous retiendrez, cependant, elle sera plus fondée sur votre propre expérience du monde que sur celle de votre chien. Si habile que vous soyez à lire dans les pensées des membres de votre espèce, vous ne pouvez tout simplement pas vous représenter exactement l'état de conscience réel de votre chien. Il en va de même dans le cas de l'évolution du langage. Quels sont les intermédiaires possibles entre, disons, les cris des chimpanzés (dont nous ne comprendrons jamais complètement toutes les subtilités, et qui de toute façon ne sont plus identiques à ceux de notre ancêtre commun) et le langage pleinement formé de l'homme? Sous quelle forme ont-ils pu exister? Nous pouvons avancer des spéculations; mais je doute, très franchement, que nous arrivions un jour à des certitudes dans ce domaine. Il est cependant un point que nous pouvons raisonnablement tenir pour à peu près certain : même de petites améliorations dans l'efficacité de la communication entre les individus ont dû être avantageuses au sein de sociétés complexes (et surtout dans les sociétés qui, comme celles de tous les êtres humains, dépendent si fortement de la communication et de la coordination entre individus, dans le cadre de leur vie économique). Le langage en tant que tel, avec tout ce qu'il suppose de capacité d'abstraction et d'association, paraît vraiment représenter un saut quantique par rapport à tous les autres systèmes de communication que nous pouvons observer dans le monde vivant. Car il est intimement lié à notre aptitude à raisonner fondée sur des symboles, par opposition au mode de raisonnement basé sur l'intuition.

Les grands singes, donc, présentent des comportements, des sociétés et des modes de communication tout à fait complexes. Individuellement, ils ont des personnalités distinctes et des besoins affectifs, et peuvent souffrir énormément s'ils sont privés de contacts sociaux. Il est cependant plus difficile de savoir jusqu'à quel point ils peuvent fournir un modèle adéquat des aptitudes et des capacités de communication des premiers hominidés, à un stade ou à un autre. Le fossé cognitif qui nous sépare d'eux a quelque peu diminué d'ampleur, grâce aux recherches que j'ai mentionnées, mais il est loin d'être comblé, et ne le sera évidemment jamais. Les grands singes ne savent apparemment pas faire de projets, n'ont aucune capacité d'abstraction et ne se fondent que de façon très rudimentaire sur les leçons du passé pour guider leurs nouvelles actions. Ils n'ont pas de capacité « générative », cette aptitude qui nous permet d'assembler des mots en une proposition, ou des idées en une synthèse. Cela se manifeste par leur absence de dispositions linguistiques, alors que notre aisance dans ce domaine traduit bien que nous la possédons.

Au mieux, donc, les grands singes actuellement vivants ne fournissent qu'une lointaine approximation du point d'où sont partis nos ancêtres. Ils représentent, bien que très grossièrement, l'autre côté du fossé comportemental qui a été franchi il y a plusieurs millions d'années par nos ancêtres préhistoriques.

Le cerveau humain

Le comportement est en définitive le produit du plus mystérieux de tous les organes, le cerveau. On ne sait pas exactement ce qui, dans celui-ci, nous permet d'atteindre un extraordinaire niveau d'intelligence; mais on peut certainement apprendre beaucoup d'une comparaison entre notre système nerveux central et celui de nos plus proches apparentés.

La première évidence est que le cerveau de l'homme moderne est de grande dimension. Nous n'avons pas le plus gros cerveau en valeur absolue : l'éléphant nous est sur ce point supérieur, de même qu'il a un cœur, un foie et des poumons plus gros. Nous n'avons pas non plus le plus gros cerveau en valeur *relative* : le singe écureuil possède un cerveau qui représente 3 pour cent du poids de son corps, alors que cette même proportion est de 2 pour cent chez l'homme. Mais il ne faut pas se méprendre sur cette observation; elle traduit simplement le fait que, au sein de la vaste gamme des espèces de mammifères, la dimension du cerveau croît moins vite que celle du corps en général; et les singes écureuils pèsent en moyenne moins d'un kilo.

Le point capital est plutôt que notre cerveau est trois fois plus gros qu'il ne devrait être chez un primate de notre poids. Et c'est en soi très important, puisque le cerveau est un organe qui consomme énormément d'énergie. En raison de sa dimension, il accapare environ 20 pour cent de l'énergie dépensée par l'organisme, bien qu'il ne représente, on l'a vu, qu'une fraction insignifiante du poids du corps. Surtout, contrairement aux autres organes, cette consommation d'énergie est constante : le cerveau ne demande guère plus, globalement, lorsque nous réfléchissons que lorsque nous dormons. La contrepartie avantageuse de cette vaste consommation d'énergie réalisée par le contenu de notre boîte crânienne réside dans nos aptitudes comportementales — et il a fallu que cet avantage se fasse sentir chez nos prédécesseurs qui avaient un cerveau plus petit que le nôtre, mais plus gros que la normale chez les primates. En toute honnêteté, je dois ajouter que les grands singes, et même les singes non anthropomorphes, dépassent de loin (d'un facteur de deux, au moins) la taille relative du cerveau attendue chez les mammifères terrestres en général. Ils en paient, bien entendu, l'inévitable prix sur le plan énergétique, mais en récoltent quelques bénéfices sur le plan de l'intelligence.

Toutefois, la seule taille du cerveau est loin de suffire à tout expliquer. Son organisation — sa structure — est également unique en son genre, et c'est là, semble-t-il, que réside l'explication de nos remarquables capacités cognitives. Nous ignorons quantité de choses sur la façon dont fonctionne le cerveau, et surtout sur la façon dont une masse de signaux électriques et chimiques peut donner naissance à des phénomènes complexes tels que la cognition et la conscience. Néanmoins, la structure du cerveau des vertébrés dans toute sa complexité nous en apprend énormément sur ses capacités.

Le cerveau de tous les mammifères est construit en fonction d'un même plan, ce qui ne saurait nous étonner, puisque ces organismes sont tous issus d'un même ancêtre commun. Il est commode d'envisager cette structure fondamentale sous la forme d'une série de couches, un peu comme un oignon — bien que la manière dont le cerveau s'est constitué au cours de l'évolution, avec de nouvelles fonctions et des dilatations *ad hoc* ajoutées aux vieilles structures, rende cette organisation bien moins régulière que cette image ne le suggère. Les parties les plus internes se situent au sommet de la moelle épinière et se trouvent ainsi à la base du cerveau : ce sont elles qui sont apparues les premières dans l'évolution des vertébrés. Elles forment collectivement ce que l'on appelle le tronc cérébral (ou le cerveau reptilien, car le cerveau des reptiles ne comprend pas grand-chose de plus) et assurent le contrôle des fonctions de base du corps, comme le rythme cardiaque et la respiration, tout en alertant le reste du cerveau de l'arrivée de signaux en provenance de la moelle épinière. Le cervelet, une dilatation postérieure du tronc cérébral, régule l'équilibre et les mouvements. Les traces mnésiques relatives à la régulation de certaines réponses acquises fondamentales sont également stockées dans cette structure.

Avec l'apparition des mammifères, le système limbique (le « cerveau olfactif » des reptiles) s'est perfectionné : il s'agit d'un groupe de structures qui se situe juste au-dessus du tronc cérébral et dont la fonction principale est de réguler les processus de base du corps et les réponses émotionnelles liées à la survie et à la reproduction (la recherche de la nourriture, la lutte, la fuite et la sexualité). Les structures limbiques jouent également un rôle dans le stockage à long terme des souvenirs. En fait aussi partie la région la plus primitive de cette portion du cerveau que l'on appelle le cortex cérébral. Ce dernier comprend, au-dessus des structures limbiques, une autre partie, le néocortex, plus complexe et d'origine évolutive plus récente, qui accomplit la plus grande part de ce que nous considérons habituellement comme le travail spécifique du cerveau : la cognition, le traitement complexe des informations visuelles et auditives, ou bien encore l'imagerie mentale.

Chez l'homme, le cerveau est formé de deux hémisphères qui, non seulement, semblent correspondre aux deux côtés du corps (l'hémisphère gauche contrôlant le côté droit du corps, et vice versa), mais paraissent aussi sous-tendre, jusqu'à un certain point, différentes fonctions mentales. La surface externe des hémisphères cérébraux est marquée de sillons chez tous les mammifères; mais ceux-ci sont plus abondants chez l'homme, dans la mesure où son cortex cérébral qui possède une vaste surface (près d'un mètre carré et demi, mais moins d'un quart de centimètre d'épaisseur) doit néanmoins trouver place dans l'espace limité de sa boîte crânienne. Les sillons les plus profonds définissent un certain nombre de grands lobes distincts, appelés respectivement frontal, temporal, pariétal et occipital. Traditionnellement, on a reconnu pour chacun de ces lobes (ou chacune de leurs parties) des fonctions sensorielles et motrices distinctes, bien que des recherches plus récentes indiquent que nombre de ces fonctions (de même que des activités cognitives plus complexes, chez l'homme) sont, en fait, distribuées de façon plus diffuse dans tout le cortex.

Il faut ici garder présentes à l'esprit deux notions. La première est que, dans la mesure où le cerveau des primates supérieurs a été édifié par un bricolage évolutif ayant ajouté ou perfectionné telle ou telle structure au cours de vastes périodes de temps, cet organe n'est pas du tout comparable à une machine rationnellement conçue et à l'organisation rigoureusement ordonnée. Un grand nombre des centres « supérieurs » du cerveau (c'est-à-dire les plus récemment acquis) communiquent les uns avec les autres principalement ou exclusivement par le biais de centres « inférieurs » plus anciens. Par suite, une grande part de la coordination de beaucoup de fonctions « supérieures » est assurée par des structures principalement consacrées aux fonctions « inférieures » (par exemple, aux quatre types de fonctions liées à la survie et à la reproduction que nous avons énumérées ci-dessus). Par conséquent, nous avons beau porter au pinacle nos remarquables facultés mentales, le vieux cerveau « primitif » est toujours sous-jacent : c'est peut-être l'une des raisons pour lesquelles nous ne serons jamais ces êtres suprêmement rationnels, tels que nous nous plaisons à nous représenter dans nos moments d'autosatisfaction. Une mode récemment apparue tend à minimiser cet héritage évolutif ; il faut admettre qu'à mesure que nous en apprenons davantage sur la façon dont circule l'information entre les différentes régions du cerveau une notion traditionnelle tend à devenir douteuse : celle qui admettait que l'addition de nouvelles structures cérébrales avait nécessairement conduit à des conflits entre des fonctions « supérieures » et des fonctions « inférieures » nettement distinctes. Cependant, on ne peut nier que notre cerveau est réellement issu d'une histoire évolutive. Et si le cerveau de l'homme moderne est le résultat des multiples phases de son histoire, cela doit être également vrai des comportements qu'il sous-tend.

La deuxième notion qu'il faut garder à l'esprit est que le cerveau humain, quelles que soient ses merveilleuses facultés, ne contient probablement pas de structures complètement nouvelles — de structures que l'on ne retrouverait pas chez tous nos apparentés primates (ou même mammaliens), si humbles soient-ils. Il est inutile de rechercher quelque structure cérébrale complètement nouvelle pour expliquer nos capacités cognitives, si élégante que pourrait être une telle explication. Au cours de notre histoire évolutive, certaines parties du cerveau humain se sont agrandies ou réduites par rapport à d'autres, et les connexions entre elles se sont modifiées. Ce phénomène ne nous est pas propre, cependant : bien que nous possédions indéniablement le cortex cérébral le plus gros des primates (environ 76 pour cent du poids de notre gros cerveau), les primates, en général, sont caractérisés par un spectaculaire accroissement du pourcentage du cerveau occupé par le cortex cérébral et les structures connexes. De ce fait, relativement au poids total du cerveau, notre cortex n'est pas énormément plus gros que celui du chimpanzé (cette proportion est, chez lui, de 72 pour cent) ou du gorille (68 pour cent). Si nous prenons en compte la dimension globale du cerveau, ces petites différences sont en fait plus ou moins celles que nous aurions attendues. En termes pratiques, la donnée la plus importante est que notre cortex est plus gros relativement à la dimension de notre corps : les chimpanzés ne pèsent pas beaucoup moins que nous, tandis que les gorilles sont en moyenne beaucoup plus lourds que nous; mais leur cerveau ne représente environ qu'un tiers du nôtre, que ce soit en poids ou en dimension. En outre, chez le chimpanzé, le cervelet fournit une proportion relativement plus élevée du volume total du cerveau, ce qui entraîne que les hémisphères cérébraux sont donc d'autant plus gros chez l'homme.

De façon encore plus significative, les différences qui nous distinguent des grands singes portent également sur l'étendue des diverses aires du cortex. En particulier, les aires d'association (les régions du cortex qui intègrent les stimuli provenant des diverses voies sensorielles et les traduisent en des perceptions) sont beaucoup plus développées chez l'homme. Par exemple, les aires telles que le cortex d'association préfrontal (où se réalise une grande part des processus de la pensée), le lobe temporal, ou encore la région inférieure du lobe pariétal sont toutes beaucoup plus développées chez l'homme que chez les grands singes. Il y a plusieurs décennies de cela, le grand neurobiologiste Norman Geschwind avait remarqué que les structures pariétales inférieures se trouvent situées entre les cortex d'association de la vision, de l'audition et de la somesthésie (cette dernière correspond aux perceptions cutanées, musculaires, etc.) ; et, en particulier, il avait noté que leur partie postérieure (appelée le gyrus angulaire) est énormément plus grosse chez l'homme que chez les grands singes, de sorte qu'elle représente peut-être l'« aire d'association des aires d'association ». Topographiquement, le gyrus angulaire se trouve parfaitement bien placé pour former un lien entre les aires d'association auxquelles il est adjacent et qui ne sont, autrement, reliées que par le biais du système limbique, lequel sous-tend toutes sortes de pulsions non rationnelles et dépendantes des hormones. C'est pour cette raison que Geschwind avait suggéré que le gyrus angulaire pourrait peut-être fournir la base neurale du langage, en permettant de nommer les objets, grâce à des associations directes non limbiques entre les centres de la vision, de l'audition et de la commande de l'appareil vocal.

Depuis que cette thèse a été avancée voilà plusieurs années, nos connaissances ont progressé concernant la répartition des fonctions au sein du cerveau humain, en particulier grâce à de nouvelles techniques permettant de localiser exactement les activités cérébrales tandis que sont réalisées des tâches mentales spécifiques (nos connaissances sur les grands singes restent en revanche moins développées). De nos jours, c'est le cortex préfrontal qui attire particulièrement l'attention en tant que centre d'intégration polymodale ; on découvre également que le cortex entorhinal, au sein du lobe temporal, joue un rôle crucial dans l'intégration de l'information sensorielle, laquelle nourrit notre perception de la conscience (et soit dit en passant, on s'est aperçu que ce cortex entorhinal est particulièrement touché par la maladie d'Alzheimer). Il nous reste beaucoup à apprendre encore ; mais il demeure que les notions du type de celle qu'avait avancée Geschwind ont le mérite de souligner que l'organisation interne du cerveau est au moins aussi importante que sa seule dimension, pour comprendre les remarquables capacités mentales qu'il nous confère (les Néandertaliens, par exemple, avaient un cerveau aussi gros que le nôtre, et, cependant, comme je le soutiendrai plus loin, ils ne possédaient probablement pas de langage). Elles mettent en lumière la nécessité de prendre en compte l'organisation particulière de nos vastes cortex d'association afin d'expliquer l'existence de nos aptitudes spéciales par rapport aux autres organismes vivants.

S'il existe vraiment des différences dans la dimension relative des régions cérébrales lorsqu'on passe des grands singes à l'homme ; si, comme il semble raisonnable de le supposer, les grands singes en général sont restés plus proches de la condition ancestrale ; s'il est possible d'apercevoir des relations particulières entre différentes régions du cerveau et différentes fonctions, la question est alors légitime de savoir si l'étude des crânes fossiles de nos lointains ancêtres peut aider à comprendre les étapes de l'évolution du cerveau humain, donc celle des comportements. La réponse est plutôt négative. Pour ainsi dire, aucune théorie sur le cerveau n'a émergé des débats sur les archives fossiles humaines. Certes, on peut noter que la voûte crânienne se développe chez tous les membres de l'espèce humaine de façon à épouser la forme que tend à prendre le cerveau lui-même ; et puisque ce dernier est séparé de la boîte osseuse seulement par une série de membranes et un peu d'espace pour le liquide céphalo-rachidien, l'intérieur du crâne porte la trace assez fidèle de la forme externe du cerveau. Par suite, en faisant un moulage dit « endocrânien » de l'intérieur de boîtes crâniennes fossiles bien conservées, il est possible d'obtenir une image assez exacte de la forme extérieure que devait avoir le cerveau chez nos prédécesseurs éteints (dans un petit nombre de cas, la nature l'a fait pour nous).

En revanche, il convient de noter deux faits importants. Le premier est que si la dimension du cerveau peut être mesurée très précisément au moyen des moulages endocrâniens, le détail des sillons corticaux demeure le plus souvent indistinct. Le deuxième, comme je l'ai déjà mentionné, est que les recherches récentes indiquent que de nombreuses fonctions sont distribuées de façon assez diffuse entre plusieurs régions cérébrales différentes, et non pas localisées dans des zones distinctes. Et nous avons aussi récemment appris que certaines aires corticales que l'on rapportait traditionnellement à des fonctions particulières en desservent d'autres, complètement différentes. Plus important encore, la surface externe du cortex nous renseigne beaucoup moins que nous l'aurions voulu sur ce qui existe *à l'intérieur* du cerveau.

On comprend dès lors ce qu'il y a de témérité à vouloir deviner ce que les circonvolutions externes des cerveaux fossiles peuvent nous apprendre sur les capacités comportementales de nos ancêtres. Néanmoins, quelques intrépides chercheurs — les paléoneurologues — s'y sont essayés. Leur enthousiasme du début a laissé place à la prudence. À la suite de vives controverses sur l'identification de divers repères et sillons sur les moulages endocrâniens, la plupart des paléoneurologues ont conclu en effet qu'il était plus sage de concentrer leur attention sur la dimension et la morphologie globales du cerveau fossile, plutôt que d'étudier la dimension relative de régions corticales spécifiques. Ce type de recherche peut paraître considérablement moins ambitieux ; il n'est cependant pas du tout dépourvu d'intérêt. L'accroissement de la dimension du cerveau est la tendance qui est la plus évidente de l'évolution humaine ; c'est peut-être, dans le sens le plus strict, la seule qui compte, parce que manifestement c'est la seule qui ait un sens. La preuve est globalement faite que ce phénomène a existé dans l'évolution humaine. On peut aussi lui trouver très facilement des corrélations avec les changements de comportement que reflètent les archives archéologiques — même si, comme nous le verrons, cette corrélation est loin d'être parfaite.

Il est un aspect intéressant de l'organisation générale du cerveau qui a récemment beaucoup attiré l'attention et qui est repérable au niveau de son apparence externe globale, c'est la question des asymétries cérébrales. Chez les grands singes, les côtés droit et gauche du cerveau sont pratiquement symétriques ; mais ce n'est pas le cas chez l'homme moderne. Cette donnée est importante, car, outre le fait que chaque hémisphère contrôle le côté opposé du corps, on pense que chez l'homme les fonctions réalisées par les deux hémisphères ne sont pas complètement identiques. Par exemple, chez la plupart des personnes, l'hémisphère gauche prédomine, en moyenne, dans le domaine de la compréhension et de la production du langage, dans la lecture et l'écriture et dans les tâches requérant des aptitudes logiques et analytiques. L'hémisphère droit, lui, paraît généralement sous-tendre les aptitudes artistiques et musicales, la reconnaissance des formes (et notamment celle des visages), les tâches requérant de raisonner dans l'espace, et la perception globale des configurations. L'asymétrie cérébrale est aussi, bien sûr, à la base de la préférence manuelle, une caractéristique qui ne s'observe pratiquement pas en dehors de notre espèce. Selon une récente étude des moulages endocrâniens de fossiles d'hominidés par Ralph Holloway, de l'université Columbia, c'est seulement plusieurs millions d'années après l'apparition de notre lignage que se manifestent les premiers signes d'asymétrie cérébrale (suggérant l'existence de la préférence manuelle droite) — celle-ci apparaît chez des fossiles datant d'un peu moins de deux millions d'années. De façon intéressante, les études archéologiques indiquent que les plus anciens outils de pierre taillée ont été réalisés le plus souvent par des droitiers. Les fossiles d'hominidés plus récents montrent une asymétrie plus marquée et, à l'époque des Néandertaliens, le type d'asymétrie cérébrale qui caractérise aujourd'hui l'homme moderne était bien établi (de même que la morphologie externe du cortex, a-t-on affirmé). Ces observations suggèrent, peu ou prou, que l'accroissement de la dimension du cerveau et la mise en place de son organisation sont allés sans doute de pair. Elles laissent également penser que, pour rechercher un niveau de base d'où serait partie l'évolution des aptitudes cognitives, l'étude de ces dernières chez les grands singes peut être très utile.

CHAPITRE III

L'évolution a-t-elle un objectif ?

L'espèce humaine est le résultat du même processus évolutif qui a engendré l'immense diversité des êtres vivants. Cependant, nous ne pouvons nous empêcher de penser que nous sommes, d'une certaine façon, vraiment « différents » du reste de la nature. Il existe assurément de nombreuses justifications à ce point de vue ; car s'il est vrai que nos caractéristiques physiques ne sont pas plus remarquables que celles de nombreuses autres sortes d'organismes, nos capacités cognitives inhabituelles nous placent dans une catégorie à laquelle n'appartiennent pas même nos plus proches apparentés. Pour autant que nous le sachions, par exemple, nous sommes les seuls dans la nature à être capables de nous interroger sur notre place en son sein. Savoir comment nous en sommes arrivés à occuper cette position à part est une longue histoire, que je conterai dans les deux chapitres suivants. Or, comme je vais le montrer dans ce chapitre intermédiaire, la manière dont nous envisageons le processus évolutif affecte profondément celle dont nous pouvons interpréter les observations paléontologiques et archéologiques sur nos origines.

La plupart des personnes qui veulent se représenter l'apparition de l'homme en termes d'histoire évolutive tendent à la concevoir comme un lent mouvement de perfectionnement de nos adaptations au cours du temps. Si tel était le cas, le processus nous ayant façonnés apparaîtrait rétrospectivement inéluctable. De nombreux paléoanthropologues, ces chercheurs qui étudient les archives fossiles de notre lignée, trouvent une certaine commodité intellectuelle à regarder notre histoire évolutive comme une longue montée laborieuse, mais régulière, qui nous a fait passer du stade de la brute à celui de l'être intelligent. Ils ont même forgé le terme d'« hominisation » afin de décrire le processus à l'origine de l'homme, ce qui renforce l'impression que non seulement notre espèce est unique en son genre, mais que le mécanisme évolutif qui nous a façonnés l'est tout autant. Cette conception présente de nombreux risques. Car, outre qu'elle nous encourage dans notre tendance naturelle à nous considérer comme des êtres spéciaux, elle conduit à simplifier de façon excessive la complexité de l'histoire de la lignée humaine. Nous n'avons pas simplement été propulsés à notre position élevée au sein de la nature par quelque force invisible — la sélection naturelle ou quelque autre mécanisme. En réalité, nous y sommes parvenus après bien des péripéties. Les scientifiques l'ont appris petit à petit, à mesure que se sont accumulées les données des archives paléontologiques — lesquelles les ont contraints à abandonner l'idée que notre histoire biologique a uniquement consisté en une simple progression linéaire — et qu'ils ont pris une conscience de plus en plus nette que le processus évolutif lui-même présente une grande complexité.

La sélection naturelle

On considère, avec juste raison, les naturalistes britanniques du XIXᵉ siècle Charles Darwin et Alfred Russel Wallace comme les fondateurs de la théorie moderne de l'évolution. Des notions « évolutives » avaient déjà été débattues avant 1858, l'année au cours de laquelle ces deux auteurs ont présenté pour la première fois leurs idées en public, mais c'est à ces biologistes qu'il revient d'avoir découvert la notion de « descendance d'ancêtres communs », grâce à laquelle il était désormais possible d'expliquer l'ordre existant dans la nature. L'idée selon laquelle tous les êtres vivants se rangent naturellement dans des groupes, qui à leur tour font partie de groupes plus vastes, est intuitivement évidente, comme le prouve l'existence de systèmes de classification « populaires » dans toutes les sociétés humaines, systèmes qui ont pour but de délimiter des catégories au sein du monde vivant. Cette façon de procéder avait déjà été « systématisée » au XVIIIe siècle par le naturaliste suédois Carl Linné. C'est ce dernier qui a mis au point la classification des êtres vivants au moyen d'une hiérarchie de catégories de plus en plus englobantes (espèces, genres, familles, ordres, classes, embranchements et règnes). Cette classification est encore en usage dans la science contemporaine, bien que de nombreuses autres catégories y aient été ajoutées depuis. Ainsi, dans le système de Linné, les êtres humains appartiennent à l'espèce *Homo sapiens* au sein du genre *Homo.* Celui-ci appartient, avec certains autres genres, à la famille des hominidés. Laquelle famille ainsi que plusieurs autres appartiennent à l'ordre des primates; les primates à la classe des mammifères, celle-ci à l'embranchement des vertébrés, lequel est l'un des nombreux embranchements inclus dans le règne animal.

L'évolution biologique peut expliquer cet emboîtement successif de catégories au sein du monde vivant, si l'on admet qu'elle consiste en une « descendance avec modification » (pour employer la propre expression lapidaire de Darwin). Les espèces donnent naissance à d'autres espèces qui ne leur ressemblent pas exactement. En essayant de voir comment de telles modifications pouvaient se produire, Darwin et Wallace ont tous deux été fortement influencés par les conceptions de Thomas Malthus, dont l'ouvrage polémique *Essai sur le principe de population,* publié en 1798, avait souligné que la population humaine avait une tendance naturelle à s'accroître. Toutes choses égales par ailleurs, avait calculé Malthus, elle devrait doubler tous les vingt-cinq ans à peu près. Cependant (à l'époque de Malthus et dans le pays qu'il habitait), ce n'est pas ce qui se passait en réalité; l'accroissement démographique était contrecarré par une pénurie des ressources qui se traduisait par des famines, des maladies, des guerres, et toute une série d'autres maux sociaux. Les faibles et les imprévoyants étaient éliminés; les plus forts et les plus sages survivaient. Darwin et Wallace virent tous deux que cette conception pouvait s'appliquer avec une égale force à tous les êtres vivants : dans toutes les populations naturelles, il naît toujours plus d'individus que ceux survivant finalement jusqu'au moment de se reproduire à leur tour. Wallace calcula que, même en se fondant sur des estimations prudentes, un seul couple d'oiseaux pouvait théoriquement produire jusqu'à dix millions de descendants en seulement quinze ans. Or, le monde n'était pas rempli d'innombrables populations d'oiseaux; il devait donc exister un mécanisme régulant les effectifs des populations. Darwin donna à ce dernier le nom de sélection naturelle.

L'observation fondamentale était simple : tous les individus au sein d'une population diffèrent les uns des autres, ne serait-ce que légèrement, et ces différences se transmettent généralement de façon héréditaire. Les individus qui ne sont pas écartés de l'effectif reproducteur par une mortalité précoce ou par l'incapacité de se reproduire sont généralement ceux qui sont les mieux adaptés à leur habitat; et par ce processus de tri, leurs traits avantageux héritables tendront à devenir les plus répandus au sein de la population, tandis que se succèdent les générations, du moins tant que l'environnement continue à favoriser leurs adaptations. Cependant, il existe toujours une variation d'individus à individus au sein d'une population; aussi, si les conditions changent, la sélection peut — en réalité, c'est ce qu'elle fait régulièrement — changer d'orientation et pousser le lignage dans une nouvelle direction. La sélection naturelle n'est donc rien de plus que le succès reproducteur différentiel des individus au sein des populations, en fonction de l'environnement. C'est un mécanisme aveugle et impitoyable, qui ne poursuit aucun but en particulier, mais qui se situe néanmoins à l'épicentre de l'adaptation et du changement évolutif.

Mais la notion d'évolution implique que toutes les formes vivantes sont reliées en tant que descendantes d'un ancêtre commun; et tandis que la sélection naturelle explique le changement évolutif au cours du temps, elle ne peut pas rendre compte par elle-même de la très évidente diversité des espèces descendues de cet ancêtre (personne ne sait exactement combien il existe d'espèces vivant actuellement dans le monde, mais ce nombre est énorme : les estimations vont de trente millions à plus de quatre-vingts millions). Manifestement, il faut un ingrédient de plus dans la recette de l'évolution. *La distribution de la diversité dans la nature obéit au modèle du buisson touffu, et non pas à celui d'un tronc, droit et sans branches.* Pour qu'il en soit ainsi, la modification se produisant au sein des lignages doit s'accompagner de la ségrégation des espèces en de multiples espèces descendantes, tout comme les branches principales d'un buisson se divisent en branches plus petites et finalement en brindilles. Mais bien qu'il ait admis l'existence de ce phénomène, Darwin s'est concentré sur la sélection naturelle en tant que facteur fondamental du changement évolutif. En effet, pour faire accepter ses idées, il lui fallait ruiner la théorie alors dominante selon laquelle les espèces n'évoluaient pas et demeuraient dans l'état où Dieu les avait créées. Darwin a donc dépeint l'évolution comme l'accumulation graduelle, sous l'impulsion de la sélection naturelle, de tout petits changements transmissibles héréditairement, au long de durées de temps si vastes que cela permettait d'envisager la réalisation finale des plus fortes divergences anatomiques possibles. Pour lui, les changements à petite échelle au sein des populations, constituant ce que l'on appelle aujourd'hui la microévolution, s'accumulaient simplement au cours des vastes durées des temps géologiques pour produire les discontinuités à grande échelle entre les genres, les familles, les ordres, et ainsi de suite — des discontinuités qui constituent ce que l'on appelle la macroévolution.

La synthèse évolutionniste

Après plusieurs décennies de controverses, au cours desquelles de nombreuses conceptions contradictoires sur le processus évolutif ont été avancées, la théorie originale de Darwin a été reprise, dans les premières décennies du XXe siècle, par les praticiens d'une nouvelle science : la génétique. Ces scientifiques s'étaient aperçus que les changements génétiques de grande ampleur qui avaient d'abord attiré leur attention sont en réalité des phénomènes rares et que les changements génétiques sont généralement de petites dimensions. Ils ont commencé à regarder les petites variations de ce type comme la base sur laquelle agit la sélection naturelle. Ils ont donc considéré l'évolution comme une question de modifications du patrimoine génétique collectif des populations au cours des générations successives. Ils ont admis par ailleurs que ces modifications proviennent du fait que certaines variantes génétiques se répandent plus que d'autres, ou que de nouvelles formes de gènes font leur apparition par le biais de mutations spontanées (celles-ci correspondant fondamentalement à des erreurs de recopiage dans le matériel génétique).

Ces nouvelles façons de voir l'évolution ont finalement permis aux généticiens, aux naturalistes, aux paléontologues et aux biologistes du développement de faire converger leurs savoirs respectifs et d'arriver à ce que l'on a appelé la « synthèse évolutionniste ». Un des premiers grands ouvrages en ce domaine fut publié en 1937 par le naturaliste, devenu généticien, Theodosius Dobzhansky, sous le titre *Genetics and the Origin of Species* [« La génétique et l'origine des espèces »]. Cependant, Dobzhansky, à l'instar de Darwin, posait une égalité entre microévolution et macroévolution, puisqu'il considérait que tous les phénomènes évolutifs résultent de changements dans les fréquences de gènes au sein des lignées, sous l'action de la sélection naturelle. Encore marqua-t-il quelque réticence : généticien et expérimentateur, il était en mesure de reproduire seulement les changements microévolutifs dans son laboratoire ; mais véritable naturaliste de terrain, il était parfaitement conscient des discontinuités existant dans la nature. En 1942, l'ornithologue Ernst Mayr prit le relais en présentant le point de vue des systématiciens dans son ouvrage intitulé *Systematics and the Origin of Species* [« La systématique et l'origine des espèces »]. Il y soulignait que Darwin n'avait pas réellement traité du problème implicite dans le titre de son ouvrage majeur de 1859 *On the Origin of Species* (*L'origine des espèces au moyen de la sélection naturelle*). À la suite de Dobzhansky, Mayr rappela que la gamme des espèces dans la nature se présente sous un aspect discontinu. Son objectif était de mettre en évidence le rôle joué par l'isolement géographique des populations dans la genèse de ces discontinuités. Néanmoins, lui aussi concéda, en définitive, que la sélection naturelle et les changements de fréquence de gènes expliquaient à eux seuls la totalité du processus évolutif.

Il revint finalement au paléontologue George Gaylord Simpson de mettre sa discipline au diapason du mouvement qui s'observait ailleurs, en publiant en 1944 *Tempo and Mode in Evolution* [*Rythmes et modalités de l'évolution*]. Simpson acceptait la conception darwinienne d'un changement continu et lent, dans la mesure où elle lui paraissait expliquer de manière satisfaisante l'histoire évolutive des mammifères qu'il avait étudiés. Cette conception impliquait la nécessité d'observer toutes sortes de transitions graduelles entre formes apparentées dans les archives fossiles. Le problème était que ces dernières comportaient de nombreuses lacunes : les intermédiaires postulés entre les formes apparentées manquaient le plus souvent. Comme Darwin l'avait fait presque un siècle auparavant, Simpson accepta d'interpréter, de façon générale, cette absence d'intermédiaires comme la conséquence de la nature évidemment incomplète des archives paléontologiques : celles-ci ne sont, et ne seront jamais, qu'un pâle reflet de la diversité de la vie dans le passé. Néanmoins, le paléontologue américain était profondément troublé par certaines lacunes majeures présentes dans les archives fossiles, comme, par exemple, celles existant entre les divers ordres de mammifères, dont les représentants, tels que la chauve-souris, la baleine et le blaireau, peuvent présenter des morphologies et des modes de vie extrêmement distincts. Puisque ce type de différences s'était établi très vite dans les tout premiers stades de l'évolution mammalienne, Simpson en avait conclu que l'apparition des grands groupes de mammifères avait dû mettre en jeu des rythmes d'évolution extrêmement rapides. Dans ces conditions, il avait considéré que ce type de lacune était « réel » et il avait cherché à en rendre compte par des explications particulières. Pour finir, il se rabattit à nouveau sur une interprétation en termes de rythme évolutif, plutôt qu'en termes de modalité évolutive, la sélection naturelle jouant toujours le rôle majeur dans la réalisation du processus.

Les ouvrages de Dobzhansky, de Mayr et de Simpson devinrent les documents de base de la synthèse évolutionniste — ou « Synthèse » comme on s'est mis à l'appeler. Bien que chacun de ces auteurs ait été conscient des subtilités du processus évolutif et du problème posé par la genèse des discontinuités dans la nature, la Synthèse s'est rigidifiée, dans la décennie qui suivit la Seconde Guerre mondiale, en un discours plus dogmatique pour lequel l'évolution se résumait à un processus de changement graduel dans les lignées, en résultat des pressions adaptatives exercées par la sélection naturelle. Les discontinuités n'apparaissaient que comme des cas particuliers du même processus continu, lorsqu'un accident géographique introduisait une division au sein d'une population, et que des conditions de milieu différentes faisaient diverger graduellement les deux populations résultant de cette scission, l'une d'entre elles donnant finalement une nouvelle espèce.

Que faut-il entendre par espèce — terme qui désigne l'entité de base du monde vivant ? La nature précise des espèces a fait l'objet de vives controverses pratiquement dès le moment où l'on a commencé à écrire sur ce sujet. S'il est une chose certaine, en science, c'est que ce débat, sous une forme ou sous une autre, continuera indéfiniment. Néanmoins, la plupart des zoologues admettent aujourd'hui que la caractéristique la plus fondamentale des espèces est leur cohésion reproductive. Pour le dire autrement, les limites entre espèces sont définies par l'*incompatibilité reproductive* et non pas par les différences anatomiques — seules caractéristiques sur lesquelles peuvent se fonder les paléontologues. En outre, il n'est pas du tout certain que l'apparition de l'incompatibilité reproductive qui, elle-même, se révèle extrêmement difficile à définir de façon précise, ou même dans certains cas à reconnaître, ait quelque chose à voir nécessairement avec l'accumulation de différences anatomiques. Cependant, la théorie synthétique de l'évolution a réduit le processus de spéciation

— la production de nouvelles espèces — à rien de plus que le résultat automatique des adaptations mises en place au cours de vastes durées de temps. Elle a considéré que la simple répétition de ces spéciations par divergence constituait le mécanisme par lequel apparaissaient finalement les nouveaux genres, les nouvelles familles, les nouveaux ordres, et ainsi de suite. En définitive, la Synthèse a donc posé que le changement de morphologie au sein des lignages était plus ou moins directement corrélé à l'écoulement du temps. Aujourd'hui, toutes ces propositions paraissent discutables.

L'une des raisons pour lesquelles la Synthèse — malgré l'importance des problèmes implicites qu'elle recèle — s'est imposée comme la théorie incontestée de l'évolution tient à ce que la conception gradualiste de la spéciation est d'une séduisante simplicité : elle s'est montrée particulièrement attrayante pour les généticiens, lesquels ont été solidement établis dans le rôle des gardiens des mystères de l'évolution. Dans le cadre de la Synthèse, la spéciation — peut-être le plus important de tous les processus naturels — s'est trouvée réduite à une question de changement génétique au sein des populations, sous la direction de la sélection naturelle. Les systématiciens, qui s'occupent de la diversité des faunes et des flores actuellement vivantes, ont trouvé la Synthèse également séduisante. Car, tout compte fait, même s'il leur fallait concéder que les espèces ne pouvaient être définies objectivement dans le cadre de la dimension temporelle, ils pouvaient continuer, sous les auspices de la Synthèse, à les regarder comme des objets discrets dans le cadre de leur activité quotidienne qui consiste à distinguer les différentes entités composant la diversité de la vie. Seuls les paléontologues se retrouvèrent dans une position plus qu'inconfortable du fait de la Synthèse. Car, dans le cadre de celle-ci, le temps, qui est la dimension dont leur discipline est fondamentalement tributaire, les empêchait de distinguer clairement les espèces paléontologiques les unes des autres.

Il en était ainsi parce que, selon les conceptions de la théorie synthétique, les espèces évoluent inexorablement en d'autres espèces par le biais de l'accumulation de minuscules changements. La transformation d'une espèce en une autre devait s'accomplir, selon la Synthèse, sans que les paléontologues puissent détecter une séparation entre espèce souche et espèce descendante : la théorie synthétique de l'évolution postulait en fait qu'il n'y avait pas de séparation du tout. Il est exact que des changements se produisent au sein des espèces, et en abondance. Mais la thèse avancée par la Synthèse était que les espèces notoirement connues et identifiées au sein de chaque lignage avaient été liées, dans les temps géologiques, par toute une série continue de formes, représentant des transformations graduelles entre ancêtres et descendants. Dès lors, les séparations envisageables entre espèces successives ne pouvaient être qu'arbitraires (au demeurant, il fallait donc les envisager entre des parents et leurs propres rejetons). Voilà qui aurait dû sembler problématique aux paléontologues; or la période qui a suivi la Seconde Guerre mondiale a vu au contraire un étonnant spectacle — celui de chercheurs se félicitant des lacunes observables dans les archives fossiles. Ils ont, en effet, nourri une haute estime pour ces périodes durant lesquelles les lignées ne possédaient pas de membres connus, puisqu'ils pouvaient ainsi y situer fort opportunément la césure entre espèces, ce qui éludait d'autant l'épineuse question de la séparation entre parents et rejetons.

Les espèces en paléontologie furent, dès lors, considérées comme des portions de lignages, définies de façon pratique par les discontinuités aléatoires des archives fossiles. Elles furent considérées comme éphémères, et d'une certaine façon, non « réelles ». Cependant, lorsqu'on découvre un fossile individuel, la question la plus importante est celle de savoir à quelle espèce il appartient. C'est un problème qui a un sens biologique et ne peut être ramené aux aléas de la conservation des fossiles dans les strates géologiques.

La Synthèse, bien que peut-être incomplète, a eu le mérite de balayer une grande masse de scories conceptuelles. Désormais, toute une série de mythes et de théories erronées ne purent plus avoir cours, depuis la représentation de l'espèce sous la forme de « type idéal », jusqu'aux idées selon lesquelles l'évolution des lignées était impulsée par une tendance intrinsèque à varier dans des directions données, et jusqu'aux théories envisageant la macroévolution comme le résultat de « sauts » génétiques majeurs. Il est devenu désormais impossible d'examiner le processus évolutif sans prendre la Synthèse pour base de départ. Cette dernière n'était pas seulement élégante et convaincante ; elle avait aussi permis le rapprochement des praticiens de toutes les grandes branches de la biologie des organismes, mettant ainsi fin à des décennies de batailles intestines, d'incompréhension mutuelle et de gaspillage d'énergie.

La Synthèse et la paléoanthropologie

Pendant tout le temps qu'a duré l'élaboration de la Synthèse, les paléoanthropologues ont gardé le silence. La raison en est, semble-t-il, qu'ils n'ont pas même remarqué ce qui se passait. Cela est moins surprenant qu'il ne peut paraître, car, au moins en partie en raison de la croyance (parfois inconsciente, parfois explicitement énoncée) selon laquelle l'évolution humaine est d'une certaine façon « particulière », la paléoanthropologie s'est toujours tenue à l'écart des recherches sur la théorie de l'évolution. Elle a parfois emprunté des conceptions évolutionnistes ou taxinomiques aux autres domaines de la biologie, mais elle n'en a, elle-même, exporté que peu, voire aucune. Bien plus, lorsque la paléoanthropologie a adopté de nouveaux concepts tirés de la théorie de l'évolution, elle a toujours mis longtemps à le faire, ce qui a eu d'importantes conséquences.

Entre le moment où elle a été fondée et celui où elle s'est finalement imposée, dans les années 1950, la Synthèse est graduellement devenue un dogme simpliste. Libérés de la nécessité de parer aux critiques de leurs opposants, ses partisans ont finalement pu proposer une vision du processus évolutif plus uniformisée qu'auparavant, et c'est cette version plus pure, plus dépouillée qui a été reprise en définitive par la paléoanthropologie, une version articulée autour de quelques points cardinaux : l'évolution procède par modification graduelle des fréquences de gènes dans les lignages, sous l'action directrice de la sélection naturelle ; la macroévolution et la microévolution représentent un seul et même phénomène.

Il est également important de remarquer que, lorsque la paléoanthropologie s'est ralliée finalement à la Synthèse, elle s'est mise en devoir d'en être le porte-drapeau le plus représentatif. Restés à l'écart du courant des recherches fondatrices de la théorie synthétique au cours des années 1930 et 1940, les spécialistes des archives fossiles humaines ont adopté finalement la Synthèse dans sa version la plus dépouillée, et avec l'enthousiasme de nouveaux convertis. Il y a eu, en effet, une convergence dans les démarches conceptuelles et les façons de faire de ces deux catégories de chercheurs (les paléoanthropologues et les théoriciens de l'évolution). Tandis que la plupart des paléontologues cherchent à découvrir et à expliquer l'histoire évolutive de groupes variés d'organismes, en essayant de retrouver l'origine de gammes entières d'espèces, les paléoanthropologues ont habituellement estimé que leur travail consistait à rechercher les origines d'une seule et unique espèce, *Homo sapiens*, en remontant aussi loin que possible dans le passé. Bien qu'une tradition persistante attachée aux conceptions typologiques ait conduit à multiplier, dans les archives fossiles humaines, le nombre des espèces dotées d'un nom particulier, la démarche visant à projeter le lignage humain loin dans le passé a toujours incité les chercheurs de ce domaine à envisager l'évolution de nos ancêtres de façon linéaire. Cette disposition d'esprit a donc trouvé dans la Synthèse un point d'appui théorique idéal. Cette convergence est apparue si parfaite qu'elle a permis aux fondateurs de la Synthèse d'exercer, sur les conceptions paléoanthropologiques, une influence à la fois directe et puissante.

Car les paléoanthropologues ne se sont pas contentés d'assimiler passivement les nouveaux concepts évolutionnistes. Ils ont écouté, passionnés, Dobzhansky, Mayr et Simpson leur expliquer comment interpréter leurs archives fossiles. Le fait que ces trois scientifiques — sauf peut-être Simpson, le moins étranger à leur domaine — n'avaient évidemment que des connaissances indirectes et peu approfondies en matière d'archives fossiles humaines ne semble pas avoir compté beaucoup, face à la formidable réputation scientifique de ces auteurs et à leur position de théoriciens reconnus de l'évolution.

Dobzhansky a commencé à se préoccuper de paléoanthropologie dès 1944. Soulignant que toutes les populations sont composées d'individus aux caractéristiques variables, et que la plupart des espèces consistent en des mosaïques de populations locales différenciées, il a conclu que, même si l'évolution humaine, depuis l'homme de Java (une forme datant d'environ un million d'années, rapportée aujourd'hui à l'espèce *Homo erectus*), avait été fertile en événements, tous ceux-ci avaient pris place dans les limites de la seule espèce *Homo sapiens.* En outre, en ce qui concerne la totalité de la durée de l'évolution humaine, Dobzhansky a déclaré que « pour autant qu'on le sache, il n'y a jamais eu, à tout moment, plus d'une seule espèce d'hominidé à la fois ».

Six ans plus tard, Mayr a pénétré à son tour dans la discipline paléoanthropologique à l'occasion d'un examen des archives fossiles d'hominidés remontant plus loin dans le passé, mais à l'issue duquel il a tiré la même conclusion : on ne pouvait jamais reconnaître, à tout moment, plus d'une espèce dans les archives fossiles humaines. Bien plus, dans la totalité de la période allant des premiers bipèdes alors connus — les australopithèques primitifs et à petit cerveau d'Afrique du Sud — à l'homme moderne, Mayr soutenait que l'on ne pouvait définir que trois espèces (très différentes) : *Homo transvaalensis* (les australopithèques), *Homo erectus* et *Homo sapiens,* réparties au long de cette période que l'on sait maintenant avoir duré trois millions d'années et qui a vu s'opérer d'immenses changements physiques dans notre lignage !

Il ne fait aucun doute pourtant qu'en avançant ces thèses, Dobzhansky et Mayr ont rendu un service considérable à la paléoanthropologie, discipline dans laquelle une excessive inflation de noms n'avait cessé de régner. Il en avait été ainsi jusque-là parce que les chercheurs dans ce domaine, nourrissant une conception non biologique de l'espèce, n'avaient pas reconnu l'importance de la variation entre individus et entre populations au sein de l'espèce. Beaucoup trop de dénominations d'espèces s'étaient donc imposées dans la littérature sur l'évolution humaine, presque comme si chaque nouveau fossile avait eu besoin de son propre nom formel pour se faire reconnaître.

En faisant passer l'effectif des noms d'un ensemble pléthorique à un petit nombre d'éléments seulement, Dobzhansky et Mayr ont donc, sans conteste, effectué un nettoyage salutaire. On peut d'ailleurs citer un autre exemple de réexamen nécessaire de la nomenclature des espèces qui fut stimulé au départ par un élagage antérieur excessif : celui des archives fossiles des primates. Mais, rétrospectivement, Dobzhansky et Mayr semblent ainsi créer l'illusion de la simplicité dans un tableau qui est plus complexe. Consciemment ou non, ils ont fait resurgir l'idée regrettable mais puissamment ancrée selon laquelle l'évolution humaine avait consisté en une simple et longue marche pénible, toujours orientée dans la même direction, menant de l'état primitif à celui de la perfection. Cette notion était fortement soutenue par la théorie synthétique de l'évolution, convaincante, mais incomplète, qu'ils avaient eux-mêmes formulée. Superficiellement étayée par l'observation de l'accroissement de la boîte crânienne au cours du temps comme caractéristique relativement constante des archives fossiles humaines, cette manière distordue d'envisager le processus évolutif s'est imposée largement à toute la paléoanthropologie de la seconde moitié du XXe siècle et ne semble aujourd'hui encore guère faiblir.

Les équilibres ponctués

Étant donné que les paléontologues avaient été relégués par la Synthèse à l'humble fonction subordonnée de fournisseurs d'observations permettant d'illustrer un processus dont d'autres détenaient la clé explicative, il n'est guère surprenant que ce soit dans leurs rangs que surgirent les premières contestations sur la non-coïncidence des faits et de la théorie. Depuis des années, les paléontologues se rendaient vaguement compte que les espèces fossiles paraissaient souvent être

« réelles » d'une façon qui ne concordait pas avec les présupposés de la Synthèse. Les nouvelles espèces, au lieu d'apparaître en raison d'une transformation graduelle d'une espèce souche, au cours du temps, semblaient surgir brusquement dans les archives géologiques et perdurer ensuite pendant des durées variables. Lorsque leur temps était venu, elles disparaissaient aussi brutalement qu'elles étaient apparues, pour être remplacées par d'autres espèces qui pouvaient être ou non leurs proches apparentées. Dès l'époque de Darwin, on avait invoqué le caractère notoirement incomplet des archives fossiles pour expliquer que les séries paléontologiques n'obéissaient pas aux prédictions de la théorie du changement graduel. Il est avéré que ces archives ne contiennent pas même un pour cent de tous les individus ayant jamais existé, mais seulement une minuscule fraction de ce un pour cent. Néanmoins, il est également vrai que le nombre de fossiles connus s'est énormément accru depuis l'époque de Darwin et que, malgré cela, l'aspect fondamentalement discontinu des archives fossiles est demeuré. D'aucuns ont donc fini par noter que Sa Majesté la Synthèse était nue.

Les premières publications ayant mentionné que la théorie synthétique de l'évolution était certainement incomplète ont émané, non sans ironie, de l'American Museum of Natural History de New York, institution qui avait abrité Mayr et Simpson (et était très voisine de celle ayant abrité Dobzhansky) alors que se constituait la Synthèse. C'est en effet en 1971 que mon collègue de l'American Museum Niles Eldredge publia les résultats de son étude sur un groupe de trilobites — des invertébrés aujourd'hui éteints, qui vivaient sur le fond des mers. Chez les trilobites dont il avait observé les fossiles dans des strates géologiques de l'État de New York et dans celles de régions plus à l'ouest, Eldredge avait constaté une remarquable *absence* de changement évolutif. Dans les régions plus à l'ouest, par exemple, un seul changement notable s'était opéré au long d'une période de six millions d'années (originellement, il avait estimé celle-ci à huit millions d'années). Les trilobites possèdent des yeux composés comprenant de multiples rangées d'yeux élémentaires ou ommatidies. Pendant la première partie de la période en question, les sujets étudiés par Eldredge possédaient des yeux formés de dix-huit rangées. Soudainement, ils cédaient la place à des trilobites exactement semblables, si ce n'est que leurs yeux comprenaient seulement dix-sept rangées. Dans l'État de New York, le scénario était semblable, sauf qu'en une localité donnée, durant une période de transition représentant un instant à l'échelle des temps géologiques, les deux sortes de trilobites coexistaient. Or, cette phase new-yorkaise était antérieure de plusieurs millions d'années à la phase occidentale au cours de laquelle l'espèce à dix-huit rangées d'ommatidies était remplacée par l'espèce à dix-sept rangées. Pour Eldredge, qui n'était pas enclin à invoquer les insuffisances des archives fossiles, ces observations ne pouvaient signifier qu'une chose : un phénomène de spéciation — l'apparition d'une nouvelle espèce — s'était produit dans la région de New York (et avait été pris sur le fait, pour ainsi dire, dans la localité en question), tandis que dans les régions plus à l'ouest les choses étaient restées dans l'état pendant des millions d'années, jusqu'à ce qu'un changement géographique ou écologique ait permis à la nouvelle espèce d'immigrer depuis l'est et de remplacer l'espèce antérieure.

Le scénario était donc celui d'une longue période de statu quo pour l'ancienne espèce, suivie d'une extinction locale rapide lorsque la nouvelle espèce avait immigré dans son territoire. À en croire les observations faites dans la région de New York, l'apparition de la nouvelle espèce avait eu deux caractéristiques : elle avait été rapide et n'avait pas mis en jeu de grands changements morphologiques, du moins en termes de caractéristiques observables dans les archives fossiles. Pour expliquer cette séquence évolutive, Eldredge invoqua le modèle de spéciation allopatrique (« autre pays »), qui, autre ironie de cette histoire, avait été mis au point par Ernst Mayr. L'idée fondamentale en était qu'une nouvelle espèce naît à partir d'une ancienne lorsque des populations antérieurement interfécondes se trouvent physiquement séparées par une barrière telle qu'une chaîne montagneuse ou un bras de mer. Mises dans l'impossibilité d'échanger des gènes, les deux populations « filles » vont diverger génétiquement, tandis que des mutations et des dérives génétiques s'accumulent. Parce que les patrimoines génétiques collectifs de petite dimension sont plus instables que les grands, Mayr avait estimé que les phénomènes conduisant à l'incompatibilité génétique (à la spéciation donc) avaient plus de chance de se produire dans les petites populations isolées situées à la périphérie de l'aire de distribution de la population parente, plutôt qu'au sein de cette dernière. Et, plus important encore, l'acquisition de l'incompatibilité génétique par ce mécanisme est un processus rapide comparé aux vastes durées envisagées dans le cadre du gradualisme darwinien. Elle semble enfin, dans le meilleur des cas, n'être qu'indirectement liée au changement morphologique.

On mesure combien la nouvelle façon de voir se trouvait alors éloignée de la théorie synthétique. Le nouveau schéma explicatif était constitué de longues périodes de stabilité des espèces, interrompues par de brefs phénomènes de spéciation, d'extinction et de remplacement. Il est exact que les fondateurs de la Synthèse avaient soigneusement noté que les rythmes du changement évolutif pouvaient énormément varier. Mais ils avaient simplement attribué ces variations à des fluctuations dans l'intensité de la sélection naturelle. Pour eux, le changement évolutif était un processus essentiellement continu qui assurait une meilleure adaptation à un environnement statique ou permettait l'accommodation à un changement de milieu. Eldredge, lui, proposait que, dans le cas des trilobites qu'il avait étudiés, la spéciation avait été à la base du changement évolutif, et non pas son résultat passif. L'aspect dominant qu'il avait tiré de l'examen soigneux de ses séries fossiles était celui de la stabilité, et non pas celui du changement graduel. Et disposant de milliers de spécimens, il ne lui avait pas paru possible d'invoquer les imperfections des archives fossiles pour expliquer ce qu'il avait observé. Eldredge n'avait peut-être pas entièrement mesuré la portée de son étude de 1971 : il avait pourtant mis en branle un processus qui allait pousser les paléontologues à se pencher de nouveau sur leurs données et à réexaminer leur façon d'envisager le processus évolutif.

Les articles hermétiques publiés dans des périodiques spécialisés sont rarement à l'origine de travaux de reformulation théorique. Mais en 1972, Eldredge joignit ses forces à celles de Stephen Jay Gould, un spécialiste des escargots terrestres, qui avait remarqué une évolution de même type chez ses propres sujets d'étude, pour publier un article fondateur et intitulé de façon provocatrice : « Les équilibres ponctués : une alternative au gradualisme phylétique ». Cette publication, à la fois de portée plus générale et plus énergique dans ses affirmations, attira immédiatement l'attention. Soulignant que les idées préconçues sur le processus évolutif affectent la façon dont les paléontologues envisagent leurs fossiles, Eldredge et Gould y proposaient que les célèbres « lacunes » des archives fossiles avaient, tout compte fait, une signification. Ces discontinuités n'étaient peut-être pas simplement des artefacts dus à la nature incomplète des archives fossiles, mais reflétaient un phénomène réel sous-jacent. Si tel était le cas, ne conviendrait-il pas d'espérer raisonnablement observer des états stables au fil du temps dans les strates géologiques ? En effet, si la spéciation allopatrique était l'explication de la formation des nouvelles espèces, ces dernières devaient presque invariablement être apparues, non seulement rapidement, mais ailleurs qu'à l'endroit où les paléontologues examinent leurs fossiles.

Eldredge et Gould proposaient, en réalité, que l'évolution, loin d'être graduelle, procédait par à-coups (l'« évolution par sauts », comme l'a résumé un des tout premiers commentateurs peu charitable). Les espèces, loin de n'être que des segments de lignages arbitrairement définis, sont des entités réelles. À l'instar d'individus, elles ont un moment où elles naissent (celui de la spéciation), une durée de vie donnée (plus ou moins longue, mais caractérisée par une absence de changement important) et un moment où elles meurent (celui de leur extinction). Bien plus, sur la vaste scène de l'évolution, les espèces jouent un rôle semblable à celui qui est envisagé traditionnellement pour les individus dans le cadre de la théorie darwinienne. Elles peuvent s'éteindre pour de nombreuses raisons, et notamment parce qu'elles sont surclassées par d'autres espèces, au nombre desquelles, leurs propres descendants : en d'autres termes, les espèces sont comme les individus, elles présentent des aptitudes variables, en vertu desquelles elles réussissent inégalement dans la compétition qui les oppose. On cite souvent comme preuve du changement graduel et directionnel l'observation de tendances dans les archives fossiles, comme, par exemple, l'accroissement de la dimension du cerveau humain en fonction du temps. Mais il est en réalité bien plus probable que les tendances résultent d'un processus de tri entre les espèces, par suite d'une compétition entre elles, que d'une sélection directionnelle au sein des lignages.

Dans la mesure où cette conception s'écartait de la théorie alors dominante, elle provoqua des remous. Nombre de paléontologues ne voulurent pas initialement croire Eldredge et Gould lorsqu'ils affirmèrent que leur mécanisme d'« équilibres ponctués » s'accordait beaucoup mieux avec les observations faites sur les archives fossiles que ne le faisait le traditionnel « gradualisme phylétique ». Près de trois décennies plus tard, certains restent encore sceptiques ; mais, hormis en paléoanthropologie, ils représentent une minorité décroissante. Dans les premiers temps, cependant, certains scientifiques avaient affirmé que la conception était erronée, même sur le plan théorique. Selon eux, les équilibres ponctués n'étaient rien d'autre, sous un nouvel habillage, que du « saltationnisme », cette conception de l'évolution par sauts qui avait été réfutée dans les décennies précédentes. Cela revenait, de leur part, à confondre le phénomène de la spéciation (que Mayr et d'autres auteurs avaient déjà pris en compte dans la Synthèse) avec ces grands sauts évolutifs auxquels personne, et surtout pas Eldredge et Gould, ne croyait plus. D'autres scientifiques soutinrent que les auteurs de la théorie des équilibres ponctués étaient hostiles à la notion d'adaptation, proposition elle aussi erronée : les organismes ne sont peut-être pas aussi finement adaptés à leur environnement que le suggérait la Synthèse ; mais l'adaptation était une notion totalement prise en compte dans la théorie d'Eldredge et Gould.

Dans leur envie de convaincre leurs collègues, Eldredge et Gould exagéraient sans doute sur quelques points. C'était, par exemple, aller un peu vite en besogne que d'affirmer que toutes les innovations morphologiques prennent place au moment, ou autour du moment, de la spéciation, qu'aucun changement significatif ne se développe au cours de la durée de vie d'une espèce, ou que la spéciation elle-même est un phénomène extrêmement rare ou qui ne s'accomplit qu'avec difficulté. L'affinement de la théorie des équilibres ponctués se poursuit, travail auquel ses fondateurs prennent part au premier chef. En tout cas, en allant plus loin que les conceptions mises en avant par la Synthèse, cette théorie a permis d'appréhender le processus évolutif plus complètement que par le passé. Elle a permis de mieux interpréter les archives fossiles témoignant de l'évolution.

Sélection de groupe et gènes immortels

La Synthèse avait donc ramené la notion de macroévolution à n'être rien de plus qu'un cas particulier de la microévolution. Cette conception a eu d'importantes conséquences pour la biologie évolutionniste de l'après-guerre. Les recherches se sont, en effet, concentrées largement sur l'apparition et le développement des adaptations au sein des lignages, et l'on a admis comme un postulat fondamental que la sélection agissait toujours inévitablement pour les « optimiser ». L'exemple classique à cet égard était représenté par le nombre d'œufs par couvée chez les oiseaux : s'il était trop petit, disait-on, cela tendait à réduire la représentation génétique des parents dans la génération suivante; s'il était trop élevé, les parents avaient du mal à assurer la survie de chacun de leurs rejetons. Nécessairement, le nombre d'œufs semblait devoir obéir à un optimum, même si le comportement de certaines espèces d'oiseaux paraissait se moquer de cette notion. Le calao terrestre d'Afrique du Sud, par exemple, produit deux œufs par couvée. Mais le second est pondu une semaine après le premier, et lorsque l'oisillon le plus jeune éclôt, le plus âgé est déjà assez vigoureux pour se débarrasser de celui-ci si les parents ne le surveillent pas. Ce comportement favorise certainement la survie de l'oisillon le plus âgé, puisque celui-ci n'a plus à se battre pour s'assurer l'attention de ses parents. Mais on peut se demander comment cela concorde avec la notion d'une dépense d'énergie optimale de la part de ces derniers.

La notion d'optimisation présentait de l'intérêt tant que l'on ne considérait qu'une seule adaptation à la fois. Mais on se mit à l'appliquer pratiquement à toute structure à laquelle les chercheurs pensaient pouvoir assigner une fonction, de sorte qu'on a commencé à envisager tous les organismes individuels comme de vastes collections d'adaptations. Cela soulevait une évidente difficulté : le succès reproductif ne signe que la réussite globale d'un organisme, et non celle de ses composantes individuelles. Mais on tendit à perdre de vue ce problème, dans la mesure où l'on se mit à se concentrer de plus en plus sur la question de l'évolution de caractéristiques données au sein des lignages. Une école de pensée alla encore plus loin et considéra les gènes individuels comme l'unité de base de la sélection naturelle — bien que, le plus souvent, de nombreux gènes individuels soient impliqués dans la réalisation de chaque adaptation, et que la plupart d'entre eux en influencent plus d'une.

Parmi les adaptationnistes les plus influents, le biologiste George Williams publia en 1966 un ouvrage visant à contrer l'hypothèse selon laquelle la sélection naturelle pouvait peut-être porter, non pas seulement sur les organismes individuels, mais aussi sur des groupes d'organismes (hypothèse connue sous le nom de « sélection de groupe »). La sélection, disait Williams, ne pouvait agir que dans des situations où, à tout moment, les individus différaient dans leur succès reproducteur relatif. Ce genre de situation ne pouvait obligatoirement se rencontrer qu'*au sein* des espèces, de sorte qu'il était absolument impensable que la sélection puisse promouvoir le « bien de l'espèce » en tant que tout. Plus important encore, au regard des débats qui allaient se développer ultérieurement, Williams soutenait l'idée que les adaptations sont fondamentalement des dispositifs destinés à faciliter la « survie » des gènes les sous-tendant. Ce type de thèse a fait l'objet d'une large promotion publicitaire une décennie plus tard par le biais du livre de Richard Dawkins, *The Selfish Gene* [*Le gène égoïste*], qui a connu une grande diffusion. Dans cet ouvrage, l'auteur a soutenu que la sélection n'agit pas tant sur les caractéristiques physiques des organismes que sur les gènes eux-mêmes, caractérisés par leur « immortalité ». Les organismes individuels ne sont guère plus que des véhicules pour les gènes, lesquels sont, par leur entremise, en compétition pour augmenter leur représentation à la génération suivante. Toute entité biologique de niveau plus élevé que le gène, déclarait Dawkins, est « trop grande et trop éphémère en tant qu'unité génétique pour constituer une unité significative au regard de la sélection naturelle ».

Cette conception veut donc que tout ce qui est d'une dimension supérieure au gène individuel ne puisse être envisagé comme acteur du processus évolutif ; mais elle ne peut elle-même être soutenue qu'à condition d'ignorer l'aspect économique de l'existence (y compris celui relatif aux gènes eux-mêmes, qui doivent coexister avec les autres gènes dans le cadre d'interactions extrêmement complexes). Elle néglige aussi le fait que les gènes ne font que représenter le degré le plus bas d'une série hiérarchique de niveaux de complexité qui comprend ensuite les individus, puis les populations locales, et enfin l'espèce tout entière. Dans cette hiérarchie, chaque niveau a un rôle évolutif fondamental et distinct à jouer. En outre, la conception extrêmement réductionniste du gène égoïste doit faire face au problème déjà noté, selon lequel, en dépit des dizaines de milliers de gènes qui figurent dans un organisme complexe, la sélection sanctionne seulement la réussite de l'individu en tant que tout.

Les idées réductionnistes ont cependant une grande capacité de séduction, et la notion de gène égoïste n'a pas tardé à faire chorus avec la conception nouvellement apparue de sélection de parentèle. Celle-ci avait été élaborée dans les années 1960 pour expliquer comment un acte apparent d'altruisme qui nuit à son acteur, ou du moins ne lui bénéficie pas, peut cependant l'aider à propager ses gènes. Cela se produit lorsque les organismes auxquels sont destinés les actes altruistes sont apparentés à ceux qui réalisent ces derniers et possèdent des génotypes très semblables. L'auteur de l'acte altruiste dépense de l'énergie (jusqu'à mettre sa vie même en danger) sans en tirer aucun bénéfice direct, mais augmente ses chances de propager ses propres gènes. La sélection de parentèle ne s'observe assurément pas de façon courante dans tous les systèmes sociaux ; mais, en combinaison avec la notion de gène égoïste, elle a néanmoins donné naissance au culte de la sociobiologie. La thèse fondamentale de cette dernière est qu'au sein de tout système social les organismes individuels tendent à présenter un certain degré de coopération (et parfois d'altruisme). Et, en raison des liens d'apparentement assez denses au sein des populations interfécondes, la sélection de parentèle va tendre à renforcer la coopération et la socialité. Dans la mesure où les comportements sont génétiquement déterminés, ils seront, au moins à un certain degré, pris pour cible par la sélection naturelle. Ce qui nous ramène à une certaine forme de sélection de groupe, puisqu'un principe de base de la sociobiologie est que le comportement des individus au sein des sociétés où règne la coopération influence la réussite globale de celles-ci. Ici l'individu n'est pas envisagé comme une entité comptable isolée, mais comme le membre d'un groupe : sa survie dépend de la réussite globale de ce groupe.

Il ne fait guère de doute que des rétroactions de ce genre ont joué un grand rôle dans le façonnement à la fois des comportements individuels et des structures sociales dans les sociétés d'insectes extrêmement organisées — bien que de manière aveugle — qui ont fait l'objet des premières recherches en sociobiologie. Mais la question se pose de savoir si ces mêmes rétroactions ont eu véritablement de l'importance pour les sociétés de primates, et notamment la société humaine. Lorsqu'en 1975, Edward O. Wilson, entomologiste de l'université Harvard, répondit affirmativement à cette question dans son ouvrage *Sociobiology : The New Synthesis* [*La sociobiologie : la nouvelle synthèse*], il suscita un tollé. Néanmoins, même si personne ne soutient que les comportements humains normaux sont régis de la même façon que ceux des fourmis, le rôle des gènes en cette matière ne cesse — signe des temps — d'être mis en avant périodiquement[1].

La théorie de l'évolution aujourd'hui

Les mécanismes précis du processus évolutif font l'objet d'un débat toujours aussi vif de nos jours. Il n'est guère utile d'essayer de présenter toutes les thèses en présence. Néanmoins, puisque — on l'a vu — de subtiles différences dans les modes de conception de l'évolution peuvent avoir de profondes conséquences dans la façon d'interpréter les archives fossiles, il n'est pas inutile de préciser ma conception de l'évolution.

Pour comprendre le processus évolutif, il me semble, comme à d'autres, nécessaire de reconnaître non seulement l'existence, mais aussi l'importance, de la hiérarchie dans l'organisation biologique. Cette hiérarchie part du niveau des gènes, pour ensuite concerner celui des organismes individuels, puis celui des populations locales, des espèces et peut-être même au-delà. Tous ces niveaux jouent un rôle dans le processus évolutif, mais chacun à sa propre façon.

Les mutations affectant les gènes et leurs recombinaisons fournissent le phénomène de variation élémentaire sur laquelle la sélection naturelle capitalise. En assurant le succès reproductif (ou le fiasco) des organismes individuels, en fonction de leurs caractéristiques héritables plus ou moins favorables, la sélection naturelle conduit les populations locales à s'adapter à des environnements spécifiques. Pratiquement par définition, ces dernières sont les seules à béné-

1. Récemment, il est réapparu sous les auspices d'une nouvelle discipline, la psychologie évolutionniste, une approche séduisante, mais profondément tendancieuse, visant à expliquer le comportement humain, et qui a fortement attiré l'attention des médias dans ces dernières années. Nous reviendrons au chapitre VI sur la question de la psychologie évolutionniste et des théories réductionnistes semblables dans le domaine du comportement. *(N.d.A.)*

ficier d'un habitat relativement homogène auquel l'adaptation est possible ; pour cette raison, les populations locales sont les vrais points de départ de l'innovation évolutive. Les traits nouveaux apparaissent chez les organismes individuels assurément ; mais c'est seulement l'établissement de ces traits en tant que norme au sein d'une population qui constitue l'innovation dans un sens évolutif véritable.

En résumé, les organismes individuels n'évoluent pas ; ce sont les populations qui évoluent. Mais que faut-il entendre ici par « population » ? En un sens, bien sûr, c'est l'espèce, en tant qu'unité reproductive cohérente, qui est la population dans laquelle s'opère en définitive l'évolution. Mais, en un autre sens, également important, les espèces sont aussi des abstractions. Car, comme on vient de le dire, elles consistent généralement en de nombreuses populations locales, occupant toute une série d'environnements (ou du moins de microenvironnements). La conséquence, d'importance cruciale, en est que *les tendances évolutives au sein d'une espèce le plus souvent ne se développent pas dans une unique direction.* Au contraire, c'est un phénomène de divergence que l'on observe, dès lors que chaque population locale au sein de l'espèce trace son propre sillon dans le cadre de son habitat local. Il est avéré que les populations locales développent effectivement de façon courante leurs propres particularités héritables — même si d'aucuns peuvent soutenir que, le plus souvent, l'action de la sélection naturelle est présumée plutôt que démontrée. Car c'est seulement récemment, en effet, que des preuves expérimentales directes ont confirmé que la sélection naturelle opère vraiment au sein des populations.

Les populations locales se différencient ainsi presque toujours d'une façon ou d'une autre. Mais c'est le phénomène de spéciation qui « fixe » leur apport innovateur dans l'évolution, pérennisant celui-ci sur le plan historique. Car, s'il est vrai que les populations locales, avec leurs caractéristiques différenciées, ont une certaine indépendance, elles sont toujours reliées au reste de l'espèce par le biais de la continuité reproductive, ou du moins de sa possibilité. Les habitats sont continuellement changeants, et les populations isolées ou quasi isolées au sein desquelles surgissent les innovations courent toujours le risque de se faire réabsorber par la population souche (et avec elles peuvent ainsi disparaître leurs particularités génétiques).

C'est ici qu'entrent en ligne de compte les mécanismes d'isolement assurant au moins un certain degré d'incompatibilité reproductive entre populations apparentées. En interrompant la continuité reproductive, ils permettent à des entités éphémères, qui étaient jusque-là destinées éventuellement à la réabsorption ou à l'extinction locale, de s'établir durablement en tant que nouvelles entités historiques distinctes, autrement dit, en tant que nouvelles espèces. À long terme, ces dernières ne survivent peut-être pas toujours; mais leur existence, même brève, aura été au moins objective et indépendante. Et si au contraire elles s'épanouissent et élargissent leur aire de distribution géographique, elles conduisent leurs caractéristiques particulières à affronter le contexte de nouveaux habitats, où les mécanismes couplés de l'innovation locale et de la compétition entre espèces vont recommencer le processus. Ainsi, l'entité qu'on appelle *espèce* a pour fonction principale de définir *les limites au sein desquelles l'innovation peut éventuellement se développer*, tandis que le processus de *spéciation* fait surgir *les nouveaux acteurs sur la scène de l'évolution.*

Il convient de noter ici deux point supplémentaires. L'un est que les mécanismes d'isolement — qui semblent nécessiter une restructuration du patrimoine génétique collectif de la population d'une façon autre que ne le réalise l'établissement de nouvelles caractéristiques physiques — ont plus de chances de se manifester dans des populations petites et déjà quasi isolées. En effet, le patrimoine génétique collectif d'une petite population est foncièrement moins stable que celui des grandes, puisque dans ces dernières toute innovation qui apparaîtra sera « étouffée » par l'inertie des génotypes établis. L'autre point, que j'ai déjà brièvement mentionné, est que l'acquisition des mécanismes d'isolement n'est pas nécessairement la même chose que l'acquisition de nouvelles adaptations. En fait, les deux processus peuvent être totalement dissociés. C'est pourquoi dans certains cas on peut observer l'accumulation d'énormes différences entre populations au sein d'une espèce sans voir le moindre indice d'isolement génétique, tandis que dans d'autres cas des espèces étroitement apparentées, mais distinctes quant à la reproduction, peuvent apparaître comme pratiquement identiques à l'œil humain. En outre, bien qu'il nous reste encore énormément de choses à apprendre au sujet du mystérieux processus de la spéciation, il est déjà parfaitement clair que toutes les innovations morphologiques ou comportementales, adaptatives ou autres, doivent apparaître *au sein* de populations librement interfécondes. Si tentant que cela soit, nous ne pouvons pas nous fonder sur l'apparition de nouvelles espèces dans les archives fossiles pour « expliquer » la survenue de nouvelles caractéristiques morphologiques (bien qu'en raison des imperfections des archives fossiles nous puissions éventuellement voir se manifester les deux phénomènes en même temps).

Il est tout aussi important de comprendre que toutes les innovations morphologiques qui s'établissent au sein de populations ne représentent pas nécessairement des adaptations dans un sens strict. De très nombreux facteurs aléatoires peuvent intervenir dans l'acquisition de nouveaux traits morphologiques, surtout dans les petites populations. Cela ne signifie pas, bien sûr, qu'une importante caractéristique qui s'est fixée par hasard dans la population reste à jamais à l'abri de toute sélection. Non seulement les conditions d'environnement locales peuvent changer, de sorte que les caractéristiques de ce genre peuvent devenir « utiles », mais à partir du moment où une population locale et l'espèce souche dont elle provient se sont isolées génétiquement, les deux espèces maintenant indépendantes peuvent être libres d'entrer en compétition, si elles viennent un jour à entrer de nouveau en contact. Dès lors, le phénomène de tri va se placer à un autre niveau, mettant en jeu la totalité des caractéristiques des populations. Et, comme Eldredge et Gould l'ont suggéré, cela conduit à prendre en compte la survie différentielle des espèces en concurrence, afin d'expliquer les tendances à long terme dans les archives fossiles.

Cependant, la survie différentielle des espèces n'est pas toujours, elle non plus, une question d'excellence de l'adaptation. L'environnement peut être relativement stable ou ne pas l'être; mais lorsqu'il change, il le fait généralement de façon assez rapide, à une vitesse que l'adaptation par la sélection naturelle a sans doute du mal à suivre. Lorsque des changements de ce type surviennent, la qualité de l'adaptation d'une espèce donnée à son ancien habitat ne compte pas beaucoup, et tous les avantages compétitifs qu'elle possédait peuvent être annulés d'un seul coup. Si le changement externe (qui comporte généralement l'arrivée fâcheuse de nouvelles espèces, parmi lesquelles peut-être de proches apparentées) est assez grand, l'espèce en question va se trouver devant l'alternative suivante : la migration vers un habitat plus convenable ou l'extinction. Dans les cas extrêmes, cette dernière éventualité est la seule possible, comme l'ont dramatiquement montré les extinctions de masse périodiques au cours de l'histoire de la Terre. Mais quoi qu'il en soit, le changement adaptatif instantané semble rarement possible, voire jamais. Bien souvent, les modifications de l'environnement non seulement surviennent en général trop rapidement pour que la sélection naturelle puisse y répondre immédiatement, mais elles ont aussi généralement pour conséquence de permettre la colonisation rapide de vastes portions de territoires par toutes sortes de nouvelles espèces; ce qui conduit à une compétition et à des remplacements rapides de faunes. Comme nous le verrons, notre propre genre *Homo* est peut-être apparu dans le cadre de ce type de « poussée de remplacement » faunistique, promue par l'environnement.

Les gènes, les individus, les populations et les espèces sont donc soumis à un processus de tri, d'une façon ou d'une autre au cours du temps, et c'est le résultat de ce tri que nous voyons reflété dans les archives fossiles. Quelle modalité évolutive les fossiles sont-ils susceptibles de montrer ? Eldredge et Gould ont rejeté la notion selon laquelle nous devrions apercevoir un lent changement de génération en génération. Au contraire, ils ont estimé que la spéciation est un processus rare, difficile à réaliser, ce qui a pour conséquence que les lignées sont pour l'essentiel stables, et que les remplacements d'espèces ne se produisent qu'occasionnellement et rapidement. Mais mes propres observations sur les primates d'aujourd'hui suggèrent que les espèces très étroitement apparentées, bien que génétiquement isolées les unes des autres, diffèrent généralement peu au niveau de leurs tissus durs, les seuls qui se conservent à l'état fossile (même si leurs représentants vivants peuvent sembler spectaculairement différents à l'œil nu, par des caractéristiques telles que la couleur ou la distribution du pelage). Voilà qui n'étonne guère, puisque les différences qui séparent une espèce de sa plus proche voisine doivent avoir pris naissance au sein de l'espèce souche commune. Mais cela suggère fortement que les spéciations ont dû se produire assez fréquemment pour qu'elles aient pu donner naissance aux degrés de différenciation que nous voyons réellement.

La spéciation a donc pour effet de changer ce que l'on pourrait appeler les centres de gravité génétique et morphologique des espèces filles par rapport aux espèces parentes. Différant en moyenne quelque peu les unes des autres avant la spéciation, chaque espèce est ensuite libre de développer une plus grande variation et donc plus de différences entre espèces. Les lignages qui en descendront vont donc s'éloigner les uns des autres par sauts successifs dans toutes sortes de directions, et les trajectoires évolutives particulières qu'ils décriront résulteront du succès relatif des espèces faisant partie de chaque lignage, qu'elles se trouvent ou non en compétition directe. Ces espèces varieront probablement dans le temps de la même manière qu'elles le font dans l'espace, c'est-à-dire dans des limites assez strictes. Elles se conformeront ainsi plus ou moins à la notion de stabilité définie par Eldredge et Gould, bien qu'en pratique il pourra se révéler difficile, voire impossible, de discriminer les uns des autres les membres d'espèces étroitement apparentées sur la base des restes fossiles représentés par les os et les dents.

Que peut-on conclure afin de définir les tendances observables dans nos propres archives fossiles humaines ? Les différences morphologiques entre nous et nos ancêtres connus les plus lointains sont profondes. Si nous prenons le taux moyen de différence morphologique entre des espèces de primates étroitement apparentées comme étalon (évidemment très approximatif), il semble évident qu'il a fallu un grand *nombre de spéciations — bien plus élevé que le nombre d'espèces classiquement reconnu dans les archives fossiles* — pour atteindre le remarquable degré de changement morphologique qui est observable dans notre histoire biologique. On peut le penser même si de récents résultats de biologie moléculaire — discipline qui commence véritablement à établir des liens entre les mécanismes génétiques et ceux de l'évolution — suggèrent que des changements génétiques tout à fait minimes peuvent parfois avoir des conséquences profondes sur le développement et la morphologie. Il convient d'envisager ce genre de changements radicaux et rapides à certaines étapes de l'histoire évolutive de notre famille, mais j'ai la conviction que nous avons certainement sous-estimé le nombre d'espèces réellement présentes dans les archives fossiles humaines dont nous disposons.

Par suite, nous avons tendu jusqu'à présent à voir l'histoire de notre lignée comme moins touffue qu'elle n'a réellement été. En même temps, nous avons toujours tendu à voir notre propre espèce comme plus centrale dans l'évolution de notre famille qu'elle ne peut l'être, étant donné qu'elle ne représente en fait qu'une brindille terminale parmi d'autres au sein d'un gros buisson (mais il est vrai que c'est la seule survivante aujourd'hui). Depuis les origines de leur discipline, comme je l'ai dit, les paléoanthropologues se sont souciés avant tout de retrouver le plus loin possible dans le passé les origines de la seule espèce *Homo sapiens* (et presque toujours sur le mode linéaire). Quoiqu'ils fassent exception chez les paléontologues en ne s'intéressant qu'à une seule espèce (la plupart de ces derniers travaillent sur la diversification de vastes groupes d'espèces), il est clair que cette préoccupation traditionnelle a été profondément malencontreuse.

Envisager un processus touffu de spéciations et d'extinctions dans le passé biologique de notre famille s'accorde bien avec ce que nous savons des changements complexes qui ont affecté l'environnement pendant les différentes époques glaciaires, période couvrant grosso modo la durée de la présence de notre genre sur la Terre. Mais accepter ce cadre explicatif nous conduit à abandonner, une fois pour toutes, la notion tenace selon laquelle nous sommes le résultat final, parfait ou non, d'un processus continu d'amélioration. Il est également important de reconnaître très explicitement que, si remarquables incontestablement que nous soyons, nous n'avons pas acquis nos traits particuliers à la suite d'un processus spécial. Nous les avons acquis de façon ordinaire, par le biais (bien que certains d'entre eux soient encore très mal compris) des mêmes mécanismes exactement qui ont donné naissance à tous les autres êtres vivants.

Un dernier point, mais non des moindres : les populations et les espèces jouent un rôle fondamental dans le processus évolutif et, pour autant qu'il soit compris, dans la mise en place des tendances évolutives. Ces tendances, rappelons-le, n'existent que *rétrospectivement*. Cependant, en pratique, la plupart des études sur l'histoire évolutive des groupes (distinctes des recherches théoriques sur les processus évolutifs) ont été dominées, non pas par la description de l'histoire des espèces, mais par l'examen de l'« évolution » de caractéristiques physiques particulières ou de complexes fonctionnels. Dans le cas de notre lignage, par exemple, les paléoanthropologues se sont le plus souvent concentrés sur des questions telles que l'apparition de la bipédie, l'évolution de la dimension du cerveau ou de certains détails du crâne et de la denture. Il est cependant évident, non seulement que les innovations se manifestent obligatoirement au sein d'espèces, mais que chaque espèce consiste nécessairement en des ensembles d'organismes dont la survie matérielle individuelle dépend de leur bon fonctionnement en tant qu'êtres entiers.

En d'autres termes, si fascinants et importants qu'ils soient, les caractéristiques et les complexes fonctionnels n'existent pas à l'état isolé. Ni la sélection naturelle, ni le hasard, ni les processus de tri à grande échelle ne peuvent agir sur un système physiologique ou éthologique considéré isolément, que ce soit à l'intérieur d'une espèce ou d'une espèce à l'autre. Comme je l'ai déjà dit plus haut, la nature peut seulement agréer ou rejeter un organisme dans sa globalité ; elle ne peut pas se prononcer pour ou contre une variante donnée d'un trait ou d'un système d'organes, sans affecter d'autres traits de ce type. Autre point également important : ce sont les espèces, dans toute leur complexité individuelle, qui sont les gagnants ou les perdants au jeu de l'évolution. Par conséquent, il est par exemple totalement inutile, dans un sens fondamental, de débattre (comme on le fait souvent) de la question de savoir si la bipédie est apparue en tant qu'adaptation locomotrice, ou bien en tant que mécanisme thermorégulateur, ou bien en tant que moyen d'augmenter le champ de vision, ou bien encore en tant que moyen d'éviter l'attention des prédateurs intéressés prioritairement par les silhouettes horizontales. Il suffit d'admettre que ce comportement est simplement apparu chez la première espèce bipède de notre lignage probablement, comme le montrent des données de plus en plus nombreuses, plus en complément à l'aptitude à grimper aux arbres qu'en remplacement de celle-ci. Les membres de cette espèce ont dès lors nécessairement profité des avantages correspondants sur tous les plans mentionnés ci-dessus, et sur bien d'autres encore. Ces premiers individus bipèdes (et cette première espèce bipède) étaient des organismes fonctionnels globaux, et s'ils ont connu le succès évolutif, c'est nécessairement en tant que tout, non pas simplement en tant que véhicules de l'un ou de l'autre de leurs « traits » ou de leurs « complexes adaptatifs ». De même, l'évolution de la dimension du cerveau chez les hominidés ne se ramène pas à un simple accroissement à long terme du volume cérébral, mais correspond à l'histoire d'ensemble d'une série successive d'espèces dont certaines ont présenté, par rapport à d'autres, un certain accroissement et une certaine complexification du cerveau (et du comportement, probablement). La survie préférentielle des espèces à plus gros cerveau a nécessairement dû prendre place dans le cadre de toutes les autres caractéristiques qui ont promu (ou ont empêché) leur succès par rapport aux autres.

Pour revenir, donc, à la question posée dans le titre de ce chapitre : *l'évolution ne poursuit aucun objectif quel qu'il soit.* En tant que processus, elle est, comme je l'ai dit, parfaitement aveugle. Plus important, les nouveautés anatomiques ou comportementales ne surviennent pas afin d'atteindre un but donné : leur apparition est simplement déterminée par toutes sortes de processus génétiques qui, en eux-mêmes, n'ont rien à voir avec l'évolution. Le tri opéré ultérieurement par les mécanismes que j'ai discutés peut sûrement favoriser l'expansion au sein de la population d'un trait ou d'un autre. Mais, lorsque nous suivrons, dans les deux prochains chapitres, les étapes par lesquelles est passée l'évolution humaine, il conviendra de ne pas perdre de vue, comme il est trop facile de le faire, le rôle crucial joué dans cette histoire par les unités plus grandes que les gènes et les caractères complexes, ou même les individus.

Pour finir, résolvons un problème de terminologie. La notion selon laquelle les organismes sont adaptés à leur environnement est très antérieure à Darwin. On y faisait régulièrement référence, bien avant son époque, pour souligner à quel point les organismes avaient été bien agencés par Dieu. En somme, toutes les adaptations avaient un sens. Avec l'introduction des conceptions évolutionnistes, le terme d'« adaptation » a acquis, ce n'est pas étonnant, une signification autre, assortie d'un certain nombre de différentes nuances. Comme nous l'avons vu, les traits n'apparaissent pas initialement afin de répondre à un but. Mais, à partir du moment où ils existent, ils peuvent être exploités selon les besoins. Pour parler de façon stricte, une adaptation est un trait auquel on peut reconnaître une fonction et qui semble avoir rempli celle-ci depuis son origine. Certaines caractéristiques cependant apparaissent et fonctionnent dans un contexte donné, avant d'être exploitées dans un autre contexte. Chez les oiseaux, par exemple, les plumes ont peut-être d'abord eu pour rôle de retenir la chaleur du corps, et c'est seulement plus tard qu'elles ont sans doute été cooptées comme éléments participant à la mécanique du vol. Originellement, donc, les plumes ont été des adaptations permettant une meilleure thermorégulation, mais n'étaient alors pas des adaptations utiles au vol. Elles ont en quelque sorte sommeillé en tant que « préadaptations » potentielles au vol, et l'ancêtre des oiseaux a pu ensuite les développer dans ce sens par évolution au moyen de la sélection naturelle, dès que les circonstances l'ont demandé.

Le cas des plumes illustre un processus extrêmement fréquent dans l'histoire évolutive, lié au caractère opportuniste de la sélection naturelle. Il a été récemment proposé de clarifier la terminologie de l'adaptation, dans la mesure où le terme de « préadaptation » a acquis au cours des ans des nuances douteuses. On a donc suggéré d'appeler *aptations* tous les caractères utiles aux organismes et *adaptations*, les seuls traits qui ont été retenus par la sélection naturelle dans le contexte dans lequel ils sont aujourd'hui employés. Les traits qui sont originellement apparus dans un contexte, mais ont été plus tard cooptés pour servir à un autre usage, sont des *exaptations.* Les mains humaines, par exemple, se révèlent être de merveilleux instruments pour jouer du piano. Mais il n'est guère probable que nous les ayons acquises dans ce contexte. S'il est vrai qu'il faut éviter de multiplier les termes et d'augmenter indûment le lexique de l'évolutionnisme, la distinction que je viens de mentionner est importante. Car, nous allons le voir, les exaptations ont joué un grand rôle dans l'évolution humaine.

CHAPITRE IV

Le commencement

Quelle que soit la manière de l'envisager, l'histoire évolutive de l'espèce humaine remonte à loin ; en un sens, cela peut aller jusqu'aux premières formes vivantes microscopiques qui sont apparues il y a plus de 3,5 milliards d'années. Mais lorsqu'on s'intéresse à l'origine des traits qui font d'*Homo sapiens* cette espèce unique en son genre que l'on sait, il n'est pas nécessaire de regarder si loin dans le passé. L'histoire humaine commence avec l'apparition de notre famille, les *Hominidae*; et les premiers hominidés ne sont pas apparus tellement antérieurement à 5 millions d'années, en Afrique. Le grand public est souvent surpris d'apprendre que nous sommes, génétiquement, à plus de 98 pour cent identiques au chimpanzé ; mais si on pense que nous partageons avec les grands singes africains environ 99,9999997 pour cent de la totalité de notre histoire évolutive (et, comme on me l'a soutenu, 40 pour cent de nos gènes avec la banane), ce chiffre paraît beaucoup moins extraordinaire.

Au commencement

Les premiers hominidés connus sont représentés par une poignée de pièces fragmentaires récemment trouvées en Éthiopie et au Kenya, dont l'âge se situe entre 4,4 et 3,9 millions d'années[1]. *Ardipithecus ramidus*, dont la découverte a été

1. Voir schéma ci-dessous, p. 213. *(N.d.T.)*

annoncée en 1994, consiste en ces quelques fragments d'os du crâne et des membres, plus un petit nombre de dents (et, semble-t-il, désormais de la plus grande partie d'un squelette en morceaux, bien que cela n'ait pas encore officiellement été annoncé, et que ce fossile n'ait évidemment pas encore été décrit), toutes pièces recueillies dans le site éthiopien d'Aramis, datant de – 4,4 millions d'années. Étant donné la grande ancienneté de ces pièces, leurs découvreurs, comme il fallait s'y attendre, ont affirmé qu'ils avaient mis la main sur l'espèce souche des *Hominidae*, autrement dit, sur l'espèce fondatrice de notre lignage. D'autres paléoanthropologues se sont montrés moins enthousiastes. Ils ont souligné, entre autres, que la largeur des molaires chez ce fossile est faible et que leur revêtement d'émail est plutôt mince : ces caractéristiques font, de manière troublante, penser aux grands singes. Cependant, si ces derniers sont nos plus proches apparentés vivants, il se peut qu'un hominidé situé au tout début de la lignée (et de près d'un million d'années plus vieux que les hominidés connus venant juste après) ait eu cette apparence. D'un autre côté, l'un des traits de ce fossile étayait indirectement l'idée que celui-ci méritait bien le statut d'hominidé : sur de minuscules fragments de sa boîte crânienne, il était visible que, malgré leur apparence évoquant étonnamment le chimpanzé, son possesseur avait peut-être bien eu un foramen magnum (il s'agit d'un orifice de la boîte crânienne par lequel passe la moelle épinière) situé en position très antérieure. Si tel était le cas, cela voulait dire que, selon toute vraisemblance, cette créature se tenait habituellement debout.

Or, si cette déduction s'avère, la chose est d'importance. Les paléoanthropologues se disputent vivement depuis longtemps sur les adaptations des premiers hominidés. Dans les premières années de notre siècle, lorsqu'ils n'avaient pas beaucoup d'hominidés fossiles à comparer, nombre d'entre eux, impressionnés par la vaste dimension du cerveau de l'homme moderne, avaient estimé que les facultés mentales avaient été le facteur primordial de l'évolution qui avait fait sortir les ancêtres de l'homme du statut de grand singe et les avait mis sur la voie menant à la place prééminente actuelle d'*Homo sapiens* au sein de la nature. Les preuves de plus en plus nombreuses fournies par les fossiles ont rapidement rendu ce point de vue intenable, et bien que diverses conceptions alternatives aient été avancées périodiquement, il est maintenant évident, depuis plusieurs décennies, que l'adoption de la station debout et de la bipédie, sous une forme ou sous une autre, a représenté le changement anatomique et comportemental crucial qui a présidé au lancement de notre lignée. Cette explication paraît particulièrement séduisante, parce que ce changement a entraîné toute une série de conséquences, comme la libération des mains par rapport aux besoins de la locomotion. Bien plus, si le changement postural n'a pas été le facteur primordial de l'apparition de notre lignage, nous n'avons guère d'autres explications envisageables. Il est donc devenu à la mode de se référer à nos plus lointains ancêtres connus comme des « chimpanzés bipèdes ». Il est incontestable que, mis à part quelques détails de la morphologie des dents et du crâne, on ne peut pas invoquer beaucoup d'autres caractéristiques que la station debout pour relier ces premiers hominidés à notre propre espèce.

Étant donné l'âge d'*Ardipithecus ramidus*, ce nouveau fossile trouvé en Afrique, les indices même les plus ténus de la station debout (qui restent à confirmer ou à infirmer par l'étude du nouveau squelette) n'ont pas manqué de susciter de nombreuses spéculations sur la nature de l'environnement qui avait vu apparaître la bipédie. Cette dernière aurait été adoptée à l'issue d'une période d'assèchement croissant de la planète et d'augmentation du caractère saisonnier des pluies, période qui a débuté il y a environ 10 millions d'années. Cela a été la première détérioration d'une série affectant l'ensemble des conditions météorologiques planétaires et qui (pour ce qui concerne les régions situées plus au nord) a culminé dans cette phase de violentes fluctuations climatiques désignée par le nom d'« ère glaciaire ». À partir de cette période, des traces attestent que des conditions de milieu de plus en plus ouvertes se sont développées par intermittence aux dépens des forêts, de sorte que le paysage constitué par des prairies et des régions boisées est devenu de plus en plus fréquent (bien que les savanes du type du Serengeti, que connaissent tous les touristes contemporains, ne semblent avoir été fermement établies que très tard, peut-être même il y a seulement 1 million d'années, ce qui est très récent). Entre – 7 et – 5 millions d'années (les archives paléontologiques sont maigres), on observe une augmentation des fossiles d'animaux brouteurs de feuilles et d'animaux brouteurs d'herbe, aussi bien de grande taille que de petite taille, préfigurant les faunes d'aujourd'hui qui habitent les régions boisées et les savanes de l'est et du sud de l'Afrique. Il a semblé, aux yeux de beaucoup de chercheurs, que l'on pouvait évidemment déduire de tout cela que le point de départ de la lignée humaine avait été représenté par une population d'hominoïdes[1] chassée de la forêt dense par la réduction de ce milieu au fil d'étapes successives. Or, il faut noter que les membres de l'espèce *Ardipithecus* dont les restes fossiles nous sont parvenus sont morts dans un environnement forestier très dense. La plupart des espèces tendent assurément à occuper des habitats très variés, et celui dans lequel on trouve un fossile donné peut très bien ne pas être représentatif de l'espèce à laquelle il appartient. Mais dans le cas d'*Ardipithecus*, il a semblé que le caractère forestier de son environnement était néanmoins typique de l'espèce ; différents résultats de recherches sur d'autres anciens hominidés venaient d'être publiés, qui donnaient à penser que ceux-ci avaient également vécu dans des milieux forestiers denses.

Le problème posé par *Ardipithecus* a perdu de son importance lorsque, moins d'une année après que ce fossile a été trouvé, des chercheurs kenyans ont annoncé la découverte d'un autre ancien hominidé, presque aussi vieux, datant de – 4,2 à – 3,9 millions d'années. Cette nouvelle espèce, *Australopithecus anamensis*, a été assignée à un genre d'anciens hominidés connu depuis longtemps ; et bien que plus âgé d'un bon demi-million d'années que l'espèce suivante, *Australopithecus*

1. Le terme d'hominoïde désigne, au sein de l'ordre des primates, la superfamille formée par l'ensemble des grands singes (actuels et éteints) et de la famille des hominidés. *(N.d.T.)*

afarensis, elle lui ressemble indiscutablement sur de nombreux points. La petite collection de pièces fossiles attribuées à *Australopithecus anamensis*, provenant des sites de Kanapoi et de Allia Bay dans le nord du Kenya, comprend des spécimens assez bien conservés de mâchoire supérieure et de mâchoire inférieure (un de chaque), munis de molaires à la couronne large et à l'émail épais, plus quelques dents isolées et des fragments de crâne et d'os des membres. Parmi ces derniers figure une partie de tibia qui atteste de façon assez plausible, notamment au niveau de son extrémité incluse dans l'articulation du genou, que l'être auquel cet os appartenait *a marché* debout. Il s'agit donc d'une preuve tout à fait acceptable de l'existence de la bipédie à une époque remontant à 4 millions d'années. L'environnement qui existait alors à Kanapoi et à Allia Bay semble avoir été très différent de celui d'Aramis. Dans ces sites du Kenya, la forêt des bords de rivière donnait place rapidement à un paysage boisé puis à un milieu tout à fait ouvert. Cela indique, par rapport à Aramis, un climat relativement plus sec et un environnement se rapprochant davantage des conditions qui, selon la plupart des paléoanthropologues, ont vu se développer la bipédie.

Il est trop tôt, alors que j'écris ce livre, pour prédire le type de consensus auquel arrivera la communauté des paléoanthropologues, mais il est clair que la découverte d'*Australopithecus anamensis* a simplifié l'apparente anomalie soulevée par *Ardipithecus*. Ces deux espèces sont trop voisines dans le temps, et trop différentes de morphologie, pour qu'on puisse soutenir que *Australopithecus anamensis* descend d'*Ardipithecus*. L'inverse est encore plus invraisemblable. Dans ce cas, nous pouvons, pour le moment, regarder charitablement cet hominidé assez étrange qu'est *Ardipithecus* comme un drageon précoce de notre arbre généalogique, qui n'a pas laissé de descendants connus. *Australopithecus anamensis*, d'un autre côté, se situe bien plus près de ce que l'on considère actuellement comme la branche généalogique principale des hominidés. Lorsqu'on connaîtra mieux les caractéristiques d'*Ardipithecus*, peut-être y aura-t-il obligation de réviser cette façon de voir; mais, quoi qu'il en soit, les fossiles regroupés sous l'étiquette d'*Australopithecus anamensis* paraissent véritablement attester l'existence de traits semblables à ceux d'*Australopithecus afarensis* un demi-million d'années plus tôt.

Cela nous ramène donc à *Australopithecus afarensis,* la plus ancienne espèce d'hominidé pour laquelle nous disposons d'une masse importante de données. Entre le milieu et la fin des années 1970, des fossiles d'hominidés ont été découverts à la fois à Hadar, en Éthiopie, et à Laetoli, en Tanzanie. Et, à cette époque, ils ont représenté les spécimens les plus anciens de notre arbre généalogique (si l'on excepte quelques fragments de nature mal déterminée). Laetoli est un site qui est devenu très célèbre, en raison des étonnantes traces de pas datant d'environ – 3,6 millions d'années qu'on y a trouvées, mais on y a aussi découvert quelques remarquables fragments de mâchoires (dont une appartenant à un jeune) et diverses autres pièces osseuses disparates. De son côté, le site de Hadar détient la part du lion, et de loin, en nombre de fossiles. Le plus connu de ces derniers est représenté par l'ensemble de pièces dénommé « Lucy », représentant environ 40 pour cent du squelette d'un individu de petite taille, probablement de sexe femelle. Celle-ci est, cependant, talonnée de près, sur le plan de l'importance pour la paléoanthropologie, par ce que l'on a appelé la « Première Famille », un ensemble extraordinaire de plusieurs centaines de fragments de fossiles représentant les restes d'au moins treize individus, tous trouvés emmêlés dans les sédiments qui les renfermaient. Il semble tout à fait possible que ces malheureux aient tous péri en une seule fois, peut-être à l'occasion d'une inondation éclair, auquel cas nous aurions bien affaire ici aux restes d'un groupe social unique (et ce même échantillon de fossiles confirmerait également que la même espèce pouvait compter des individus de taille très différente). De nombreux autres fossiles d'hominidés ont été trouvés à Hadar, tous se situant dans la fourchette étroite allant de – 3,4 à – 3,2 millions d'années. Mais, récemment, la découverte d'un grand crâne relativement complet (qui n'a pas encore été décrit) a fait passer la date inférieure de la fourchette à environ – 3 millions d'années. À l'autre extrémité de la fourchette, certaines pièces fragmentaires trouvées dans l'Awash moyen, pas très loin de là, l'ont fait remonter jusque vers – 3,8 millions d'années.

Les hominidés de Hadar présentent tous une caractéristique remarquable : bien que la morphologie de leur squelette soit relativement uniforme, leurs dimensions peuvent être très différentes. Lorsque cela avait été observé pour la première fois, on avait d'abord pensé qu'il y avait là deux espèces d'hominidés; mais la plupart des paléoanthropologues acceptent aujourd'hui, au moins provisoirement, que tous les fossiles de Hadar, de pair avec ceux de Laetoli, représentent une seule espèce, à savoir *Australopithecus afarensis.* Celle-ci était, en fait, caractérisée par un fort dimorphisme sexuel; en d'autres termes, comme chez le gorille actuel, par exemple, les mâles étaient beaucoup plus gros que les femelles. On a estimé que les premiers pesaient dans les cinquante kilos, tandis que les secondes se situaient dans les trente kilos seulement. Si l'on considère Lucy comme typique, les femelles mesuraient environ un mètre; les mâles étaient nettement plus grands, bien qu'on ne sache pas exactement de combien (il semble que ce soit de l'ordre de trente centimètres). La reconstruction d'un crâne de sujet mâle, obtenue au moyen de l'assemblage de pièces trouvées en différents lieux de Hadar et confirmée dans ses grandes lignes par la découverte du nouveau crâne mentionnée ci-dessus, a permis d'attribuer à cette espèce un volume de boîte crânienne se situant dans la gamme des dimensions des grands singes. Elle a montré également qu'*Australopithecus afarensis* possédait une face développée, se projetant fortement vers l'avant. Autrement dit, le crâne de cet hominidé présentait des proportions rappelant globalement celles des grands singes. Mais ses molaires, bien que développées et insérées dans une mâchoire de proportions nettement primitives, étaient caractérisées par des traits propres aux hominidés ultérieurs (par exemple, un revêtement d'émail épais). De même, ses canines, bien que dotées de grosses racines, étaient plus petites que celles des grands singes; mais elles étaient plus grandes et plus proéminentes que les nôtres.

C'est cependant par le squelette qu'*Australopithecus afarensis* est réellement remarquable. La toute première pièce fossile trouvée à Hadar avait été celle d'une articulation de genou qui montrait des caractéristiques typiques de la station debout. Puis, la découverte de Lucy avait confirmé amplement qu'on avait bien affaire à un marcheur bipède. On a depuis mis en doute que l'adaptation à la bipédie ait été si bonne que cela chez Lucy; il est clair qu'elle n'égalait pas la nôtre, mais les caractéristiques fondamentales en étaient indiscutablement là, aussi bien au niveau du pelvis et des membres inférieurs que dans les traits de la partie supérieure du corps qui y sont corrélés (comme la position relativement antérieure du foramen magnum, observable chez d'autres spécimens que Lucy). Il est assez naturel que l'un des tout premiers bipèdes n'ait pas été bâti exactement sur notre modèle, et il semble que Lucy et les siens étaient dotés, par exemple, de bras assez longs et de jambes assez courtes, d'une partie supérieure du bras et d'une cuisse plutôt courtes, de mains et de pieds assez longs et incurvés, permettant de s'agripper fortement, et d'épaules étroites. Toutes ces caractéristiques primitives, legs de la vie dans les arbres, compromettaient l'efficacité de la locomotion bipède. On a suggéré, par exemple, qu'*Australopithecus afarensis* était un piètre coureur. Néanmoins, l'idée que cet hominidé était un bipède vivant au sol a été renforcée par la découverte, à Laetoli, de traces de pas qui démontrent directement de façon spectaculaire la réalité de ce type de locomotion.

En effet, dans le site G de Laetoli, deux séries parallèles de traces de pas, imprimées il y a 3,6 millions d'années dans la cendre volcanique humide, révèlent une démarche bipède incontestable, accomplie ici sur une distance de près de vingt-quatre mètres. La nature exacte de ces empreintes a été amplement débattue, bien qu'on puisse parier sans risques d'erreur que les êtres bipèdes qui les ont laissées ne marchaient pas exactement comme nous. Cette déduction a été renforcée par la découverte récente dans le site sud-africain de Sterkfontein d'os du pied datant de – 3,5 millions d'années : le gros orteil est divergent, permettant sans doute à l'individu de saisir des objets, au lieu d'être parallèle aux autres orteils comme chez nous (bien que la partie arrière du pied soit d'allure plus humaine). Mais il est incontestable que les empreintes de pas de Laetoli (probablement faites par *Australophitecus afarensis*, bien que nous ne puissions jamais en être certains) confirment amplement que des hominidés se tenaient debout et marchaient sur leurs membres postérieurs dès cette époque très ancienne — la question reste ouverte de savoir si ce mode de locomotion était chez eux très efficace.

Dans le cas d'un hominoïde qui n'a pas abandonné depuis longtemps un mode de vie exclusivement forestier, il semble intuitivement raisonnable de penser qu'une mosaïque de traits locomoteurs à la fois primitifs et évolués le caractérisait. La vie loin de la forêt devait être dangereuse pour un être tel que celui-ci, de petites dimensions et ne se déplaçant que relativement lentement, et il serait surprenant qu'il n'ait pas régulièrement cherché refuge dans son ancienne demeure. Lucy et les siens étaient équipés d'une adaptation fondamentale, la bipédie, qui s'est révélée par la suite, bien que sous une forme améliorée, extrêmement efficace dans la savane. Cependant, ils avaient conservé des traits corporels qui devaient leur permettre de se déplacer assez facilement dans les arbres pour y rechercher de la nourriture et des sites protégés pour dormir (bien qu'ils aient dû y être beaucoup moins à l'aise que les grands singes). L'environnement, à Hadar, était constitué par des forêts bordant des rivières, qui cédaient la place rapidement à la brousse et à la savane : il s'agissait d'un milieu pas très éloigné du milieu habituel d'un hominidé. À Laetoli, cependant, l'environnement particulier dans lequel ont été préservés les traces de pas et les fossiles était celui de la prairie relativement ouverte, avec peu d'arbres. Mais on peut aussi conclure de ces dernières données que ces hominidés étaient capables d'utiliser leur nouveau mode de locomotion pour traverser des zones de prairies dangereuses et atteindre des habitats forestiers plus propices, bien qu'en voie de régression : les traces de pas se dirigeaient en effet vers le bassin d'Oldoway, où la forêt entourait un ancien lac, et où la faune associée aux fossiles d'hominidés indique que ces derniers ne vivaient pas très loin de nombreux arbres.

La question demeure cependant : pourquoi la bipédie ? Somme toute, de nombreux animaux à quatre pattes sont parfaitement bien adaptés à la savane. Toutes sortes de suggestions ont été avancées. En se tenant debout, on peut paraître plus gros (et ces premiers hominidés étaient très petits et vulnérables aux grands prédateurs). Bien plus, les carnivores ont souvent leur attention attirée par une silhouette horizontale, tandis qu'elle ne l'est pas par une silhouette verticale. En se déplaçant debout, on peut également voir plus loin et le regard passant constamment au-dessus des hautes herbes permet de surveiller l'approche des prédateurs. Avec les mains libres, on peut transporter des objets, c'est-à-dire probablement des aliments (on ne voit pas ce que cela aurait pu être d'autre, bien que la plupart des matières alimentaires ne puissent pas se transporter en quantité appréciable sans un récipient). Des calculs ont été faits afin de savoir s'il était plus efficace dans les zones ouvertes de se déplacer sur le mode bipède plutôt que sur le mode quadrupède ; leurs résultats n'ont pas été concluants, bien qu'il semble qu'un hominoïde ayant tendance à se tenir le tronc érigé puisse réaliser des économies d'énergie s'il se déplace au sol sur le mode bipède. On a toutefois récemment remarqué que les chimpanzés tendent à adopter des postures bipèdes plus fréquemment lorsqu'ils recherchent de la nourriture dans les arbres que lorsqu'ils sont au sol. Cette observation, de concert avec la prise de conscience, elle aussi récente, que les habitats occupés par de nombreux hominidés très précoces étaient loin d'être des milieux aussi ouverts qu'on l'avait supposé, suggère que l'adoption initiale de la bipédie chez les hominidés n'a pas été stimulée par les exigences rencontrées dans la savane ouverte. Dans l'Afrique du Sud d'aujourd'hui, on trouve de vastes étendues couvertes par de la brousse ou par des bois et des grandes herbes, où figurent aussi souvent de très grands arbres peu éloignés les uns des autres. Il s'agit d'un milieu stable, qui ne forme pas simplement transition entre la forêt et la prairie ouverte ; et c'est un habitat dans lequel les premiers hominidés auraient très bien pu tirer le meilleur parti de leurs aptitudes locomotrices variées.

Néanmoins, dans un deuxième temps, la savane a constitué un facteur qui a stimulé le développement de la bipédie. Une intéressante suggestion a été avancée récemment sur la nature de l'avantage représenté par la bipédie dans un milieu ouvert (ou même dans un milieu en partie ombragé) : il ne concernerait pas la locomotion en tant que telle, mais plutôt la régulation de la température du corps, et particulièrement de celle du cerveau. Ce dernier est un organe fragile, particulièrement sensible à la température. Il ne saurait être, sans risque mortel, exposé à une température trop élevée pendant un trop long moment. En conséquence, si l'hominoïde veut quitter l'ombre de la forêt pour s'aventurer dans la chaleur brûlante de la savane tropicale (ou même d'une région boisée), il doit, d'une façon ou d'une autre, maintenir son cerveau à une basse température. La plupart des mammifères vivant dans la savane possèdent des structures spéciales pour faire face à ce problème ; mais ce n'est pas le cas des hominoïdes. La seule façon qu'ont ces derniers de préserver leur cerveau d'un coup de chaleur, c'est de maintenir leur corps à une température basse. Or la station debout permet de réduire de façon spectaculaire la surface du corps directement exposée aux rayons du soleil, lesquels sont verticaux sous les tropiques. Bien plus, cela accroît en même temps la superficie du corps disponible pour dissiper la chaleur solaire absorbée et la chaleur engendrée par les processus métaboliques ; sans oublier qu'à partir du moment où il est dressé au-dessus du sol, le corps peut aussi être refroidi par des brises. Ce dernier mécanisme fonctionne d'autant mieux lorsque le corps n'est plus enveloppé d'une fourrure retenant la chaleur et qu'existe un vaste réseau de glandes sudoripares permettant de dissiper encore plus celle-ci grâce à l'évaporation : ces traits ont précisément été développés chez les êtres humains. Même si la locomotion bipède n'est pas particulièrement rapide, à partir du moment où elle augmente l'aptitude à dissiper la chaleur du corps grâce à la posture érigée, elle a l'avantage de pouvoir être maintenue longtemps ; il est vrai que les êtres humains ont une endurance incomparable et peuvent rester actifs dans la chaleur du soleil pendant de longs moments.

Cependant, étant donné les nombreux compromis que nécessite le maintien des adaptations à la vie arboricole en même temps que la locomotion bipède avérée, il semble probable que le tableau des diverses aptitudes que nous observons chez *Australopithecus afarensis* représente une exaptation à la vie dans la savane : autrement dit, il est vraisemblable que les caractéristiques de cet hominidé soient apparues dans le contexte de la forêt et des régions boisées et seulement plus tard se soient révélées avantageuses (sous une forme quelque peu modifiée) dans la savane, alors que ce nouveau milieu se développait. Comme je l'ai suggéré au précédent chapitre, il est probablement futile de vouloir identifier un avantage particulier et unique conféré par la marche debout. Lorsque celle-ci s'est établie, tous ses avantages potentiels ont existé, même s'ils ne se révélèrent pas immédiatement. Mais il est également vrai qu'il n'est pas nécessaire que ceux-ci aient été exploités d'un seul coup. Ce que suggère d'ailleurs la *combinaison* de traits locomoteurs que l'on observe chez *Australopithecus afarensis*. Seules des connaissances plus complètes sur les environnements exploités par les tout premiers hominidés nous permettront de résoudre ce problème.

Quoi qu'il en soit des circonstances exactes de son apparition, cette combinaison semble avoir été favorable aux hominidés, même si l'adaptation d'un squelette de quadrupède à la station debout a indéniablement fait courir le risque de conséquences négatives telles que déplacements de vertèbres, luxations de la hanche, entorses du genou, pieds plats et toute une série de maux associés. La bipédie, sous sa forme « primitive », a été établie dans notre lignage il y a plus de 4 millions d'années; après quoi, elle semble n'avoir pratiquement plus changé au cours de la première moitié de l'histoire des hominidés. Sous cette forme, cette stratégie locomotrice qui servait des objectifs opposés s'est donc révélée stable et a presque certainement été très avantageuse : elle a permis à ses possesseurs (tels qu'*Australopithecus afarensis*, puis *Homo habilis*) d'exploiter les ressources alimentaires et la protection offertes par les arbres, tout en leur donnant la possibilité (au moins en principe) de faire face aux conditions très difficiles de milieux plus ouverts et de tirer avantage de ces milieux en voie d'expansion.

Le mode de vie des anciens hominidés

Australopithecus afarensis était donc un hominoïde à petit cerveau et à grosses mâchoires, capable, dans une certaine mesure du moins, de se débrouiller dans les milieux ouverts aussi bien que dans des habitats plus boisés. Il s'agissait véritablement d'un « grand singe bipède ». Que peut-on dire d'autre de cet organisme aux diverses facettes? Hélas, moins qu'on le souhaiterait. On a affirmé, cependant, que l'adoption de la bipédie a entraîné de considérables conséquences dans le domaine social. Dans notre espèce, les femmes ne présentent plus l'ancien cycle œstrien des grands singes, dans lequel la période de l'ovulation est signalée par le gonflement de la région périgénitale. Avec le passage à la station debout, la région génitale s'est trouvée dissimulée chez les femmes, dans le même temps où la poitrine est devenue très visible; et ce n'est probablement pas par hasard — soutiennent d'aucuns — que les femmes ont acquis des seins proéminents et une réceptivité sexuelle continue, en même temps que leur ovulation est restée cyclique et a cessé d'être signalée extérieurement. Sur la base de ces caractéristiques, on a suggéré que la société d'*Australopithecus afarensis* (car cette créature devait certainement être sociale) était fondée sur des liens monogames entre mâles et femelles. En exposant constamment leurs appas (les seins) et en dissimulant l'ovulation, les femelles de cette espèce ont attiré l'attention permanente des mâles, lesquels pouvaient les aider à faire face à l'élevage des enfants en leur rapportant de la nourriture grâce à leurs mains libérées par la bipédie. En retour, les femelles offraient aux mâles la certitude que les rejetons qu'ils aidaient à entretenir étaient bien les leurs; et ils se comportaient donc en conséquence. Comme preuve à l'appui de cette hypothèse, on a fait remarquer que, chez *Australopithecus afarensis,* les mâles (qui étaient des individus de grande taille) et les femelles (qui étaient de petite taille) possédaient des canines proportionnellement de même dimension. Cela contraste donc avec les grands singes, pratiquant le « vagabondage » sexuel, chez lesquels les mâles possèdent de bien plus grosses canines que les femelles. La dimension analogue des canines chez les deux sexes est une caractéristique propre aux primates supérieurs chez lesquels existe le phénomène du couple.

Le tableau est bien brossé assurément. Sauf que se pose alors le problème fondamental induit par tout recours à des analogies : laquelle retenir ? Car, si toutes les pièces fossiles attribuées à *Australopithecus afarensis* représentent véritablement une seule espèce, il apparaît donc que les mâles étaient bien plus grands que les femelles ; or un dimorphisme sexuel de cette importance est typique des espèces de grands singes chez lesquelles il ne se forme pas de couples et où les mâles, pratiquant le vagabondage sexuel, se battent pour l'accès aux femelles. En fait, la comparaison des traits sociaux observés chez les différentes espèces d'hominoïdes vivant actuellement a, elle aussi, conduit à la suggestion que l'ancêtre commun des hominidés et des grands singes actuels devait présenter un système social clos, au sein duquel les mâles étaient dominants et mutuellement agressifs, les femelles émigraient d'un groupe social à l'autre et il ne se formait pas de couples, la règle étant le vagabondage sexuel. Cette reconstitution — opposée à la précédente — est également soutenue par des considérations écologiques, même si elles ne sont pas très convaincantes. De ces deux tableaux, il ressort que, à l'évidence, aussi longtemps que nous ne disposerons que de déductions de second ordre telles que celles-ci, nous ne saurons jamais exactement quel fut le milieu social dans lequel ont vécu nos plus lointains ancêtres.

Nous pouvons en revanche hasarder quelques suggestions sur les capacités cognitives d'*Australopithecus afarensis.* Si les caractéristiques ancestrales retenues chez cette espèce avaient autant d'importance que ses nouveaux caractères anatomiques et locomoteurs (et le fait que son organisation structurale desservant des objectifs opposés ait perduré aussi longtemps laisse penser que cela a bien été le cas) et si (mais la chose est moins sûre) l'habitat de prédilection de cette créature était grossièrement comparable à celui des chimpanzés d'aujourd'hui vivant dans des régions boisées, il n'y a dès lors aucune raison de penser qu'un grand fossé cognitif ait existé entre ces hominidés et les grands singes actuels. Soutenir le contraire implique de connaître, mieux que ce n'est aujourd'hui le cas, la nature de la (ou des) niche(s) écologique(s) d'*Australopithecus afarensis* et la manière dont cette espèce l'exploitait. Avec un peu de chance, nous finirons par obtenir ces informations, bien qu'à l'heure actuelle nous ignorions jusqu'à la façon dont nous y parviendrons. Il est donc probablement plus prudent de regarder les hominidés de l'Afar comme de « grands singes bipèdes », sur le plan de leurs caractéristiques anatomiques aussi bien que cognitives, plutôt que comme de pâles reflets de nous-mêmes.

Cependant nul ne saurait longtemps résister à la tentation de spéculer un peu. Par exemple, la modification du pelvis entraînée par l'adaptation anatomique à la bipédie met les mères, dans notre espèce, devant une difficulté unique en son genre, qui impose le recours à la coopération sociale. Tandis que la parturition chez les singes quadrupèdes est un processus moins simple et aisé qu'on ne le pensait généralement jusqu'ici, le nouveau-né, chez ces primates, se retourne durant son passage par le canal vaginal pour faire face à sa mère qui peut l'aider ainsi à se dégager. Dans l'espèce humaine, le mouvement de rotation imposé au bébé l'amène à regarder dans la direction opposée à la mère, laquelle ne peut pas alors lui venir en aide pour le dégager, de peur de lui casser la colonne vertébrale. Elle ne peut pas non plus, comme chez les singes, arriver par elle-même à nettoyer le mucus qui encombre le nez et la bouche du bébé, pour lui permettre de respirer, ni ne peut dénouer le cordon ombilical de son cou. Tous ces gestes sont fréquemment nécessaires, et c'est pourquoi les sages-femmes sont présentes dans pratiquement toutes les sociétés humaines. On a suggéré que la participation d'autres femelles que la mère, lors de la parturition, était un phénomène qui remontait aux origines de la bipédie ; autrement dit, il aurait existé chez les hominidés de l'Afar un niveau de coopération et de coordination entre les femelles qui serait allé bien plus loin que celui mis en œuvre dans les soins occasionnels apportés aux bébés par des « tantes », comme on le voit chez d'autres primates. Il s'agit là encore de déductions, et il faudrait mieux connaître le processus de la parturition chez les grands singes ; mais l'idée est en tout cas intéressante.

Savoir de quoi ces hominidés de l'Afar subsistaient est un autre sujet de spéculation. Même si leur environnement de prédilection était un paysage boisé plutôt que la savane ouverte, c'était un endroit dangereux. Les régions boisées où poussent aussi de hautes herbes sont fréquentées par de nombreux brouteurs de feuilles ou d'herbes, et parallèlement à ces derniers, par les prédateurs qui les chassent, comme les hyènes, les léopards et les lions. Étant donné l'omniprésence de ce danger pour les hominidés de l'Afar, qui étaient de petite taille et dont la locomotion bipède était lente, il a fallu que ce milieu présente en contrepartie des avantages importants, sous la forme de nouvelles ressources à exploiter. Celles-ci ont dû comprendre les tubercules et les rhizomes des plantes herbacées, ainsi que les fruits et les jeunes feuilles des arbres. Et il est raisonnable de penser que ces premiers hominidés déterraient les organes végétaux mentionnés ci-dessus, peut-être en utilisant des bâtons pour fouiller dans la terre. Les chimpanzés, comme nous l'avons vu, chassent de petits mammifères de façon régulière, et les hominidés de l'Afar le faisaient probablement aussi. Tout cela bien sûr ne permet pas de classer ceux-ci au-delà de la sphère cognitive du chimpanzé. Mais, peut-être plus important, la vie dans des régions boisées a offert de plus grandes occasions de récupération de carcasses d'animaux morts (une pratique qui n'est pas courante chez le chimpanzé, comme nous l'avons vu). Ces dernières ont sans doute représenté une nouvelle source de nourriture riche en protéines et en graisses extrêmement nutritives, sous une forme très compacte. Mais il est vrai qu'ils ont probablement dû faire face à une forte concurrence pour se les approprier. On a même suggéré que ces bipèdes ancestraux ont mis à profit les aptitudes à la vie arboricole qu'ils avaient conservées, afin de dérober les carcasses que les léopards laissent cachées dans les arbres pendant qu'ils patrouillent au sol dans leur territoire.

Cette pratique n'a pas seulement ajouté des protéines et des graisses animales au régime alimentaire des hominidés : elle a probablement ouvert une dimension totalement nouvelle à leur stratégie de quête de nourriture. Dans la forêt, les fruits et les autres aliments changent avec les saisons, mais sont néanmoins distribués de façon tout à fait prédictible dans des territoires relativement petits au sein desquels se déplacent les groupes de primates. Par contraste, les carcasses abandonnées dans les régions boisées ou à la lisière des savanes sont éparpillées relativement au hasard sur de vastes zones (bien que les proies des carnivores soient très souvent tuées près des sources d'eau). Pour savoir où se trouvent les restes des animaux morts dans ce type de milieu, il est utile de pouvoir interpréter des signes indirects, comme le spectacle de vautours regroupés dans un arbre ou tournoyant dans le ciel à la verticale d'une carcasse. Si l'on veut extrapoler à partir des indices directs offerts par les archives fossiles (qui n'excluent ni ne confirment cette possibilité), alors on peut estimer que les premiers hominidés qui se sont aventurés dans la savane savaient déjà interpréter de tels signes; et, s'il en était ainsi, cela veut dire que leurs capacités cognitives étaient accrues à proportion.

Il n'était pas encore question de fabrication d'outils de pierre ni de langage, bien qu'étant donné ce que nous savons de l'utilisation de l'outil chez le chimpanzé il semble vraisemblable, comme je l'ai dit, que les hominidés de l'Afar se soient servis de bâtons de fouissage et d'autres outils réalisés dans des matériaux périssables. Ils se sont peut-être servis de blocs pour écraser des noix ou d'autres pièces alimentaires dures et ont peut-être lancé des pierres (on oublie souvent que cet acte demande de grandes capacités perceptives et de coordination musculaire) pour repousser les concurrents désirant s'approprier les carcasses. Mais même lorsque des activités de ce genre auraient peut-être pu laisser des traces matérielles, elles n'étaient pas d'une nature permettant leur conservation pendant des millénaires. À l'heure actuelle, on ne peut donc dire avec certitude que peu de choses sur la vie menée par les hominidés de l'Afar, nos ancêtres attestés les plus lointains. Mais quelle qu'ait été celle-ci, elle a manifestement représenté une réussite. Car l'absence de changement fonctionnel important dans les archives fossiles atteste que ce mode de vie a duré très longtemps. Comme celui-ci impliquait une existence variée à la fois à la lisière des forêts, dans les régions boisées et dans les prairies découvertes, on peut y voir la preuve d'une flexibilité comportementale considérable de la part de nos plus lointains ancêtres : mais ce trait, semble-t-il, caractérise les hominidés depuis cette époque.

Les hominidés ancestraux d'Afrique du Sud

Pour la période allant de – 3 à – 2 millions d'années, le centre d'intérêt des recherches paléoanthropologiques passe en Afrique du Sud, où, dans les années 1920, on a découvert la première espèce d'*Australopithecus, Australopithecus africanus.* De charpente un peu plus légère qu'*Australopithecus afarensis*, cette espèce était fonctionnellement très semblable : il s'agit d'un bipède archaïque, à petit cerveau, à la face projetée vers l'avant, ne paraissant pas avoir utilisé d'outils. Un squelette partiel datant d'environ 2,5 millions d'années, encore non décrit alors que je rédige cet ouvrage, présenterait des proportions corporelles aussi primitives que Lucy, et le squelette partiel d'un pied datant de 3,5 millions d'années que j'ai déjà mentionné arbore un gros orteil fortement divergent, capable, à l'évidence, de saisir puissamment des objets. Ce dernier type de caractéristique anatomique concorde bien avec les indices trouvés dans les sites à *Australopithecus africanus*, tels que la présence de lianes, qui révèlent que cet hominidé fréquentait des forêts épaisses.

Dans les premiers temps de leur découverte, on avait interprété la présence d'os de mammifères brisés, y compris d'os d'*Australopithecus*, comme la preuve que ce dernier pratiquait la chasse et même le cannibalisme, et ces restes avaient jadis été décrits, notamment par l'anatomiste Raymond Dart, comme les premiers témoignages d'une « histoire humaine éclaboussée de sang, fondamentalement marquée par des massacres ». La réalité a probablement été plus prosaïque que ne le suggérait cette théorie du « grand singe tueur ». En effet, les recherches ultérieures ont montré que les os retrouvés dans les sites d'Afrique du Sud (qui sont principalement des cavités souterraines, dans lesquelles sont tombés des animaux qui circulaient en surface) ont été partiellement dévorés par des porcs-épics, ou rassemblés d'une façon ou d'une autre par des agents naturels. En fait, le tout premier *Australopithecus* qui ait été découvert était un jeune ayant été apparemment victime d'un aigle géant; et dans un autre site d'Afrique du Sud, des preuves convaincantes indiquent que les os d'hominidés représentent des restes de repas de léopards. En sorte que les hominidés, auxquels on avait accordé le statut de chasseurs, ont recouvré celui de proies, perdant par là même nombre des capacités cognitives qu'on leur avait supposées.

Australopithecus africanus est loin d'être le seul ancien hominidé connu d'Afrique du Sud. Une autre branche de la famille humaine est également représentée dans cette région par le genre *Paranthropus* : il s'agit d'un hominidé au squelette plus massif, doté d'énormes molaires formant un appareil masticateur puissant. On ne connaît qu'un petit nombre de pièces du squelette de *Paranthropus*, de sorte qu'on ne sait pas très bien si cet hominidé « robuste » était beaucoup plus gros physiquement que le « gracile » *Australopithecus africanus*. Il est évident cependant qu'il a dû pratiquer un régime végétarien plus spécialisé que ce dernier, dont l'appareil dentaire gardait des caractéristiques plus « généralistes ». Le cerveau de *Paranthropus* était en moyenne un peu plus gros que celui d'*Australopithecus africanus*, mais cette différence s'explique peut-être par une taille corporelle plus élevée. Dans un site relativement plus récent, on a trouvé des cornillons d'ongulés et des fragments d'os présentant un curieux poli, qui semblent avoir été utilisés comme outils de fouissage ; mais c'est le seul indice que des hominidés vraiment archaïques aient employé des outils.

Le tableau de la diversité des premiers hominidés en Afrique du Sud va certainement devenir plus complexe, à mesure que les séries de fossiles figurant dans la demi-douzaine des sites anciens de la région vont être examinées de façon approfondie. Il apparaît de plus en plus probable que différentes espèces « robustes » sont représentées dans les deux sites principaux où ont été trouvés des spécimens de *Paranthropus*, qu'une forme ancienne d'*Homo* semble figurer dans l'un d'eux et que, dans les sites classiques où a été découvert *Australopithecus africanus*, les os fossiles présentent suffisamment de diversité morphologique pour laisser penser qu'au moins une autre espèce d'hominidé est représentée, en plus de celle-ci. Historiquement, donc, l'Afrique du Sud gardera toujours son importance particulière en tant que région où l'on a découvert pour la première fois de véritables hominidés ancestraux. Mais, actuellement, elle a surtout l'intérêt fondamental de nous fournir certaines des meilleures preuves illustrant la diversité des espèces d'hominidés dans la période allant de – 3 à – 1,5 million d'années — ce qui ne manque pas d'être salutaire, la mode intellectuelle ayant dicté pendant de nombreuses années une représentation de l'évolution humaine sous la forme d'un processus linéaire allant directement du plus primitif au plus évolué. Le tableau qui émerge à présent des recherches récentes sur les premières étapes de l'évolution humaine est caractérisé par la diversité : *de nombreuses tentatives évolutives ont eu lieu, dont la plupart n'ont finalement pas abouti.* Le rôle de la *spéciation* et celui de l'*extinction* dans l'évolution humaine sont désormais jugés centraux, ce qui met l'histoire fossile des *Hominidae* sur le même plan que celle d'autres groupes de mammifères et fait passer à la trappe — définitivement, espérons-le — la notion selon laquelle nous serions apparus à la surface de la Terre à la suite d'un processus particulier ou inhabituel.

Les premiers fabricants d'outils

Vers – 2,5 millions d'années, un spectaculaire changement s'opère dans la nature de la faune africaine. Une nouvelle détérioration climatique, marquée par un développement des glaces aux pôles et par une augmentation de la sécheresse sur toute la planète, accélère la conversion des forêts en régions boisées, et des régions boisées en savanes. Les archives fossiles reflètent ce changement : des espèces d'antilopes paissant dans les prairies apparaissent à cette époque en abondance, tandis que celles qui broutent dans les régions boisées vont en diminuant. Dans le même temps également, on trouve pour la première fois des outils de pierre taillée, ce qui inaugure nos archives archéologiques, et on observe aussi les premières traces fossiles de notre propre genre *Homo.* On estime très généralement que ces événements ont été liés : notre apparition et l'invention de la technologie sont la réponse apportée par les anciennes populations d'hominidés aux vicissitudes climatiques et écologiques de l'époque.

Il est difficile de résumer les événements qui se sont produits dans notre histoire évolutive lors de la période allant de – 2,5 à – 1,5 million d'années, en partie parce que le genre *Homo* et les espèces qu'il renferme ne sont pas très bien définis, et en partie parce que les paléoanthropologues doivent encore réfléchir pour déterminer ce que les archives fossiles largement fragmentaires de cette période nous apprennent au sujet de la diversité des espèces d'hominidés qui existait alors. La première espèce véritablement ancienne du genre *Homo* à avoir été décrite (en 1964) est *Homo habilis,* qui a été ainsi nommée sur la base de fragments datant d'environ 1,8 million d'années trouvés au fond de la gorge d'Oldoway en Tanzanie. On a alors pensé qu'ils correspondaient aux fabricants des outils de pierre grossiers connus depuis longtemps dans les niveaux inférieurs de cette gorge. Et c'est largement sous l'influence du concept de « l'Homme, fabricant d'outils » que ces os ont été assignés à une espèce de notre genre, car anatomiquement ils ne différaient pas énormément, pour leur plus grande part, de ceux d'*Australopithecus africanus* (bien que le spécimen originel d'*habilis* possède un assez gros cerveau). Des découvertes réalisées dans les années 1970, principalement dans la région d'Est-Turkana au Kenya, ont considérablement compliqué le tableau. En ce lieu, des sédiments, datant de – 1,9 à – 1,8 million d'années, et contenant des outils de pierre taillée, ont livré une série de crânes d'hominidés, dont certains de faible capacité et rappelant celui d'*Australopithecus africanus*, et d'autres (comme le célèbre crâne ER-1470) d'une capacité de moitié plus élevée. Quelques os de membres isolés ont aussi laissé penser qu'il y avait là deux types d'hominidés : l'un aux proportions corporelles plus archaïques, l'autre, aux proportions plus modernes.

Les recherches à Oldoway dans les années 1980 ont aussi conduit à la découverte d'un squelette fragmentaire, mais spectaculairement archaïque, d'à peu près la même ancienneté que le spécimen originel d'*habilis*. Comme il était prévisible, il existe actuellement une considérable polémique portant sur différents points : combien d'espèces sont-elles représentées dans les séries fossiles de Tanzanie et du Kenya (lesquelles contiennent aussi des hominidés « robustes ») ? Quels spécimens doit-on assigner à quelles espèces ? Comment faudrait-il appeler les espèces concernées ? Cette controverse est loin d'être résolue, mais il est tout de même possible d'avancer la proposition suivante. Dans les deux régions nommées ci-dessus, deux espèces ont existé durant cette période : d'un côté, une forme archaïque grossièrement comparable à *Australopithecus africanus* et, d'un autre côté, *Homo habilis* (dont ER-1470), doté d'un plus gros cerveau et de proportions corporelles un peu plus modernes. S'il en est ainsi, il semble raisonnable de conclure, bien que ce soit impossible à prouver, qu'*Homo habilis* a été le fabricant d'outils dans ces deux régions. Une mâchoire inférieure trouvée à Chiwondo, au Malawi, étend peut-être la période durant laquelle figure un *Homo habilis* au sens large dans nos archives fossiles, en faisant remonter sa datation la plus ancienne à – 2,4 millions d'années, ce qui, de façon intéressante, est à peu près la date d'apparition des plus anciens outils de pierre connus (mais ils ont été trouvés dans d'autres sites du Kenya et d'Éthiopie, qui malheureusement sont dépourvus de fossiles).

Nous ignorons tout, ou presque, à l'heure actuelle des caractéristiques physiques des premiers fabricants d'outils « connus » — ce dernier qualificatif importe, car les outils de pierre dont il a été question jusqu'ici ont été, nous en avons la certitude, *fabriqués*. Les archéologues ne savent pas quelles sortes d'outils ont précédé ceux qui furent fabriqués. Leur science en ce domaine a traversé, en effet, une grave crise à ses débuts, dans la mesure où ils avaient pris pour des outils des pierres naturellement cassées. Échaudés par cette mésaventure, il s'en trouverait peu de nos jours pour reconnaître, par exemple, comme des outils les « objets façonnés » par Kanzi le bonobo, au vu de leur seule forme, sans information supplémentaire. Quoi qu'il en soit, la première classe *reconnaissable* d'outils de pierre taillée est associée à *Homo habilis*, les premiers spécimens apparaissant vers – 2,5 millions d'années. Et, en dépit de leur simplicité, ils nous apprennent beaucoup au sujet des capacités et des activités de leurs auteurs.

Ce n'est pas qu'ils soient impressionnants lorsqu'on les regarde. Ils consistent, pour leur plus grande part, en éclats pointus, détachés de petits galets, au moyen d'une pierre utilisée comme « marteau ». On pensait jadis que les galets « aménagés » étaient ces outils mêmes que l'on cherchait à obtenir, et on les avait classés selon un certain nombre de formes distinctes. Mais les expériences ont démontré de façon assez convaincante que ces galets aménagés étaient le plus souvent les sous-produits du processus de la fabrication d'éclats. Ces derniers, longs de cinq centimètres environ, peuvent paraître rudimentaires, mais ce sont des outils tranchants d'une surprenante efficacité, surtout lorsqu'ils sont réalisés dans des roches de qualité convenable. Des archéologues expérimentateurs ont montré que l'on peut, avec ce type d'instruments, débiter assez rapidement un éléphant entier. Bien plus, fabriquer des éclats utilisables demande non seulement une habileté manuelle développée, mais aussi l'intelligence des propriétés intrinsèques du matériau travaillé et des conditions dans lesquelles il peut se fracturer de façon appropriée. Il faut donc — nous l'avons vu dans le cas des chimpanzés — disposer de capacités cognitives assez évoluées pour comprendre comment frapper une pierre avec une autre et calculer l'angle précis qui permet d'obtenir un éclat utilisable. Cette tâche semble être tout à fait au-delà des capacités du chimpanzé le plus éveillé. Même si le cerveau des premiers fabricants d'outils de pierre était de dimensions modestes, ces derniers se situaient, sur le plan cognitif, au-delà du niveau des grands singes, bien qu'on ignore dans quelle mesure.

Surtout, les archives contiennent des preuves indiquant que la fabrication d'outils n'était pas simplement un processus opportuniste, réalisé pour des raisons de nécessité ou de commodité. Les fabricants de ces premiers outils dits « oldowayens » (du nom de la gorge d'Oldoway, où ils ont été pour la première fois identifiés) non seulement savaient quelles étaient les roches les plus appropriées, mais ils transportaient souvent avec eux ces dernières, en prévision de leurs besoins en outils. Nous avons acquis cette conviction après que l'on a observé que les sites dans lesquels on a trouvé ces premiers outils de pierre sont fréquemment très éloignés des plus proches gisements des roches utilisées pour leur fabrication et que les chercheurs ont souvent été en mesure de reconstituer des galets entiers à partir des différentes pièces (éclats et galets éclatés) trouvés sur les sites de débitage de carcasses. Les blocs de pierre étaient donc travaillés par les hominidés là où ils en avaient besoin, et non pas sur les lieux où ils les avaient trouvés. Il semble improbable d'ailleurs que ces mêmes hominidés aient trouvé (ou, moins vraisemblablement, tué) un gros mammifère, puis seulement après se soient mis à parcourir plusieurs kilomètres pour aller chercher les matériaux appropriés pour le débiter. Il y a, en tous les cas, des indices irréfutables attestant que le débitage des carcasses était bien exécuté au moyen d'éclats : il s'agit de marques caractéristiques laissées par le tranchant des outils de pierre sur les os, au cours du démembrement du squelette et de l'extraction de pièces de viande.

Débiter une carcasse en pleine savane était manifestement une entreprise risquée pour des hominidés de petite taille du type d'*Homo habilis,* car de nombreux concurrents pouvaient chercher à s'en emparer. Mis à part les prédateurs du sommet de la chaîne alimentaire, comme les lions et les léopards, il y avait de dangereux animaux pratiquant la chasse et la récupération des carcasses comme les hyènes et les lycaons; mais on pouvait aussi croiser sur son chemin de gros ongulés comme des rhinocéros ou des buffles mâles solitaires, qu'il valait mieux éviter (la chose demeure vraie aujourd'hui encore). Les hyènes et les lycaons pouvaient montrer un intérêt considérable pour des carcasses de mammifères, même lorsqu'elles ne possédaient plus beaucoup de viande, et les premiers hominidés fabricants d'outils ont sans doute été obligés de repousser ces rivaux, du moins jusqu'à ce qu'ils aient pu détacher, avec leurs outils, des parties transportables en des lieux plus sûrs où ils pouvaient alors les consommer. Il est probable que, dans ces circonstances, les éclats de pierre ne permettaient guère de se défendre contre des hyènes affamées, et qu'il a fallu disposer de quelque chose de plus. Qu'était-ce ? On a observé des chimpanzés chargeant un léopard empaillé ou un autre intrus, en brandissant un bâton ; mais ce type d'instrument ne devait pas être très répandu dans la savane. D'un autre côté, ce milieu abonde en pierres pouvant servir de projectiles, et on sait aussi que les chimpanzés sont capables de jeter des pierres contre des importuns, bien qu'ils ne puissent pas les lancer très loin et qu'ils manquent de précision. Nous ne le saurons jamais avec certitude, mais il est tout à fait possible que les premiers hominidés fabricants d'outils se soient défendus en jetant des pierres sur les indésirables visiteurs. Un hominidé dont la coordination oculomotrice lui permettait de jeter des projectiles avec force et précision contre des concurrents munis de crocs redoutables devait certainement être avantagé par rapport à un autre qui ne le pouvait pas. Or, concernant la taille de la pierre, il apparaît que la manière la moins pénible de fabriquer un outil de pierre simple en frappant un bloc contre un autre est d'éviter de les serrer trop fortement, mais au contraire de frapper l'enclume avec le marteau tenu de manière lâche, comme si on « jetait » celui-ci.

De nos jours, le statut de charognard est méprisé. En conséquence, les archéologues ont au début soutenu que les premiers utilisateurs d'outils de notre lignage devaient chasser des mammifères de taille moyenne et grande, compensant leur petite taille et leur fragilité par la ruse et l'intelligence. Cette façon de voir, pour flatteuse qu'elle soit, n'en conduit pas moins à réinterpréter le passé en fonction de notre appréhension contemporaine du monde. L'idée que nos ancêtres du type d'*Homo habilis* aient pu chasser activement des mammifères d'assez grande taille est désormais pratiquement abandonnée ; on se préoccupe plutôt de savoir à quelle sorte de récupération ils se livraient. Cela devait d'ailleurs être une activité très exigeante, bien qu'elle ait dû certainement être facilitée par le fait que les carcasses abandonnées par les prédateurs tendent à se trouver à la lisière des forêts bordant les rivières, ce qui est précisément le type d'habitat que préféraient probablement ces hominidés.

La meilleure preuve attestant que les premiers fabricants d'outils se livraient à cette activité n'est pas fournie par les objets façonnés eux-mêmes, mais par la nature des sites où on les trouve. À Oldoway, ceux-ci consistent en des lieux disséminés dans toute la région et dans lesquels les hominidés ont laissé des traces d'activité : on y trouve des accumulations d'outils de pierre taillée et d'os d'animaux brisés. Le problème est que ce dernier phénomène résulte fréquemment du démembrement des carcasses par des lions, des hyènes ou des léopards, et qu'il n'a donc dans ce cas rien à voir avec les activités humaines. Par conséquent, lorsque des os fossiles ayant été brisés avant d'être fossilisés sont découverts, il importe d'examiner très soigneusement la nature des marques qu'ils peuvent porter. Les dents des hyènes, par exemple, laissent sur les os des rayures de forme différente de celles laissées par les outils humains. Mais même lorsque indubitablement des marques d'outils maniés par des hominidés sont observées, il n'est guère possible de déterminer si la carcasse abandonnée par un gros prédateur a été débitée plus ou moins entièrement par nos ancêtres. Il se pourrait tout aussi bien que sa viande n'ait été récupérée qu'à un stade final par les hominidés ; ces derniers étaient physiquement chétifs, et ils ont sans doute dû souvent s'effacer devant les autres charognards.

Cela ne signifie pas que l'on ne puisse jamais reconstituer la séquence des événements qui se sont déroulés en un site où un prédateur a abandonné une proie ou en un autre lieu où les hominidés ont joué un rôle dans l'accumulation d'os. Dans certains cas, il est possible de reconstruire les séquences en question, en affectant les événements qui les composent d'un certain niveau de probabilité. Prenons un exemple. Les observations faites au moyen d'expériences menées dans la nature montrent que les grands carnivores, comme les lions, dévorent dans une carcasse les portions les plus aisément accessibles. Lorsqu'ils ont fini, 15 pour cent des os seulement portent des traces de coups de dents, les entrailles et les parties les plus charnues ayant surtout fait l'objet de leur attention. Après que les hyènes ont pris le relais (quelquefois, au contraire, ce sont elles qui ont tué la proie) et ont poussé plus complètement la consommation de la carcasse, quelque 80 pour cent des os présentent généralement des traces de coups de dents, bien que, habituellement, la partie médiane des os longs ne porte alors aucune marque de ce genre. Par conséquent, lorsque l'on trouve dans un site archéologique des os d'animaux qui montrent, d'une part, des traces de coups de dents sur seulement 15 pour cent des os et, d'autre part, ces marques d'allure très particulière (en V, en coupe transversale) qui sont laissées par des outils de pierre, il est probable que les hominidés aient pris le relais d'un lion et aient fait leur travail avant que les hyènes n'arrivent. Mais, même lorsque les hyènes avaient précédé les hominidés (et que les vautours avaient parachevé le travail de nettoyage externe de la carcasse), il restait encore de quoi intéresser nos ancêtres. La hampe des os longs, négligée par les autres charognards, représentait une riche source de moelle osseuse extrêmement nutritive, à condition d'arriver à la briser. Ce qui peut être fait en la martelant avec une pierre. Le traitement ainsi infligé à l'os engendre généralement une sorte de fracture par torsion au long de la hampe, ce qui met au jour la moelle qu'elle contient. Or des fractures de ce genre ne sont pas rares sur les os d'animaux trouvés dans les sites d'Oldoway.

Bien plus, la proportion de fémurs et d'humérus, dans la masse totale d'os figurant dans certains sites oldowayens, est extraordinairement élevée, ce qui suggère que ces éléments y ont été apportés en de nombreux exemplaires, après avoir été prélevés sur les lieux où gisaient les carcasses complètes. Cela donne à penser que les sites en question devaient être des points abrités, où les hominidés avaient l'habitude de consommer la moelle osseuse, sans être exposés aux dangers existants dans les zones plus ouvertes. Cela ne veut pas dire pour autant que les premiers utilisateurs d'outils aient nécessairement été spécialisés dans la consommation de moelle osseuse. Il s'agit simplement d'une activité susceptible de laisser facilement des traces dans les archives géologiques. Bien qu'il soit fort probable que le régime alimentaire des premiers fabricants d'outils ait été diversifié et principalement végétarien, l'exploitation de la moelle des os a dû représenter un comportement totalement nouveau pour ces hominidés et ouvrir la voie à d'autres innovations.

Les premières recherches effectuées sur les sites oldowayens avaient laissé penser que les hominidés de cette époque vivaient dans ces lieux : on a alors parlé de « campements familiaux ». L'idée était qu'il s'agissait de sites où ils revenaient régulièrement après leurs pérégrinations dans la savane en quête de nourriture. À partir de là, il était tentant de penser que dans ces lieux se déroulait une vie sociale complexe, comme par exemple le partage de la nourriture récoltée dans les environs et rapportée grâce aux mains désormais libérées des tâches de la locomotion. Cela impliquait dès lors des modes de communication complexes entre les membres du groupe (peut-être même le langage articulé), la réciprocité dans les relations sociales et une division du travail entre les sexes (car les femelles, attachées aux soins des enfants, ne devaient sans doute pas participer à la chasse, mais plutôt cueillir des plantes aux alentours du camp). On ne cessa ensuite d'allonger la liste de ces comportements présumés. Mais on réalisa bientôt que cette manière de voir (fondée sur l'idée que, s'ils ne se comportaient pas à l'instar des grands singes, ils devaient d'une certaine façon se comporter comme nous) tendait exagérément à envisager les premiers hominidés à notre image. Les archéologues sont aujourd'hui beaucoup plus prudents dans leurs interprétations.

Néanmoins, pour la première fois, les preuves abondent que les compétences des hominidés de cette période dépassaient nettement celles des chimpanzés sur de nombreux points. Outre leur façon de fabriquer et d'utiliser des outils qui les différenciait de ceux-ci, comme je l'ai mentionné, nous pouvons déduire de l'exacte configuration des éclats que, comme nous, ces fabricants d'outils étaient droitiers pour la plupart, ce qui implique une certaine réorganisation du cerveau par rapport aux grands singes. Cela concorde parfaitement avec l'observation du moulage endocrânien de ER-1470, montrant pour la première fois une certaine asymétrie entre les deux moitiés du cerveau. Et, comme nous l'avons vu, cette asymétrie cérébrale touche à bien plus de choses que la simple préférence manuelle. Il est malgré tout impossible de dire ce que cela impliquait en matière de capacités cognitives chez ER-1470. Nous ne savons pas, par exemple, jusqu'à quel point ces hominidés communiquaient entre eux ; quelle était la dimension ou le niveau de complexité de leurs groupes sociaux ; dans quelle mesure ils savaient deviner leurs états mentaux respectifs ; ou jusqu'à quel point les individus étaient capables d'interpréter leurs propres motivations.

Cependant, il reste probable que la recherche de nourriture dans la savane a dû demander à ces hominidés des capacités aiguës d'observation et d'association mentale, surpassant celles des mangeurs exclusifs de feuilles ou de fruits dans les forêts. Mais si ces premiers fabricants d'outils ont sans aucun doute été capables d'exploiter les carcasses de mammifères d'une façon bien plus efficace que n'avaient jamais pu le faire leurs prédécesseurs, il est avéré que nous n'avons aucun moyen de savoir dans quelle mesure leur vie avait changé sur d'autres plans. Il est indiscutable qu'avec l'invention des outils de pierre, nous voyons se produire une modification majeure dans le mode de vie des hominidés, qui en même temps représente sur le plan cognitif une innovation aux énormes conséquences. Mais il serait profondément trompeur de se représenter ces fabricants d'outils simplement comme des versions « primitives » de l'homme moderne. Et si par quelque miracle il nous était donné de les rencontrer en chair et en os, je doute fort que nous serions enclins à reconnaître chez eux nombre de traits que nous pourrions décrire comme fonctionnellement « humains ».

CHAPITRE V

L'émergence de l'homme

Résumé du chapitre précédent : nos plus lointains ancêtres africains, du type *Australopithecus afarensis* ou *Homo habilis*, étaient d'une certaine façon des créatures de « compromis ». Ils avaient quitté les profondeurs de la forêt, mais ne s'étaient pas encore engagés véritablement dans les vastes étendues de la savane. Ils étaient plus habiles que notre espèce dans les arbres, mais beaucoup moins que les grands singes actuels ; et, bien que plus à l'aise au sol que ces derniers, ils étaient des bipèdes moins efficaces que ne l'ont été les hominidés qui leur succédèrent. L'erreur cependant serait de croire qu'ils étaient comme des intermédiaires coincés entre deux modes de vie alternatifs, car leurs caractéristiques se sont révélées extrêmement bien adaptées, au point de leur permettre de vivre quelque deux millions d'années. Pour finir, des événements advinrent — l'accentuation des conditions sévissant en Afrique depuis un certain temps, à savoir la sécheresse et le régime saisonnier des pluies, avec pour corollaire la conversion accélérée des régions boisées en grandes étendues herbeuses — qui poussèrent l'une de leurs populations à quitter l'habitat des régions boisées qui avait été jusque-là leur demeure pour gagner définitivement les vastes étendues de la savane. Quel fut l'aspect physique de nos ancêtres lors de cette période de transition, nous l'ignorons à l'heure actuelle, bien que l'examen plus serré des fossiles présentement disponibles, de même que de futures découvertes, devraient pouvoir nous permettre d'en acquérir une meilleure intelligence. D'ores et déjà, nous disposons d'excellents fossiles datant de la période qui suivit immédiatement cette transition, et parmi ces fossiles, nous reconnaissons, au moins physiquement, certains des traits qui sont devenus les nôtres depuis lors.

Vers l'homme moderne

Au cours des années 1970, la région très fertile en fossiles d'Est-Turkana livra une nouvelle sorte d'hominidé datant de la période allant de – 1,9 à – 1,4 million d'années (une fourchette qui coïncide donc par sa limite supérieure avec les dates les plus récentes d'*Homo habilis* en Afrique de l'Est), nettement différent de tout ce qui était connu antérieurement. De plus en plus souvent désignée sous la dénomination d'*Homo ergaster* (et quelquefois sous celle d'« *Homo erectus* africain »), cette nouvelle espèce présentait un crâne ressemblant de bien plus près à celui des êtres humains ultérieurs, et qui était doté d'une capacité de 850 cm^3 (plus de la moitié du volume cérébral moyen d'aujourd'hui). De plus, la voûte de la boîte crânienne était arrondie et s'élevait bien haut. La face de cet hominidé était relativement moins massive que celle des hominidés antérieurs, bien que se projetant encore quelque peu, et ses molaires étaient nettement plus petites que celles d'*Homo habilis.* Ces premiers aperçus sur ce nouvel hominidé, tirés de ses crânes fossiles, furent bientôt complétés par la découverte spectaculaire, en 1985, dans un site d'Ouest-Turkana, du squelette remarquablement complet d'un adolescent d'*Homo ergaster,* mort il y a 1,6 million d'années (il a été appelé le « jeune garçon de Turkana »).

L'étude de ce squelette réserva de nombreuses surprises. Ce jeune garçon, qui était probablement mort à l'âge de neuf ans environ — ce qui, d'après l'état de sa denture définitive, équivaudrait à un adolescent contemporain âgé de douze ans — mesurait 1,62 m de son vivant. S'il avait atteint l'âge adulte, on estime qu'il aurait dépassé 1,80 m, ce qui est étonnant. Bien plus, son squelette était radicalement différent de celui des hominidés précédents, dans la mesure où il possédait toutes les marques distinctives de la forme du corps propre à l'homme moderne. En fait, les proportions globales de cet ancêtre telles qu'elles sont observables sur son squelette sont remarquablement proches des hommes actuels à la silhouette longiligne qui vivent aujourd'hui dans la région de Turkana — mais cela ne veut pas dire que l'ancêtre en question et les hommes modernes de ladite région sont généalogiquement apparentés. Ces derniers sont très bien adaptés à la vie dans un environnement tropical aride : leur grande taille et leur corps grêle sont des traits qui maximisent la surface de rayonnement de la chaleur, tout en réduisant au minimum la masse productrice de celle-ci. Ces mêmes traits s'observent aussi, semble-t-il, chez le jeune garçon de Turkana. L'adaptation à la sécheresse peut même s'apercevoir, chez ce dernier, dans l'élévation de l'arête du nez qui témoigne peut-être d'une conformation des conduits nasaux adaptée à la préservation d'une humidité suffisante en leur sein, de façon à humidifier l'air sec inspiré. En outre, on observe aussi chez *Homo ergaster* la continuation de la tendance à l'asymétrie cérébrale rencontrée pour la première fois chez ER-1470.

Enfin, nous tenions donc là un ancien hominidé manifestement adapté physiquement à la vie dans la savane ouverte, libéré de toute attache nécessaire avec l'environnement représenté par la lisière des forêts, dans lequel ses ancêtres s'étaient épanouis. De ces derniers, le jeune garçon de Turkana gardait encore certains des traits, tels une cage thoracique allant en se rétrécissant vers le haut et certains aspects de l'articulation de la hanche. Mais il ne fait pas de doute que l'espèce à laquelle il appartenait avait acquis des caractéristiques modernes au niveau de l'anatomie du squelette. Et il est clair qu'elle ne dépendait plus du milieu forestier à la façon de ses prédécesseurs.

Sur le plan des techniques mises en œuvre par les hominidés, il semble que peu de choses avaient changé lorsque le jeune garçon de Turkana est entré en scène, bien que l'étude du revêtement dentaire suggère qu'*Homo ergaster* consommait plus de viande qu'*Homo habilis* (le revêtement dentaire de ce dernier montre une usure caractéristique d'un régime végétarien comparable à celui d'*Australopithecus*). La gamme des outils de pierre et la nature des restes animaux observables à Turkana dans la période des tout premiers *Homo ergaster* ne diffèrent pas de façon importante de ce que l'on peut constater chez *Homo habilis*. À la réflexion, il n'y a rien là de contradictoire, comme il pourrait le sembler au premier abord : il n'est pas nécessaire qu'une nouvelle espèce (qui, inévitablement, provient d'une espèce antérieure) amène avec elle une nouvelle technologie. Qu'elles soient d'ordre physique ou culturel, les innovations ne peuvent apparaître qu'au sein d'une espèce. Tout individu porteur d'un nouveau trait génétique ou inventeur d'une nouvelle technique — et ce n'est pas du tout la même chose — ne peut pas différer trop de ses parents. Pour la même raison, il est difficile de saisir comment le grand fossé physique qui sépare *Homo ergaster* d'*Homo habilis* a pu s'établir en une seule fois, et il faut bien constater que, pour comprendre ce genre de processus, nous ne trouvons que peu de données dans les archives fossiles. (La solution de ce problème viendra peut-être de la récente découverte d'une classe de gènes particuliers, chez lesquels des changements relativement petits peuvent avoir des effets considérables sur le développement.) Mais il est assez clair que la période suivant immédiatement la date de – 2 millions d'années a été un moment crucial dans l'évolution humaine, précipité peut-être une fois de plus par les caprices du climat. Il est également possible que l'invention des outils de pierre ait déclenché une série de phénomènes qui ont aidé à transformer radicalement notre lignage, mais selon des modalités que l'on ne peut pas encore apercevoir. De futures découvertes nous aideront, souhaitons-le, à comprendre quels ont été les phénomènes en question.

Cependant, deux à trois cent mille ans environ après que les fossiles d'*Homo ergaster* sont apparus pour la première fois, nous assistons à l'avènement d'une remarquable innovation technique dans les archives archéologiques. Jusqu'à cette époque (vers – 1,5 million d'années), les outils de pierre avaient été simples, répondant au même modèle qui prévalait depuis un million d'années environ, dont la visée principale était probablement de dégager un bord coupant effilé plutôt que de produire une forme spécifique. Soudain, une nouvelle sorte d'outillage apparaît donc : il s'agit du biface acheuléen et des types d'outils associés, dont la réalisation était à l'évidence obtenue en fonction d'un plan configuré dans l'esprit de leurs fabricants, avant même que le processus de leur fabrication n'ait commencé. Le biface est un outil de grande dimension, relativement aplati et présentant une forme en amande, soigneusement façonné sur ses deux côtés afin d'atteindre une forme symétrique. Et, parce qu'il a été manifestement employé à toutes sortes d'usage, d'aucuns l'ont parfois appelé le « couteau suisse du paléolithique ». Rappelons que le terme de paléolithique désigne cette longue période (elle s'est achevée il y a seulement dix mille ans environ) caractérisée par un mode de fabrication des outils reposant entièrement sur la taille de la pierre, et ne faisant, même au stade de la finition, pas appel au polissage[1]. L'oldowayen et l'acheuléen représentent le paléolithique inférieur (suivi du paléolithique moyen, puis supérieur).

L'examen au microscope des traces d'usure sur le tranchant des bifaces acheuléens montre que ces outils ont servi à couper, à gratter et à hacher : ils étaient donc véritablement polyvalents. Ces fonctions avaient été précédemment accomplies par des outils adaptés à chacune d'entre elles, qui n'ont pas disparu lorsque les nouveaux sont arrivés. Des outils de type oldowayen ont continué d'être réalisés pendant une très longue période, parallèlement aux outils acheuléens soigneusement façonnés. Et, bien que les données soient très ténues, rien n'indique que le mode de vie des nouveaux hominidés ait été bouleversé de façon importante par l'introduction de la nouvelle technique. La fabrication d'un biface acheuléen, résultant d'un plan qui lui préexistait dans l'esprit de son réalisateur, est la marque d'un progrès dans le domaine de la cognition, ce dont témoigne d'ailleurs ultérieurement l'exis-

1. La période archéologique qui suit le paléolithique est appelée le néolithique ou « nouvel âge de la pierre ». Débutant il y a environ 10 000 ans, elle est aussi appelée « âge de la pierre polie », dans la mesure où les hommes de cette période font désormais subir un polissage à leurs outils de pierre. *(N.d.T.)*

tence d'« ateliers » spécialisés, c'est-à-dire de lieux où l'on a retrouvé d'énormes quantités de bifaces. Mais au moment où apparaît *Homo ergaster*, il n'y a guère de données archéologiques montrant que la vie de ces hominidés ait changé globalement de façon importante — bien que, sur le plan anatomique, il soit indubitable qu'*Homo ergaster* a été beaucoup plus à l'aise dans la savane qu'*Homo habilis* ne l'a jamais été. Ce n'est là, somme toute, qu'un exemple parmi d'autres d'un phénomène dont nous n'avons de cesse, au cours de ces pages, de souligner combien il a constamment caractérisé l'histoire évolutive de notre lignée : *l'innovation anatomique a procédé indépendamment du changement technologique*, l'apparition des espèces nouvelles et l'apparition des nouvelles techniques n'ont jamais été directement liées.

C'est durant l'existence d'*Homo ergaster* que nous trouvons les premiers signes dans les archives archéologiques de l'*utilisation du feu* : il s'agit là, indubitablement, de l'une des plus importantes innovations techniques dans l'histoire des hominidés. Les plus anciens de ces signes consistent en des traces charbonneuses sur des cailloux et sur des os, observées dans des sites d'Afrique du Sud qui sembleraient dater de – 1,5 million d'années. À Chesowanja, au Kenya, des boules d'argile marquées de traces charbonneuses indiquent qu'il y a eu du feu dans ce lieu où l'on a retrouvé également des outils de pierre taillée à peu près de même date, bien qu'on débatte encore de la question de savoir s'il s'agissait d'un feu naturel ou d'un feu artificiel. Il est clair que la maîtrise du feu a représenté un événement majeur dans la préhistoire humaine, qui a eu des répercussions aussi bien sur le plan culturel que sur le plan pratique (protection contre les prédateurs, cuisson de la nourriture, etc.). Il est certain qu'on peut voir dans ce genre de révolution technique la marque de l'humain. Le problème est que ces signes isolés d'utilisation du feu sont antérieurs de près d'un million d'années aux données indiquant une véritable maîtrise du feu au sein de foyers. Par conséquent, nous ignorons comment les interpréter. Tandis que les outils de pierre, à partir du moment où ils ont été inventés, sont devenus rapidement un facteur constant du mode de vie des hominidés, l'utilisation du feu semble avoir été intermittente jusqu'à un stade très tardif.

La sortie hors de l'Afrique

Naguère, on pensait qu'il n'y avait qu'un million d'années environ que les hominidés s'étaient aventurés hors du continent où ils étaient nés, pour entrer dans les régions plus froides du Nord et de l'Est, poussés en avant par on ne sait quelle curiosité, ni quelle adaptabilité, ni quelles ressources techniques. Mais de nouvelles données indiquent que nos lointains ancêtres ont atteint l'est de l'Asie peu de temps après l'époque où l'on trouve les premières traces d'*Homo ergaster* en Afrique. Bien que l'identité exacte de ces premiers Asiatiques ne soit pas claire, parce que les fossiles concernés sont très fragmentaires, il semble donc que cette caractéristique typiquement humaine, le goût du voyage, date du tout début de l'apparition des hominidés ayant une morphologie assez moderne. Leur émancipation par rapport à l'habitat forestier et leur statut nouveau d'organisme de grande taille capable de marcher dans la savane se sont accompagnés, semble-t-il, d'une disposition à accomplir des voyages « au long cours ». Cela ne signifie aucunement qu'individuellement ils voyageaient sur de longues distances, encore moins que des corps expéditionnaires ont été envoyés pour explorer de nouvelles régions. Mais cela suggère véritablement que la colonisation par l'homme des habitats du type des savanes a ouvert la voie à ce cycle d'expansion démographique puis géographique, qui a abouti à ce monde surpeuplé d'aujourd'hui.

Alors même que pour la première fois les populations humaines se dispersaient, le climat de la planète entrait dans une période d'extrême instabilité — refroidissement et assèchement de la planète — qui a énormément influé sur les événements ultérieurs de l'évolution des hominidés en affectant très fortement les régions nordiques dans lesquelles arrivaient les premiers émigrants venus d'Afrique : c'était le début de l'ère glaciaire.

L'ère glaciaire

Au début du XIXe siècle, on s'est aperçu que les paysages d'une grande partie de l'Europe avaient été altérés très récemment par des épisodes répétés de glaciation, intervenus à l'occasion de périodes cycliques de refroidissement intense. Au cours de ces phases, d'épaisses couches de glace avaient recouvert et raboté la surface de cette région. C'est ainsi qu'est né le concept d'une époque géologique particulière, le pléistocène, plus couramment connue sous le nom d'« ère glaciaire ». Au début XXe siècle, les géologues ont affiné cette notion, distinguant quatre phases glaciaires au sein du pléistocène, séparées par des interglaciaires plus chauds, ce qui s'est traduit par des avancées et des reculs successifs de la calotte glaciaire couvrant les Alpes. Cette division en quatre phases du pléistocène, dont on admet maintenant qu'il couvre la période de 1,8 million d'années qui s'est écoulée juste avant notre époque, a persisté jusque dans les années 1960. Puis de nouvelles techniques d'observation ont commencé à révéler un tableau plus complexe.

L'étude des glaciations d'après les signes qu'elles ont laissés sur les continents a toujours été compliquée par le fait que chaque nouvelle avancée des glaciers tend à effacer les traces de la glaciation précédente, tandis que les eaux de fusion des glaciers lors des interglaciaires produisent également des effets d'érosion. Lorsqu'on a voulu comprendre, grâce à l'observation des traces des glaciations sur les terres émergées, la succession des événements géologiques qui se sont produits durant le pléistocène, cela a souvent soulevé plus de problèmes que cela n'en a résolu. Au cours des années 1950, on s'est rendu compte que les dépôts qui se forment au fond des océans constituent des archives bien meilleures que tout ce que l'on peut trouver sur les continents, dans la mesure où elles permettent de mieux suivre en continu les événements géologiques et climatiques.

En effet, les sédiments qui se déposent au fond des mers sont formés non seulement de boues provenant des continents et apportées par les rivières, mais aussi des restes des micro-organismes qui vivent dans les mers elles-mêmes. Ces minuscules protozoaires, appelés des foraminifères, tirent deux formes différentes d'oxygène (deux isotopes) de l'eau dans laquelle ils baignent. La proportion relative de ces deux formes d'oxygène reste enregistrée au sein de leur coquille, laquelle tombe sur le fond de la mer lorsqu'ils meurent. Le rapport isotopique change en fonction du climat, puisque la forme la plus légère s'évapore préférentiellement de l'eau de mer. Lors des périodes chaudes, les atomes d'oxygène léger qui ont subi l'évaporation retournent dans la mer par le biais des pluies, puis des rivières. Mais pendant les périodes froides, une grande partie d'entre eux sont piégés dans la calotte polaire et les glaciers des hautes montagnes. Au cours de ces phases, la représentation des atomes légers dans les mers est réduite, les atomes lourds apparaissant relativement plus abondants. Les dépôts s'accumulant au fond des mers constituent donc des archives contenant les traces des changements climatiques, dans la mesure où le rapport isotopique dans les coquilles des foraminifères est en faveur de la forme lourde lors des périodes froides (les foraminifères l'absorbant alors préférentiellement), mais non lors des périodes chaudes.

L'examen de l'évolution de ce rapport dans les prélèvements effectués sur le fond de la mer a révélé une séquence de changements climatiques bien plus compliquée que tout ce que l'on avait cru antérieurement. Au cours de la période de 1,8 million d'années représentant le pléistocène, le rapport isotopique indique que des climats chauds et froids se sont succédé au sein de phases d'environ 100 000 ans. Mais cela n'a pas été un cycle simple. Les grandes fluctuations de 100 000 ans ont généralement été marquées par un refroidissement relativement lent suivi d'un réchauffement rapide ; au sein de chacune de ces phases, il y a eu de nombreuses oscillations plus petites de la température mondiale. En outre, l'amplitude de la fluctuation climatique a tendu à s'accroître, atteignant un maximum au cours des derniers 120 000 ans environ, période correspondant grossièrement à la dernière grande glaciation et à l'actuel interglaciaire plus chaud.

Ces changements climatiques ont peut-être obéi à des rythmes, et ceux que nous observons ne sont probablement pas simplement une illusion résultant de techniques d'observation plus fines. La certitude demeure que nos ancêtres ont vécu au pléistocène dans une période au climat extrêmement fluctuant. Des fluctuations qui ne se bornaient d'ailleurs pas au climat, car lorsque la température mondiale diminuait et que les calottes polaires s'agrandissaient, les zones couvertes par la végétation se déplaçaient, dans l'hémisphère nord, vers le sud et vers les altitudes les plus basses, tandis qu'en direction des pôles la couverture glaciaire augmentait inexorablement, de sorte que les régions jusque-là fréquentées par les êtres humains devenaient inhabitables. Les troupeaux d'animaux dont dépendaient nos ancêtres pour subsister se déplaçaient avec la végétation et se trouvaient parfois confrontés à la disparition ou à la réduction considérable de leur milieu de prédilection, et cela, jusqu'au retour des périodes plus chaudes. De plus, lors des périodes froides, les glaciers dans les régions nordiques bloquaient aussi certaines voies de communication qui existaient jusque-là entre des régions favorables à l'habitat humain.

Surtout, l'expansion des glaciers a changé radicalement la géographie mondiale. En se développant, ils retenaient l'eau qui normalement retournait dans les océans, par suite, le niveau des mers baissait, jusqu'à diminuer de cent mètres, voire plus. La terre se découvrait donc en bordure des continents, de sorte que des îles pouvaient se trouver désormais reliées à la terre ferme. L'inverse s'observait également lorsque le climat se réchauffait.

Donc, les oscillations climatiques du pléistocène ont imposé au monde une instabilité de la géographie et de l'environnement : les populations humaines y ont été brutalement séparées les unes des autres, ou bien réunies de façon également arbitraire (par rapport du moins aux adaptations qu'elles pouvaient peut-être avoir développées dans les conditions jusque-là dominantes). Cet ensemble de circonstances est précisément celui qui, comme nous l'avons vu au chapitre III, est le plus propice au changement évolutif. Les modifications de l'environnement imposent des changements adaptatifs dans les populations locales, et les phases de scission puis de réunion des populations accélèrent les processus de spéciation, de compétition entre espèces et d'extinctions. C'est de ce monde écologiquement et géographiquement instable que nos ancêtres directs ont finalement surgi. Il est tout simplement impossible de soutenir, comme on l'entend encore souvent, que, par le biais de notre héritage génétique, nos comportements seraient encore sous l'influence d'un « environnement ancestral », conçu comme monolithique.

Il est important de noter, cependant, que, même si les glaciations elles-mêmes n'ont touché que les latitudes élevées au cours du pléistocène, les effets des fluctuations climatiques se sont fait sentir à l'échelle de la planète. L'Europe et l'Asie occidentale, dans lesquelles se sont répandues des populations humaines au cours du pléistocène, représentaient des régions périphériques de cet ensemble appelé l'Ancien Monde. Cela ne veut pas dire que ces aires géographiques n'ont pas eu d'importance dans l'histoire de notre lignée : comme nous l'avons vu, les régions périphériques jouent un grand rôle dans le processus évolutif. Mais l'Europe n'a pas été cette scène unique en son genre sur laquelle s'est déroulée l'évolution humaine ; c'est plus simplement la région, comme je l'ai déjà souligné, pour laquelle nous avons les meilleures archives. L'Afrique a été affectée tout autant par les caprices du climat et par leurs retombées sur le plan évolutif. Et bien que les archives de ce continent soient lamentablement maigres pour ce qui concerne la dernière partie de l'ère glaciaire, il semble que les événements majeurs de l'évolution humaine se soient produits en ce lieu. Néanmoins, c'est en Europe, et — pour les époques plus tardives — en Asie occidentale, que nous disposons des meilleures archives pour cette période.

Les premiers Européens

C'est en Asie orientale que figurent les plus anciennes archives fossiles humaines non africaines. Elles sont assez fournies et de bonne qualité : là, l'espèce *Homo erectus*, descendant d'*Homo ergaster*, s'est épanouie pendant plus d'un million d'années. On pensait jusqu'à récemment que l'occupation de l'Europe par notre lignée avait commencé assez tardivement. Désormais, l'existence de premiers hominidés est au contraire avérée en Espagne, à une date assez reculée : – 800000. C'est d'ailleurs également à cette date qu'on voit apparaître, en Europe, les premières collections d'outils bien attestés, même s'ils sont plutôt grossiers. Les chercheurs espagnols ont assigné leurs fragments fossiles à une nouvelle espèce, *Homo antecessor*, dont ils pensent qu'elle a été l'ancêtre d'une branche ayant conduit à l'homme moderne, ainsi que d'une autre branche ayant mené aux Néandertaliens. Les spécimens d'*Homo antecessor* sont pour leur époque sûrement plus proches d'*Homo sapiens* que de tout autre fossile. Mais il est encore trop tôt pour conclure, et, à ce stade, l'alternative est vraisemblablement que ces restes fossiles trouvés en Espagne soit ont appartenu à des individus d'une première vague d'immigrants africains dans les contrées rudes de l'Europe, ayant finalement échoué dans son implantation, soit représentent les ancêtres directs des Européens ultérieurs. Et, tandis que le reste de ce chapitre portera essentiellement sur l'Europe et l'Asie occidentale, parce que les archives y sont meilleures, il faut garder présent à l'esprit qu'en dépit de l'insuffisance générale des données des événements similaires ont dû prendre place à cette époque dans tout l'Ancien Monde (les Amériques n'ont été occupées qu'à une date extrêmement récente, de l'ordre de – 18000, semble-t-il). S'il est une chose que nous devons tenir pour assez sûre, c'est que durant le dernier million d'années il s'est passé beaucoup plus de choses que nous n'avons été traditionnellement capables d'en apercevoir.

La théorie classiquement admise jusqu'ici par les paléoanthropologues est que l'Europe a été colonisée pour la première fois par des membres « archaïques » de notre propre espèce, *Homo sapiens*. Il apparaît à présent que cette conception est discutable de plusieurs points de vue, dont le principal est que, à l'exception d'*Homo antecessor*, les premiers fossiles humains bien attestés en Europe sont attribuables — indiscutablement, selon moi — à une espèce complètement distincte (que l'on trouvera peut-être nécessaire dans le futur de démembrer), dont la dénomination correcte est probablement *Homo heidelbergensis.* Les chercheurs espagnols pensent que cette espèce se situe entre *Homo antecessor* et les Néandertaliens. Donc, il y a un peu moins de cinq cent mille ans se présentent des fossiles dont le crâne tend à prendre une forme plus familière, le volume cérébral atteignant des valeurs de 1 100 à 1 200 cm^3, pas très éloignées de la moyenne actuelle. Cependant, la boîte crânienne paraît encore « faiblement remplie »; et la face, surmontée d'épais bourrelets sus-orbitaires, paraît encore « plaquée » sur le devant de la boîte crânienne, et non pas logée en dessous d'elle, comme elle l'est chez l'homme moderne. Pour autant que nous puissions en juger, sur la base du maigre nombre de pièces du squelette que nous connaissons, ces êtres humains, bien que fondamentalement semblables à nous par la structure de leur corps, étaient très fortement charpentés. Et cette espèce n'a pas été uniquement européenne. On a trouvé l'avant d'un crâne massif appartenant à *Homo heidelbergensis* à Bodo, en Éthiopie, datant peut-être de 600 000 ans, et un crâne découvert à Kabwe, en Zambie, approche peut-être cet âge. Il se pourrait que cette espèce ait été représentée très loin, jusqu'en Chine, si l'on veut bien lui attribuer le spécimen trouvé à Dali (mais celui-ci est à la fois mal décrit et probablement plus jeune).

Néanmoins, c'est en Europe que le contexte archéologique dans lequel on trouve *Homo heidelbergensis* est le plus riche. Un site est particulièrement intéressant dans le sud de la France : c'est celui de Terra Amata[1]. Il date d'environ 400 000 ans et a probablement été aménagé par *Homo heidelbergensis,* bien qu'on ne dispose d'aucun fossile humain pour le confirmer. Les chercheurs — mais leur conclusion est sujet à vive controverse — qui l'ont fouillé interprètent Terra Amata comme un campement, situé à l'époque sur une plage — même si aujourd'hui il se situe sur une corniche au-dessus de Nice, occupé de façon saisonnière par des chasseurs qui effectuaient des

1. Sur le mont Boron, à Nice. *(N.d.T.)*

pérégrinations sur un vaste territoire et y revenaient régulièrement. Son trait le plus remarquable est constitué par les traces des plus anciens abris connus qui aient été construits par des êtres humains. Le plus grand et le mieux préservé de ces derniers consiste en un ensemble de piquets (pas directement préservés, on s'en doute, mais signalés par des trous laissés dans le sol) disposés en un ovale de plus de six mètres de long. Les piquets étaient plantés dans le sol et, semble-t-il, inclinés de façon à se rencontrer au sommet. Il est possible que cette hutte ait été recouverte de peaux, pour se protéger du froid, bien que le directeur des fouilles ne le pense pas. La périphérie de la construction était renforcée par de grosses pierres, une lacune dans le pourtour indiquant la porte d'entrée. À l'intérieur, le sol était largement débarrassé des galets du rivage, mais les os issus de la consommation des animaux étaient empilés de-ci de-là au petit bonheur. La hutte possédait un foyer creusé dans le sol, contenant des pierres calcinées, ce qui semble être significativement la première trace irréfutable de la domestication du feu. Il s'agit là d'une innovation vraiment importante, ce qui rend d'autant plus surprenant qu'il n'y ait pas beaucoup d'autres traces de foyers au cours des quelque deux cent mille ans qui suivent, bien qu'il en existe tout de même dans le site allemand de Bilzingsleben, corroborant celles de Terra Amata, et guère plus jeunes, puisqu'elles datent de 350 000 ans.

Les outils de pierre à Terra Amata (de même que ceux de Bilzingsleben) sont assez grossiers, mais c'est peut-être dû au fait qu'ils ont été réalisés dans des blocs de calcaire siliceux, qui n'est pas un très bon matériau pour cet usage. On s'est aperçu que, très souvent, les variations observées dans les outils de pierre sont attribuables en grande partie au matériau dans lequel ils ont été réalisés, et non à la plus ou moins grande habileté technique de leurs fabricants. Il est peut-être significatif, cependant, que les outils de pierre associés à des hominidés dans un autre site du sud de la France, l'Arago[1], n'étaient guère plus beaux, consistant pour la plupart en outils

1. La grotte ou Caune de l'Arago est située au nord de la plaine du Roussillon, sur la commune de Tautavel, à 19 km au nord-ouest de Perpignan. *(N.d.T.)*

frustes tels que des « chopping-tools[1] » et de grands éclats. À l'Arago (une grotte creusée dans le calcaire, s'ouvrant par un grand porche), on a trouvé une succession de « planchers d'habitation », sur lesquels figuraient des accumulations d'outils de pierre et d'os d'animaux, et ce site a été évidemment occupé par des hominidés, au moins de manière intermittente, au long d'une vaste période. En dépit de cette grande quantité d'os d'animaux, beaucoup d'archéologues hésiteraient à qualifier l'homme de Tautavel d'habile chasseur. En effet, une grande proportion de ces os a peut-être été simplement récupérée sur des carcasses ; généralement, si l'on trouve des fragments d'os entassés en grand nombre dans un site donné, cela ne prouve pas qu'ils l'ont été par le biais de l'activité humaine : ils ont, par exemple, pu être charriés jusque-là par les eaux de ruissellement ou accumulés par des hyènes.

Cependant, ce type de sites présente les premiers signes plausibles de « campements familiaux », ces lieux d'habitation que les recherches récentes ont déniés aux fabricants d'outils antérieurs. Comme nous l'avons vu, l'existence de campements familiaux suppose un degré élevé de coopération et d'organisation sociale. Et, dans ce genre de sites, on commence à apercevoir, ne serait-ce que faiblement, les premiers signes de comportements que nous associons très étroitement à notre propre espèce. Mais, une fois de plus, la description précise en est difficile. Bien entendu, la maîtrise du feu, évidente d'après le foyer de Terra Amata, a certainement dû changer la vie quotidienne des habitants de ces campements. Le feu apporte lumière, chaleur et protection. On peut s'en servir pour durcir des outils de pierre aussi bien que des outils de bois. Les feux de camp constituent des points de rassemblements sociaux. Et la cuisson rend la nourriture non seulement plus digeste, mais elle tue également les parasites. Il est difficile malgré tout de savoir quand le feu est devenu un élément régulier de la vie des hominidés, ou plus exactement

1. Expression anglaise utilisée par les archéologues francophones. Signifiant mot à mot « outils servant à couper », elle désigne des pierres façonnées que l'on appelle des « galets aménagés », relevant du stade inférieur des techniques de la pierre taillée. *(N.d.T.)*

quand l'appareil cognitif est devenu assez développé pour permettre la domestication de ce phénomène physique, si effrayant sous sa forme spontanée, incontrôlée. Même de nos jours, les feux de camp sont faits de telle façon qu'ils laisseraient peu de traces dans des archives fossiles. Et les foyers semblables à celui de Terra Amata sont rares dans les archives archéologiques jusqu'à la date de – 150000. Toute innovation doit devenir un élément régulier de la vie quotidienne, avant que la totalité de ses bénéfices puisse se faire sentir. Terra Amata précède de très loin la période au cours de laquelle on trouve couramment des foyers dans les sites archéologiques, et il n'est pas évident d'interpréter ce fait. Les avantages de la domestication du feu sont tellement importants qu'à partir du moment où les techniques permettant sa maîtrise ont été disponibles, il est difficile de comprendre pourquoi ces dernières ne se sont pas répandues rapidement.

Le feu et le type d'habitation mis à part, les sites tels que Terra Amata ou la Caune de l'Arago donnent l'impression qu'en ce qui concerne le mode de subsistance ou le cours de la vie quotidienne, leurs occupants n'ont pas fait beaucoup plus que de raffiner les activités courantes de leurs prédécesseurs. Cela illustre une fois de plus le mode de changement qui semble avoir prévalu tout au long de l'évolution humaine jusqu'à ce point : *les innovations techniques sont apparues de façon sporadique, s'ajoutant les unes aux autres, petit à petit, et dans une large mesure indépendamment de la naissance et de l'extinction des espèces.* Il ne fait guère de doute qu'*Homo heidelbergensis* se nourrissait à la fois d'aliments animaux et végétaux, vivait en groupes mobiles d'assez petite taille et recherchait des abris pour se protéger des intempéries. Sa technique de la taille des pierres n'était certainement pas plus élaborée que celle des *Homo ergaster* tardifs. En fait, la dernière grande innovation dans ce domaine (réalisée on ignore par quelle espèce) s'était produite en Afrique 600 000 ans avant Terra Amata : il s'agissait d'une technique permettant de faire des bifaces plus plats et plus minces, de sorte que ces outils étaient plus perfectionnés que tous ceux retrouvés dans les premiers sites européens. On ignore comment les individus de l'époque de Terra Amata interagissaient entre eux : les recherches archéologiques ne permettent pas de le dire. On peut remarquer, cependant, car la chose est d'importance, que ces dernières n'ont révélé aucune trace convaincante d'activités symboliques chez *Homo heidelbergensis* (bien qu'il semble que le crâne de Bodo ait été débarrassé de ses chairs au moyen d'outils de pierre, pour des raisons ignorées).

Des caractéristiques morphologiques signaleraient-elles certaines possibilités de communication entre les individus de cette espèce ? C'est avec *Homo heidelbergensis*, en effet, que les traits anatomiques permettant éventuellement le langage humain font leur première entrée en scène (bien qu'on ait occasionnellement soutenu, mais à tort à mon avis, que le langage avait déjà fait son apparition beaucoup plus tôt, et même chez la toute première espèce du genre *Homo*, selon certains). Chez *Homo heidelbergensis*, pour la première fois, nous rencontrons des caractéristiques anatomiques de la base du crâne suggérant que leurs possesseurs étaient dotés de tout l'équipement périphérique nécessaire à la production de la parole. S'il est vrai que le cerveau est la structure dans laquelle est élaboré le langage, la production de la parole dépend de structures particulières figurant dans la gorge, dont la présence imprime une conformation spéciale à la base du crâne. S'il est exact donc que la capacité cérébrale brute d'*Homo heidelbergensis* était tout à fait impressionnante, les archives archéologiques ne fournissent toutefois aucune preuve que cette espèce ait été capable de ces comportements complexes qui semblent étroitement associés à l'aptitude au langage. Selon toute vraisemblance, *Homo heidelbergensis* ne possédait pas de langage, au sens courant du terme, bien qu'il semble probable que, quelle que soit la façon dont communiquaient les individus de cette espèce, ils le faisaient de façon très élaborée.

Les Néandertaliens

Homo heidelbergensis — ou plus probablement une espèce guère différente d'*Homo heidelbergensis*, débarrassée toutefois de certains traits spécialisés, tels les énormes sinus développés à l'intérieur du crâne — a pu être l'ancêtre de notre espèce. Mais il a tout aussi bien pu être l'ancêtre d'*Homo neanderthalensis*, une espèce proche parente de la nôtre, qui avait des caractères spécialisés et a disparu assez récemment. Les Néandertaliens, comme on les appelle le plus souvent, représentent indubitablement, parmi les nombreuses espèces éteintes d'hominidés, celle pour laquelle on a les meilleures archives paléontologiques et archéologiques. Et puisque *Homo neanderthalensis* a habité la Terre en même temps qu'*Homo sapiens* pendant une période prolongée, il nous fournit le meilleur terme de comparaison qui puisse exister pour juger du degré de notre propre unicité. Il est donc particulièrement important de comprendre les Néandertaliens et ce qu'ils ont été capables de faire, si nous voulons prendre la mesure du fossé qui existe entre nous et nos plus proches apparentés dans la nature.

Il n'est pas aisé de dater exactement le début de l'histoire des Néandertaliens, en grande partie parce que les archives fossiles sont un peu confuses. Certains paléontologues affirment que des fossiles humains magnifiquement bien conservés, datant de 300 000 ans, trouvés dans le « puits aux Ossements » des collines d'Atapuerca (au nord de l'Espagne), possèdent divers traits néandertaliens à l'état naissant. Mais il s'agit très vraisemblablement d'une espèce qui n'a pas encore été nommée et qui était apparentée à l'espèce néandertalienne. De plus, nous savons assez peu de choses sur ces hominidés du nord de l'Espagne, en dehors de leurs traits anatomiques, puisqu'ils ne sont accompagnés d'aucun objet façonné. La présence de rainures entre leurs dents est interprétée par certains auteurs comme un trait allant dans le sens de l'« humanisation » : cela prouverait que les hominidés d'Atapuerca se servaient de cure-dents. Or ce signe s'observe pour la première fois sur des dents isolées trouvées en Éthiopie qui datent de plus de 2 millions d'années; et on a même observé un chimpanzé qui, souffrant d'une congestion nasale, essayait de déboucher ses narines au moyen d'un bâtonnet. C'est dire la fragilité de toute conclusion en cette matière.

Tous les fossiles considérés comme des Néandertaliens plausibles sont nettement plus récents que les hominidés d'Atapuerca, les plus anciens étant représentés par les crânes fragmentaires du site allemand d'Ehringsdorf, datant probablement de plus de 200 000 ans. Les fossiles sont plus nombreux dans la longue période de froid intense qui a inclus l'apogée de l'avant-dernière grande glaciation (entre – 180000 et – 150000) ; mais c'est seulement lors du dernier interglaciaire (vers – 120000) que les archives commencent réellement à être consistantes. À dater de cette période, des centaines de sites en Europe et en Asie occidentale, de l'Atlantique à l'Ouzbékistan et du pays de Galles à la Méditerranée, ont apporté des preuves de leur occupation par des Néandertaliens, avant que l'espèce ne disparaisse finalement vers – 30000.

La constitution physique des Néandertaliens était tout à fait frappante. Leur cerveau était aussi gros que le nôtre, mais d'une conformation différente. Bien qu'une récente étude ait conclu que le moulage endocrânien des Néandertaliens révèle d'importantes similitudes avec le nôtre dans l'organisation externe et l'asymétrie, leur cortex d'association frontal (où, on le sait, s'effectue une grande partie des processus de la « pensée ») était peu développé, à l'instar de celui des hominidés antérieurs, et contrairement au nôtre. Chez l'homme, la voûte crânienne est arrondie et monte haut ; chez les Néandertaliens, elle est longue et basse, reflétant une conformation du cerveau tout à fait particulière dans cette espèce. Et la boîte crânienne se termine curieusement en chignon à l'arrière. À l'avant, deux gros bourrelets de forme arrondie et en continuité l'un avec l'autre surmontent les orbites, et la face fait fortement saillie, en particulier dans la région médiane, où les pommettes s'effacent de façon marquée par rapport à l'ouverture nasale, qui est très grande et dans laquelle figurent des structures inhabituelles. Chez l'homme moderne, par contraste, les arcades sourcilières ne donnent pas, le plus souvent, de bourrelet sus-orbitaire (et lorsque celui-ci existe, sa forme est différente) ; et la face, de petite dimension, est enfouie sous l'avant du crâne. Les différences de morphologie au niveau de la partie supérieure de la face se répercutent au niveau de la structure mandibulaire. Tandis que le menton avance chez l'homme moderne, celui des Néandertaliens est vertical ou fuyant ; les dents sont disposées sur deux courtes rangées chez le premier, et, chez le second, elles constituent deux longs alignements. Le crâne des deux espèces diffère également sur de nombreux points de détail plus fins.

En ce qui concerne le squelette, les Néandertaliens étaient, à certains égards, plus massifs que nous ne le sommes, et, globalement, ils étaient de stature plus petite, bien que certains aient été incontestablement grands. Les proportions de leurs membres différaient également des nôtres, le bras et la cuisse étant relativement plus courts. Les principales articulations du corps des Néandertaliens étaient plus grosses que les nôtres et la structure des os des bras et des jambes était plus épaisse, bien que le caractère plutôt discret des surfaces d'attachement des muscles soit en contradiction avec cette robustesse de construction des os. La structure des omoplates indique une musculature des bras très puissante, et certains détails de construction du pelvis massif des Néandertaliens suggèrent, par rapport à nous, de petites différences dans leur façon de marcher. Puisque le développement des os dépend, en partie du moins, des forces musculaires agissant sur eux, on a suggéré que la robustesse des Néandertaliens a peut-être été liée à un mode de vie très exigeant sur le plan physique. Mais la chose paraît douteuse, étant donné qu'un grand nombre des particularités anatomiques des adultes s'observent même chez les très jeunes Néandertaliens.

Les squelettes des Néandertaliens attestent que leur existence individuelle était courte et rude. Peu d'entre eux atteignaient l'âge de quarante ans, et leurs squelettes portent très fréquemment les traces de traumatismes et de difficultés alimentaires. Mais l'espèce elle-même a duré longtemps, vivant dans une région géographique étendue et à une époque qui fut marquée par de profondes fluctuations climatiques. Il n'a donc pas existé d'environnement spécifique pour les Néandertaliens, lesquels ont fait preuve d'adaptabilité pour exploiter leurs différents habitats. Globalement ceux-ci ont toujours été riches. De nombreuses populations de Néandertaliens ont vécu au contact d'une faune très variée de mammifères, de tailles les plus diverses, depuis la musaraigne jusqu'au mammouth, et comprenant de nombreux animaux relativement vulnérables vivant en troupeaux, comme le renne ou l'aurochs. Toutefois, on ne sait pas comment les Néandertaliens ont tiré parti de cette faune : se livraient-ils à la chasse, ou récupéraient-ils les carcasses ? Nous allons voir qu'existe une grande controverse à ce sujet.

Homo heidelbergensis, en Europe, ne disposait, nous l'avons vu, que d'un outillage de pierre taillée rudimentaire, bien qu'on puisse considérer qu'à partir de la date de – 300000, dans cette région du monde, des outils de type acheuléen ont existé. Antérieurement à – 200000, cependant (la date précise est difficile à déterminer), une manière radicalement nouvelle de fabriquer des outils de pierre apparaît dans les archives archéologiques, annonçant le début du paléolithique moyen (appelé en Afrique, l'« âge de la pierre moyen »). Cette technique consiste à faire subir une soigneuse préparation au bloc de pierre dont on veut tirer des outils : une fois cette préparation achevée, un coup de percuteur suffit habituellement à détacher un gros éclat qui, dès lors, n'a plus besoin que de modifications mineures pour devenir un outil fini. Les percuteurs utilisés pour ce faire étaient en matériau tendre (os ou andouiller), et non pas en pierre dure ; ou bien un « poinçon » en matériau tendre était interposé entre le percuteur et le bloc. L'avantage de cette technique était que chaque outil ainsi obtenu présentait un long bord tranchant continu, ce que ne fournissait pas la technique antérieure consistant à donner simplement une forme à un bloc de pierre au moyen d'une longue série de coups. Cette méthode de fabrication des outils par le biais d'un détour suppose que ces artisans avaient une compréhension poussée des propriétés de la pierre sur laquelle ils travaillaient, ainsi qu'une excellente perception de la façon dont ils pouvaient les utiliser au mieux. C'est donc un nouveau progrès conceptuel qui a été accompli dans la technique de fabrication des outils, bien qu'il soit impossible de dire quelle sorte d'hominidés ancestraux en a été responsable. Mais quel qu'en ait été l'auteur, cette nouvelle façon a été complètement et très habilement exploitée par les Néandertaliens.

La vie des Néandertaliens

S'il est vrai que les outils accompagnant les tout premiers Néandertaliens ont été d'un type banal, la nouvelle technique s'est rapidement répandue pour donner cette « industrie moustérienne » qui a été solidement (mais non exclusivement, comme nous le verrons) associée aux Néandertaliens en Europe et en Asie occidentale, aires où l'on a trouvé leurs fossiles. Le moustérien, ou un faciès culturel que l'on ne peut pratiquement pas distinguer, s'observe aussi en Afrique du Nord, où l'on ne connaît pas de Néandertaliens. Les outils de pierre moustériens sont magnifiques et représentent des variations sur de nombreux thèmes : l'une des plus anciennes classifications en avait reconnu quatre-vingts variantes (petits bifaces réalisés sur éclats, grattoirs, pointes...) alors qu'aujourd'hui il apparaît que nombre des prétendus « types d'outils distincts » représentent en réalité divers stades de réaffûtage des outils de base moustériens, lesquels ont un nombre de formes possibles plus limité. Ce mode d'utilisation et de réutilisation des outils (particulièrement de ceux qui étaient faits à partir de matériaux bruts désirables mais difficiles à obtenir) rend délicat l'établissement d'une typologie fondamentale des outils trouvés dans des sites moustériens. Quoiqu'on ait soutenu, en grande partie à juste titre, que l'outillage moustérien ne varie ni dans l'espace ni dans le temps, certains indices suggèrent que se sont constituées au cours du temps diverses traditions régionales divergentes en matière de fabrication d'outils.

Comparés à leurs successeurs, les artisans moustériens n'ont utilisé que des techniques relativement simples pour réaliser une gamme limitée de produits, en fonction de toute une gamme de modèles fondamentaux qu'ils avaient en tête ;

ils ont fait preuve, à un point inégalé jusque-là, d'une remarquable capacité à apprécier ce qu'il était possible de faire avec de la pierre. Leur capacité, jusqu'à un certain point du moins, d'un certain degré d'innovation locale, reflète un nouveau raffinement cognitif chez ces humains du paléolithique moyen.

Dans ces conditions, il est surprenant que ces excellents fabricants d'outils de pierre n'aient pratiquement jamais employé l'os ou l'andouiller comme matériaux bruts pour faire des outils. Cela contraste très nettement avec les hommes du paléolithique supérieur qui les ont remplacés : ces derniers non seulement les ont utilisés, mais les ont ornés et exploités de façon inventive pour toute une série d'usage. L'étude des traces d'usure sur les outils de pierre moustériens a montré que certains étaient utilisés à travailler le bois (affûtage des pointes de lance ?) ou à gratter des peaux. Mais en ce qui concerne l'outillage de base, la pierre restait le matériau privilégié. On peut en conclure à un certain développement intellectuel limité chez les Néandertaliens : ils ont reçu en héritage le concept du travail de la pierre, ils ont poussé cette technique jusqu'à un niveau inédit de raffinement, mais ils ne sont jamais allés plus loin que cela. Si les Néandertaliens ont réellement affûté les pointes de leurs lances, cette technique leur a certainement été léguée par de lointains ancêtres : une pointe de lance en bois a miraculeusement été préservée dans le site anglais de Clacton-on-Sea, datant peut-être de 350 000 ans, ce qui est beaucoup plus ancien que tous les restes fossiles attribués aux Néandertaliens[1]. On peut se servir de lances soit en les projetant comme des javelots, soit en les tenant au poing pour charger et infliger des coups ; mais on ignore si les Néandertaliens ont jamais monté des pointes de pierre taillée sur des lances. Des traces d'impact sur un petit nombre de pointes de pierre moustériennes semblent indiquer que cela a été le cas, au moins occasionnellement ; mais ces exemples sont vraiment rares, et il semble à peu près certain que les lances

1. Très récemment, il a été annoncé qu'on avait découvert, sur le site de Schoeningen en Allemagne, daté de 400 000 ans, plusieurs javelots longs de deux mètres chacun, soigneusement taillés dans le bois. *(N.d.A.)*

terminées par des pointes de pierre ne faisaient pas partie de l'arsenal néandertalien courant.

Les spécialistes se divisent sur le point de savoir dans quelle mesure les Néandertaliens étaient de vrais chasseurs. S'ils possédaient des lances de bois (ce dont on est à peu près sûr), on peut penser qu'ils devaient s'en servir à la chasse. Mais de quelle façon ? Les tenir au poing pour porter des coups n'est utile que lorsqu'on serre de près la proie visée, ce qui est extrêmement dangereux (en fait, les blessures présentées par certains squelettes néandertaliens pourraient bien témoigner de ce genre de pratique). D'un autre côté, on ne dispose pas encore de preuves solides, même indirectes, indiquant que les Néandertaliens se servaient des lances en les projetant à la façon des javelots[1]. La nature des os d'animaux trouvés dans certains sites moustériens semble plutôt aller dans le sens d'une pratique réelle de la chasse, bien qu'il soit toujours délicat de discriminer les traces laissées par la chasse et celles attribuables à la récupération des carcasses. Dans certains sites moustériens, on observe une proportion extrêmement élevée d'os correspondant aux parties les plus charnues de mammifères de taille moyenne, comme des chevaux ou des rennes. Cela pourrait constituer une preuve en faveur de la thèse de la chasse, ce qui irait à l'encontre de la thèse privilégiant la récupération de carcasses abandonnées par des fauves. Mais ce genre d'indices est malheureusement trop rare, et il est également possible que les Néandertaliens aient choisi les morceaux qu'ils récupéraient. La même sélectivité pourrait aussi expliquer la prépondérance d'espèces animales particulières dans certains sites moustériens, ce qu'on observe assez fréquemment. Dans d'autres endroits, peu nombreux, on a trouvé des outils associés aux restes de gros mammifères gisant au bas de falaises, et l'on a soutenu, sur la base de ces observations, que les Néandertaliens pratiquaient une forme de chasse consistant à acculer les troupeaux de chevaux au bord des falaises pour les faire chuter. Mais ces exemples sont rares, et on peut les expliquer plus trivialement.

1. Mais la récente découverte sur le site de Schoeningen en Allemagne, évoquée à la note précédente, pourrait indiquer le contraire. *(N.d.A.)*

La question est loin d'être simple. Dans un site italien, par exemple, les archives archéologiques indiquent qu'il y a eu une occupation moustérienne au cours de deux périodes distinctes. Pendant la première, qui a pris place durant le dernier interglaciaire (il y a environ 120 000 ans), l'occupation semble avoir été assez brève, et les restes des animaux consistent majoritairement en têtes d'individus âgés qui pourraient être morts de façon naturelle. Cela laisse penser très fortement que les Néandertaliens se sont ici livrés à la récupération sur des carcasses, plutôt qu'à la chasse. Lors de l'occupation ultérieure, à une époque plus froide, vers – 50000, les restes d'animaux proviennent principalement d'individus adultes et consistent en pièces venant de toutes les parties du corps. Du fait de la présence d'un nombre plus élevé d'outils, cela suggère une période d'occupation plus longue et le recours à une technique de chasse en embuscade. Libre à chacun d'interpréter ce site par l'amélioration des techniques ou l'adaptation à la variation du climat. Mais, dans la dernière période, au moins, la nature des os accumulés sur ce site suggère que les Néandertaliens ont chassé activement des herbivores de taille moyenne, comme le cerf ou le daim.

La plupart des archéologues conviennent que les Néandertaliens chassaient au moins occasionnellement des mammifères de cette dimension, mais s'attaquaient rarement à du gibier plus gros. Les hominidés étaient (et sont encore), de façon générale, des êtres vivants dont la vitesse de locomotion est faible ; et si l'homme moderne est un chasseur incomparablement efficace, c'est parce qu'il est habile, rusé et sait percevoir, bien mieux qu'aucune autre créature, les indices présents dans l'environnement. Il n'est pas du tout évident que les Néandertaliens aient disposé des mêmes atouts ; ils auraient donc été intrinsèquement limités dans le type de chasse qu'ils étaient capables de faire. La cynégétique fondée sur la ruse, telle que nous la connaissons, est probablement un trait propre à notre espèce. De toutes les façons, la chasse ne représentait pas l'activité économique essentielle des Néandertaliens qui ont toujours, à quelque époque que ce soit, tiré la plus grande partie de leur subsistance des plantes qu'ils cueillaient.

Notre perception de la vie des Néandertaliens est probablement biaisée par le fait que, jusqu'ici, on a surtout fouillé ceux de leurs sites qui étaient localisés dans l'entrée de grottes et dans des abris-sous-roche. C'était peut-être des lieux qu'ils affectionnaient, non pas simplement parce qu'ils leur permettaient de se protéger des éléments, mais aussi parce qu'ils étaient souvent situés près de bonnes sources de silex, le matériau qui convenait le mieux à la fabrication d'outils de pierre. Les sites en plein air, dont les traces ont pu être plus facilement effacées à jamais par les forces naturelles et les activités agricoles d'aujourd'hui, ont jusqu'ici moins attiré l'attention des paléoanthropologues. Mais, si l'on consacrait plus de temps et d'énergie à les localiser et à les fouiller, il est possible que notre vision de la vie des Néandertaliens en serait quelque peu changée. On sait cependant que les Néandertaliens revenaient souvent sur les mêmes lieux de campement situés dans les endroits qu'ils appréciaient particulièrement et que la durée de leur séjour variait. La présence de foyers est un trait constant des sites moustériens, et on a parfois trouvé des trous de piquets (et dans un site particulier, le moulage naturel d'un piquet de tente) prouvant que, de temps en temps, les Néandertaliens amélioraient leur campement en y dressant des huttes. Une publication récente signale la découverte d'une de ces constructions néandertaliennes tout au fond d'une grotte, ce qui suggère indirectement que ses occupants devaient disposer d'une certaine forme d'éclairage artificiel.

En comparaison avec ceux de leurs successeurs du paléolithique supérieur, les sites néandertaliens sont généralement assez simples et dépourvus de structures (suggérant une occupation par des groupes de petite dimension), mais il existe deux ou trois exceptions. Ainsi, tandis que dans la plupart des sites moustériens, les outils et les os sont dispersés au hasard, dans le site de Kebara, en Israël, les foyers sont localisés au centre de zones largement débarrassées de tout amas désordonné de cailloux, et les silex paraissent avoir été taillés et utilisés au voisinage des feux. Par ailleurs, les os d'animaux semblent avoir été jetés vers le fond de la grotte. Cela laisse penser que l'espace de vie de ces Néandertaliens était organisé d'une façon bien déterminée. Encore plus intrigant : dans une récente étude visant à réévaluer le site de Combe-Grenal[1] en France (où a été trouvé le moulage du piquet de tente), il semble que les hommes et les femmes occupaient des aires distinctes les unes des autres, se particularisant par différents types d'outils, d'os et d'usage du feu, ce qui suggère des types d'activité économique séparés, en fonction du sexe. Les femmes, d'après cette étude, recueillaient des aliments végétaux dans la proximité immédiate du campement, qu'elles cuisinaient sur des feux aux flammes courtes. Elles vivaient séparément des hommes. Ces derniers allaient rechercher leurs proies animales beaucoup plus loin et ne revenaient, semble-t-il, au campement qu'occasionnellement, rapportant avec eux des os à moelle qu'il fallait chauffer à de plus hautes températures pour en extraire le contenu nutritif. Cette séparation totale des activités économiques des hommes et des femmes (et même de leur vie) diffère radicalement de tout ce que l'on connaît chez les chasseurs-cueilleurs actuels ; l'avenir dira si cette interprétation sera ou non confirmée par d'autres études.

En ce qui concerne la stratégie économique globale, on a suggéré que les Néandertaliens vagabondaient à la recherche de nourriture, tandis que les chasseurs-cueilleurs modernes étaient (et sont encore, pour ceux qui existent toujours aujourd'hui) des collecteurs. La distinction est d'importance : les vagabonds vont de-ci de-là dans la nature, s'emparant de façon opportuniste de toute ressource alimentaire pouvant se trouver par hasard sur leur passage. Les collecteurs, de leur côté, prévoient l'utilisation des ressources alimentaires qu'ils savent où trouver, parce qu'ils en repèrent soigneusement la localisation et s'en souviennent. La prévision, la projection dans l'avenir, est une caractéristique remarquable de l'activité humaine moderne, et son apparente absence ou sa moindre expression chez les Néandertaliens semblerait révéler des capacités cognitives moins développées chez *Homo neanderthalensis* par comparaison à celles d'*Homo sapiens*.

1. En Dordogne, dans la région des Eyzies-de-Tayac. *(N.d.T.)*

L'étude de certains sites en Israël a conduit également à apercevoir d'éventuelles différences intéressantes entre ces deux espèces dans leur façon d'exploiter leur environnement. L'une des grandes énigmes de l'évolution des hominidés est, en effet, la suivante : tandis que l'arrivée en Europe de l'homme moderne a préludé à l'extinction tout à fait brutale des Néandertaliens, ces deux espèces d'homme se sont partagé la région du Levant pendant une longue période, depuis – 100000 jusqu'à – 40000 environ. On connaît, en Israël, des sites dans lesquels on trouve des fossiles de ces deux types humains.

Certains auteurs ont suggéré que les Néandertaliens étaient adaptés au froid et avaient donc été capables d'occuper ou de réoccuper la région pendant les phases froides, ne la cédant qu'à l'occasion des phases plus chaudes à *Homo sapiens*, lequel venait des régions tropicales. Cela se peut, mais il est très curieux que durant toute cette période en Israël les deux espèces employèrent pratiquement le même outillage lithique, dont le style était celui d'une version locale du moustérien. L'apparence globale des sites qu'ils nous ont légués est aussi très semblable. Mais l'étude minutieuse des restes d'animaux, ainsi que les traces de fracture et d'usure des outils de pierre, réalisée dans trois sites du Levant (deux occupés par les Néandertaliens et l'autre par les premiers hommes modernes) a suggéré un certain nombre de différences dans le mode de vie de ces deux espèces.

Selon cette étude, il semble que ces anciens habitants du Levant disposaient de deux stratégies pour se procurer leurs moyens de subsistance. L'une de celles-ci, la « pérégrination continue », consistait à changer constamment de site de campement, tandis que la totalité du groupe se déplaçait en masse au sein de son territoire. Cela revenait à suivre les changements saisonniers dans les ressources disponibles et à réagir à leur diminution inévitable dans l'environnement immédiat de tout campement. L'autre stratégie, les « expéditions rayonnantes », reposait sur un site de campement semi-permanent situé à peu près au milieu du territoire, et sur de plus petits campements satellites localisés dans des zones périphériques, au voisinage de certaines ressources intéressantes. Ces derniers sites n'étaient pas visités habituellement par le groupe entier, d'un seul coup, mais seulement par de petits groupes spécialisés dans une activité, et pour de courtes périodes, avec retour au campement central à la fin de chaque expédition. Les êtres humains qui mettaient en œuvre la stratégie des expéditions rayonnantes cherchaient à augmenter au maximum le temps qu'ils passaient au campement central et par suite n'entreprenaient que des expéditions assez courtes. Après une étude serrée des sites occupés par les Néandertaliens et de ceux occupés par les hommes modernes, les chercheurs en ont déduit que les premiers pratiquaient la stratégie des pérégrinations continues, tandis que les seconds recouraient préférentiellement à celle des expéditions rayonnantes. Ils ont aussi conclu qu'on ne pouvait invoquer des différences écologiques pour expliquer cette différence de stratégie. Assurément, le nombre des sites examinés est restreint, mais les résultats ainsi obtenus suggèrent que les Néandertaliens et les premiers hommes modernes ont exploité leur environnement, au Levant, de façons distinctes : vagabondage à la recherche de nourriture pour les premiers, collecte pour les seconds. Cela marque donc une différence innée entre la façon de voir le monde chez les Néandertaliens et chez les hommes modernes.

Les Néandertaliens et les sépultures

D'anciennes observations avaient crédité de façon spectaculaire les Néandertaliens de rituels bizarres, tel le « culte de l'ours » et le cannibalisme ; mais de récentes réévaluations des preuves supposées de ces comportements ont abouti à des conclusions plus prudentes. Cependant, les Néandertaliens se sont réellement livrés à un comportement très spécifique — l'inhumation des morts — qui laisse très certainement penser qu'ils avaient conscience de la mort, voire qu'ils avaient également une vie spirituelle. L'idée que les Néandertaliens aient pratiqué l'inhumation est aujourd'hui contestée par d'aucuns, bien qu'il soit avéré qu'occasionnellement du moins et très simplement, les Néandertaliens enterraient leurs morts : ils les disposaient en position repliée, ce qui peut s'expliquer très pratiquement par la nécessité de n'avoir à creuser ainsi qu'une fosse moins profonde. Il est tout à fait possible que l'inhumation des morts n'ait pas eu la même signification pour les Néandertaliens qu'elle ne l'a pour nous : peut-être s'agissait-il tout simplement de ne pas être gêné dans l'espace habité par la présence particulièrement déplaisante d'un cadavre ou de ne pas encourager les incursions dans ce même espace d'hyènes et d'autres charognards.

Surtout, on est loin de savoir si les sépultures néandertaliennes ont jamais impliqué le type de cérémonie qui est invariablement associé à cette pratique dans les populations humaines modernes, et qui, comme nous l'avons vu au chapitre premier, est spectaculairement illustré par de nombreuses sépultures du paléolithique supérieur. L'argument essentiel en faveur d'une inhumation néandertalienne complexe est fourni par la grotte de Shanidar, en Irak. En ce lieu, on a trouvé, dans une tombe datant de 50 000 ans, une quantité anormalement élevée de pollen. Cela a suggéré aux chercheurs qui ont fouillé ce site que le défunt aurait été déposé sur un lit de fleurs printanières, ce qui incite à se demander suivant quels rites. Mais le pollen a pu entrer dans la fosse de bien des manières. Une deuxième sépulture dans ce même lieu — celle d'un vieil homme handicapé par un bras atrophié — induit d'autres questions. La vie que menaient les Néandertaliens était dure, et un tel handicap aurait presque inévitablement été fatal si l'individu concerné n'avait pas bénéficié d'un soutien à long terme de son groupe. Cependant, le meilleur indice capable de révéler l'existence de rites funéraires est la présence dans la tombe de ce que l'on appelle le « mobilier funéraire » : il s'agit entre autres d'objets façonnés et de nourritures dont le défunt pourrait avoir besoin dans sa vie future. Les sépultures du paléolithique supérieur sont, de façon typique, caractérisées par un riche mobilier de ce type ; or tous les objets trouvés dans les sépultures néandertaliennes relèvent de catégories qui auraient bien pu figurer accidentellement dans la fosse : les outils de pierre et les os d'animaux gisaient à profusion sur le plancher d'occupation des sites néandertaliens, et il eût été étonnant que quelques-uns ne se glissassent pas dans les tombes, tandis qu'on remplissait celles-ci.

Deux inhumations moustériennes offrent, cependant, la preuve convaincante d'objets déposés intentionnellement dans des tombes. Il s'agit de deux sépultures (Skhul et Qafzeh, datant toutes deux d'environ 100 000 ans) au sein de sites du Levant qui ont été occupés par des premiers hommes modernes (ou, dans le premier cas, par des hominidés très proches de ceux-ci, mais certainement pas par des Néandertaliens). Tient-on là un indice supplémentaire signalant de façon très tentante de nouvelles différences cognitives entre les Néandertaliens et les hommes modernes ? À Skhul, un être humain d'apparence pratiquement moderne tient serré dans ses mains une mâchoire inférieure de sanglier ; et à Qafzeh, une grande paire de cornes de daim est posée sur le corps d'un homme moderne. Ces deux cas mis à part, on n'a pas trouvé de mobilier funéraire incontestable qui soit associé à une quelconque sépulture moustérienne (néandertalienne ou autre). Il existe nombre d'autres manières de se débarrasser de cadavres qu'en creusant des fosses pour les y déposer ; l'inhumation indique donc l'existence, pour le moins, d'un fort sentiment d'attachement entre les individus, sans précédent : cette pratique constitue un geste fait en direction du défunt, qui est loin d'être nécessaire, hormis pour des raisons affectives. Quoi qu'il en soit, il est difficile d'affirmer que la sépulture néandertalienne s'inscrivait dans le cadre de l'expression symbolique, par opposition à la simple expression de la douleur et du sentiment de perte.

Si les sépultures néandertaliennes ne prouvent donc pas que cet hominidé était capable d'activité symbolique, existe-t-il d'autres traces matérielles de cette activité ? L'art, les symboles et les systèmes de notation sont parmi les éléments les plus frappants du patrimoine culturel que nous ont légué les hommes du paléolithique supérieur en Europe. Les exemples supposés les plus anciens de l'activité symbolique sont antérieurs aux Néandertaliens. Sur un fragment d'os trouvé à Bilzingsleben, en Allemagne, figure une curieuse série d'incisions qui peuvent difficilement être appelées de l'art, mais semblent avoir été délibérément réalisées par la main humaine, il y a environ 350 000 ans. Dans le site prémoustérien de Berekat Ram en Israël, on a mis au jour un caillou portant une gravure représentant, affirme-t-on, la grossière silhouette d'une femme. Il faut regarder comme des cas un peu à part ces premières manifestations d'une activité symbolique, bien que ni l'une ni l'autre ne soit très impressionnante et que l'on ne puisse pas affirmer, pour l'une comme pour l'autre, qu'elles sont indiscutablement le fruit d'une activité délibérée. Le point le plus important est qu'aucune des productions néandertaliennes supposées n'est plus frappante que ces tout premiers exemples. Durant toute la période pour laquelle nous disposons de documents pouvant être attribués aux Néandertaliens, nous trouvons, très occasionnellement, un os portant des incisions, une dent ou un fragment d'os grossièrement percé d'un trou, ou un morceau de pierre présentant d'étranges cavités. Occasionnellement aussi, dans les sites néandertaliens, un fossile rapporté d'ailleurs (ce qui indique, au moins, une sorte de curiosité esthétique) est retrouvé ou des amas d'ocre qui pourraient avoir ou non été utilisés pour orner le corps. Mais ces manifestations d'activité symbolique, même intentionnelles (d'autant que certaines traces laissées sur des os par le débitage de carcasses, par exemple, peuvent facilement être prises pour des séries délibérées d'incisions), n'étaient pas une caractéristique courante de la vie des Néandertaliens ; l'activité symbolique, ou du moins, son expression matérielle, n'occupait pas une place importante dans la culture dominante de ces premiers hommes. Le contraste est d'autant plus prononcé avec la force et le volume de l'expression symbolique rencontrée chez l'homme de Cro-Magnon.

La fin des Néandertaliens

Treize mille ans après la date de pénétration des premiers hommes modernes en Europe (date que l'on fixe généralement à – 40000), les Néandertaliens ont été évincés de leur dernier refuge dans cette région du monde et poussés à l'extinction. Comme nous l'avons vu, les premiers *Homo sapiens* qui les ont remplacés étaient équipés de toute la gamme des techniques et des traits culturels du paléolithique supérieur. Cependant, ce remplacement ne s'est pas réalisé en un jour, même en des lieux précis. Dans un petit nombre de sites de l'ouest de la France et du nord de l'Espagne, il existe des traces d'une culture matérielle appelée le châtelperronien, datant de – 36000 à – 32000. Cette industrie présente certains aspects du paléolithique supérieur (en particulier, elle comprend de nombreuses lames longues et minces, comme notamment des burins et certaines réalisations en os), mais tout le monde aujourd'hui est à peu près d'accord pour admettre qu'elle a été le fait des Néandertaliens. À Roc-de-Combe et à La Piage[1], dans l'ouest de la France, le châtelperronien alterne, dans les couches archéologiques, avec l'aurignacien, industrie des premiers hommes modernes, ce qui montre que le remplacement des Néandertaliens par ceux-ci ne s'est pas fait en une seule fois. Les archéologues sont de plus en plus nombreux à penser que le châtelperronien a été l'œuvre des Néandertaliens, qui ont copié directement ou indirectement les techniques du paléolithique supérieur.

Dans un niveau châtelperronien d'Arcy-sur-Cure[2] (de concert avec des ossements de Néandertaliens), on a trouvé un pendentif en os gravé, de forme complexe et très finement exécuté et poli, qui a représenté, très vraisemblablement, un objet d'ornement personnel porté par un Néandertalien. Cet objet unique en son genre a été réalisé à un moment où l'homme moderne avait déjà commencé à pénétrer dans la région en question. Il se pourrait que de tels objets n'aient pas été inventés par les Néandertaliens mais acquis par le biais d'échanges avec les hommes modernes. Le châtelperronien a représenté un stade très tardif du moustérien : le paléolithique moyen ne s'est pas transformé en paléolithique supé-

1. Dans le Lot. *(N.d.T.)*
2. Dans l'Yonne. *(N.d.T.)*

rieur par le biais du châtelperronien, pas plus que les Néandertaliens, d'aspect physique très différent, n'ont donné par évolution les hommes modernes.

On ne peut pas, en tout cas, invoquer le châtelperronien pour estomper la distinction entre les Néandertaliens et les hommes modernes, que ce soit sur le plan des techniques ou sur celui des activités symboliques. Presque tout ce que nous savons des Néandertaliens conduit à conclure qu'il s'agissait d'êtres qui, bien que dotés d'un gros cerveau, étaient cognitivement distincts de nous. Et c'est cette différence, presque à coup sûr, qui explique leur disparition. Les hommes modernes sont arrivés en Europe il y a environ 40 000 ans, et vers – 27000, les Néandertaliens avaient disparu à jamais. Ces derniers avaient certes réussi admirablement à s'adapter jusqu'ici aux aléas climatiques, y compris à leurs épisodes parfois les plus durs. Mais ils ne purent faire face à un facteur entièrement nouveau : notre propre espèce. On débattra sans doute sans fin de la question de savoir si les Néandertaliens se sont éteints parce qu'ils ont été battus dans la compétition pour les ressources ou s'ils ont été physiquement exterminés par les hommes modernes qui ont envahi l'Europe. La vérité se situe probablement entre les deux. Mais la disparition des Néandertaliens n'est pas, en soi, le phénomène extraordinaire que l'on décrit souvent. Presque toutes les espèces qui ont un jour vécu sur cette planète se sont éteintes, tout comme celles qui vivent aujourd'hui pourraient connaître le même sort, tandis que, globalement, la vie continue à développer son exubérante diversité.

Les Néandertaliens ne représentent pas simplement un stade inférieur d'*Homo sapiens.* Le jeu de l'évolution se déroule de manière diverse et les Néandertaliens ont joué dans le cadre d'un ensemble différent de règles. Avec le changement de circonstances, celles auxquelles ils étaient adaptés les ont finalement condamnés. Mais c'est en nous comparant avec les Néandertaliens que nous pouvons le mieux juger ce qui fait l'unicité de l'espèce humaine au sein de la nature.

L'apparition de la parole et du langage

De tous nos attributs remarquables, le plus frappant est le langage. Et pour juger de l'importance du fossé cognitif qui nous sépare des Néandertaliens, savoir s'ils possédaient le langage est un point crucial. Si tel était le cas, on pourrait conclure qu'ils étaient identiques à notre espèce, en dépit de leurs nombreuses différences physiques et de la diversité limitée de leur production matérielle. Le problème est que le langage est fondamentalement un produit du cerveau, et, comme nous l'avons vu, interpréter les observations sur les moulages cérébraux fossiles est difficile. Pour autant que l'on puisse en juger, le long processus d'accroissement du volume du cerveau est allé de pair avec celui de l'accroissement de sa complexité. Mais, notamment en raison de l'apparente dispersion au sein du cortex de diverses fonctions liées aux aptitudes linguistiques, il est difficile de comprendre ce que cela a signifié exactement. Nous ne pouvons pas, par exemple, établir avec certitude une corrélation causale entre les asymétries hémisphériques et le langage. Mais tandis que ce dernier comme faculté intellectuelle ne laisse pas de trace, il n'en va pas de même en ce qui concerne la faculté physique qui accompagne le langage articulé puisque les sons nécessaires au langage sont produits en dehors du cerveau par les structures de l'appareil vocal. Et tandis que ce dernier ne se conserve pas à l'état fossile, les structures de la base du crâne qui le surmontent le peuvent.

Les principales structures de l'appareil vocal sont le larynx, l'organe logé dans le cou qui contient les cordes vocales, le pharynx, le conduit situé au-dessus de ce dernier, qui rejoint les cavités buccale et nasale, la langue et les structures de la bouche qui lui sont liées. Les sons de la voix sont au départ formés au sein du flux d'air provenant des poumons, grâce à l'action du larynx, puis ils reçoivent une modification supplémentaire au cours du passage de l'air dans le pharynx. Chez les mammifères, en général, y compris chez les grands singes et tous les autres primates, le larynx se situe haut dans le cou, de sorte que le pharynx est court. Par suite, ce dernier ne peut guère être manipulé par la musculature adjacente et ne peut donc pas modifier beaucoup les vibrations de l'air qui le traverse en provenance du larynx. Chez les êtres humains adultes, au contraire, le larynx est situé bas dans le cou, ce qui allonge le pharynx et rend possible un surcroît de modification des sons. Mais cette disposition anatomique empêche de pouvoir respirer et avaler en même temps. D'où ce que l'on observe chez le nourrisson, qui doit pouvoir respirer et avaler en même temps, pendant qu'il tète longuement, en sorte qu'il naît avec l'organisation anatomique mammalienne primitive de l'appareil vocal. Ce n'est que plus tard que le larynx commencera à descendre en position basse, c'est-à-dire vers l'âge de deux ans.

Les enseignements que l'on peut tirer de ces observations anatomiques sont assez évidents en ce qui concerne la production de la parole. Les sons qui rendent possible cette dernière sont en grande partie obtenus par les modifications du calibre du conduit pharyngien, grâce aux muscles qui l'entourent, modifications qui ne peuvent se produire que dans un pharynx long et haut situé, comme c'est le cas chez l'adulte humain. Les grands singes sont incapables de produire de tels sons, ni les bébés humains. Et cette limitation se reflète dans la forme de la base de leur crâne. Celle-ci, à la façon typique des mammifères, est plate (quel que soit leur âge) et il en est de même chez les bébés humains. Chez les êtres humains adultes modernes, d'un autre côté, la base du crâne est fortement arquée vers le bas, pour s'adapter à la grande dimension et à la courbure du pharynx. La différence est vraiment frappante. Et le seul avantage *évident* que l'on peut attribuer à cette configuration de la base du crâne typique de l'adulte humain moderne (ou du moins la seule que nous sommes en mesure d'envisager en nous référant à un modèle vivant) est qu'elle confère la capacité (ou au moins la possibilité) de la parole.

La forme de la base du crâne reflète-t-elle donc la capacité de parler ? Nous savons qu'un appareil vocal du type de celui des grands singes possède une morphologie incompatible avec la production de la parole et que la morphologie de cet appareil chez l'homme pleinement moderne la permet. Nous ne pouvons pas savoir, en revanche, avec certitude quelles capacités sous-tendaient les stades morphologiques intermédiaires retrouvés dans les archives fossiles. Il est bien établi que la base du crâne chez les australopithèques est plus ou moins plate, ce qui suggère que ces hominidés ne possédaient pas de mécanisme qui leur aurait permis de produire des sons complexes mieux que n'en sont capables les grands singes. Mais, plus nous nous rapprochons de notre espèce dans l'évolution, plus nous entrons dans une zone d'incertitude, tant il est difficile d'envisager quelles conséquences sur les capacités de communication pouvait avoir un léger changement de la courbure du crâne en direction de la forme existant chez l'homme moderne : peu d'études en ce sens ont été réalisées. On observe chez *Homo ergaster* et chez *Homo erectus* un léger début de courbure de la base du crâne, ce qui suggère que le larynx avait amorcé un mouvement de descente. Jeffrey Laitman, professeur à la faculté de médecine du mont Sinaï à New York et l'un des chefs de file dans ce type de recherche, tend à penser qu'au moins initialement ce mouvement de descente a probablement répondu à des modifications respiratoires plutôt que vocales ; quoi qu'il en soit, ce changement a ouvert la voie à une augmentation ultérieure des capacités vocales. On a décelé, chez des individus de l'espèce *Homo heidelbergensis*, une courbure de la base du crâne presque semblable à celle de l'homme moderne. On pourrait donc penser qu'il s'est produit une modification graduelle de l'appareil vocal périphérique, plus ou moins en phase avec l'accroissement de la dimension du cerveau. Or les Néandertaliens viennent troubler le motif de ce beau tableau. Il existe un crâne de Néandertalien (relativement tardif, trouvé en France), qui a été examiné en détail de ce point de vue : sa base du crâne n'est, dit-on, que modestement arquée, et cette observation a même été confirmée par une récente reconstruction. Bien plus, on a testé, au moyen de simulations par ordinateur, la capacité de son appareil vocal à produire des sons : l'individu, de son vivant, avait dû être incapable d'engendrer certains sons cruciaux à la production de la parole.

Mais le bref examen d'un crâne de Néandertalien antérieur trouvé en Italie a révélé une plus grande courbure de sa base, ce qui laisse supposer une plus grande aptitude potentielle à la parole. Savoir si les Néandertaliens étaient ou non capables de parler est donc un problème qui n'est pas encore réglé. Des études de ce genre plus détaillées et approfondies permettraient sûrement de mieux comprendre comment est apparue l'aptitude à la parole dans l'évolution des hominidés. Malheureusement, les chercheurs dans ce domaine semblent avoir été découragés par les premières critiques qui leur ont été faites.

La forme de la base du crâne n'est cependant pas la seule caractéristique sur laquelle s'appuyer pour essayer de résoudre la question de l'aptitude à la parole. Les chercheurs ont, par exemple, repéré de façon inattendue un autre indice, lors de l'étude du spécimen d'*Homo ergaster* appelé le « jeune garçon de Turkana ». Ils ont remarqué que, chez cet individu, le canal vertébral thoracique (la partie haute du canal osseux dans lequel descend la moelle épinière pour aller contrôler les diverses régions du corps) ressemble moins à celui des êtres humains modernes que la partie basse de ce même canal. La partie haute de ce dernier (dite thoracique) héberge la région de la moelle épinière qui apporte les influx nerveux en provenance du cerveau, commandant les muscles de la cage thoracique et de la paroi abdominale. Ceux-ci permettent, quant à eux, un contrôle précis du mécanisme d'expulsion de l'air par les poumons. Les différences de dimension et de forme du canal thoracique que l'on observe en passant d'*Homo ergaster* à *Homo sapiens* suggèrent que, chez le premier, l'innervation de la musculature était moins développée. Et cela, à son tour, indique qu'*Homo ergaster* n'était pas capable d'effectuer un contrôle aussi précis que nous de sa cage thoracique, et donc du flux d'air provenant des poumons. On voit difficilement pourquoi chez nous le canal thoracique aurait dû augmenter de volume, en dehors de contraintes supplémentaires sur le système respiratoire imposées par le phénomène de la parole. Qu'*Homo ergaster* manquait des mécanismes thoraciques nécessaires au processus de modulation des sons est une preuve venant étayer la thèse de Laitman, selon laquelle le début d'incurvation de la base du crâne chez *Homo ergaster* n'est pas associable à la production de la parole[1].

Les preuves physiques de l'apparition de l'aptitude humaine à parler demeurent donc ambiguës. Pour autant qu'on soit en mesure de les interpréter, elles coïncident mal, c'est le moins que l'on puisse dire, avec celles qui permettent d'attester une compétence linguistique sur la base des archives archéologiques. Il est difficile de ne pas soutenir que le langage articulé est étroitement lié à tous les autres aspects — mystérieux et souvent impénétrables — des comportements de l'homme moderne. Or, nous savons que la morphologie effectivement moderne de la base du crâne est apparue longtemps avant que nous ne trouvions de preuves archéologiques convaincantes attestant l'existence de comportements symboliques complexes. En réalité, comme nous l'avons vu, la forme de l'appareil vocal d'*Homo heidelbergensis*, telle qu'on peut la déduire, est plus ou moins moderne, auquel cas l'acquisition de l'appareil vocal permettant la parole a précédé l'arrivée d'*Homo sapiens* de plusieurs centaines de milliers d'années. Ce qui pouvait signifier que le mouvement de descente du larynx a non seulement commencé en raison de quelque modification respiratoire, comme Laitman le suggère, mais qu'il s'est poursuivi pour des raisons autres que linguistiques. Le fait que pour expliquer cette descente du larynx nous ne puissions avancer jusqu'ici que le langage comme avantage évolutif ne prouve pas nécessairement que ce soit la seule cause. S'il y en avait une autre, il serait alors avéré que l'évolution de l'appa-

1. On s'est également arrêté à un autre trait afin d'essayer d'estimer l'éventuelle aptitude à la parole des premiers hommes. L'os hyoïde constitue une structure flottant librement dans la gorge et servant de point d'attache à toute une série de muscles au sein de l'appareil vocal. Et, bien que petite et fragile, la partie osseuse de l'hyoïde est occasionnellement préservée sous forme fossile. Jusqu'à présent, on ne connaissait aucun hyoïde fossile qui ait appartenu aux Néandertaliens. Mais récemment on en a découvert un. Il s'agit de l'hyoïde d'un individu enterré à Kebara, en Israël, et cette découverte a immédiatement soulevé l'espoir d'éclairer, sinon de résoudre, l'énigme de l'aptitude à la parole des Néandertaliens. Mais la mariée était trop belle : bien que l'hyoïde de Kebara ressemble assez à celui qui existe dans notre propre espèce, seule sa partie osseuse est préservée, laquelle ne représente qu'une petite partie de la structure complète. Les spécialistes se disputent sur la forme que revêtait la partie cartilagineuse disparue. *(N.d.A.)*

reil vocal et celle des centres cérébraux concernés par le langage ne se sont pas produites de concert, ce qui, à son tour, rendrait moins problématique la réconciliation des données archéologiques et anatomiques.

L'acquisition simultanée des appareils central et périphérique nécessaires au langage est une prouesse ontogénétique dont on conçoit difficilement qu'elle soit advenue autrement qu'au terme d'un processus évolutif en plusieurs étapes. L'appareil vocal de l'homme moderne, capable de moduler énormément les sons, est probablement une exaptation : à l'origine, sa mise en place aurait eu lieu dans un cadre non linguistique, remplissant, pendant une longue période, une fonction autre que la parole, avant de passer au service de celle-ci lorsque les structures cérébrales adéquates se sont à leur tour mises en place. Une exaptation, c'est-à-dire une structure nécessaire qui a été initialement acquise dans un autre contexte, n'est pas quelque chose de rare ; nous avons vu que, dans le cours de l'évolution, de nouvelles structures apparaissent fréquemment pour des fonctions autres que celles qu'elles desserviront finalement. Il suffirait, dans le cas envisagé de l'appareil vocal, qu'un avantage *quelconque* ait contrebalancé le désavantage de l'étouffement — un avantage qui aurait pu être même une forme quelconque d'amélioration de la communication vocale sans pour autant que l'on puisse déjà à proprement parler de « langage » dans l'acception courante. Dans le cadre d'une évolution de ce type, dont la forme n'est pas du tout exceptionnelle, la nouvelle configuration anatomique n'aurait réalisé la *totalité* de ses potentialités que lorsque les mécanismes cérébraux appropriés auraient été acquis, lesquels n'auraient pu fonctionner que dans la mesure où existait déjà l'appareil périphérique nécessaire.

La disjonction dans le temps de l'évolution entre l'acquisition de l'appareil vocal et l'acquisition de la faculté symbolique éclaire le point de savoir si les Néandertaliens possédaient le langage : la réponse est négative, pour autant que l'on s'en tienne au langage dont notre espèce est dotée. L'appareil périphérique nécessaire à la parole existait déjà avant les Néandertaliens; mais chez quelques-uns du moins, la base du crâne étant plus ou moins plate, le mouvement de descente du larynx a dû, fait évolutif sans précédent, s'inverser dans la lignée conduisant à ces hominidés. Cela tendrait d'ailleurs à indiquer que l'amorce de ce mouvement avait très vraisemblablement été liée à une question d'adaptation de la respiration à quelque facteur de l'environnement, et qu'il n'avait pas dépendu de la parole en tant que telle. Quoi qu'il en soit, si nous ajoutons à la position haute du larynx chez les Néandertaliens l'absence de preuves archéologiques convaincantes en matière d'activité symbolique, il semble raisonnable de conclure que les Néandertaliens ne communiquaient pas comme notre espèce le fait. Bien plus, grâce à d'abondantes traces archéologiques, on peut attribuer aux premiers hommes modernes ayant occupé l'Europe et évincé dans le même temps les Néandertaliens d'étonnantes réalisations (sur lesquelles nous avons ouvert notre ouvrage) : art, symboles, musique, système de notation, langage, perception du mystère, maîtrise de matériaux divers et ingéniosité pure et simple — toutes ces caractéristiques ne sont pas observables chez les Néandertaliens, mais elles sont naturelles à *Homo sapiens*.

Notre espèce résulte d'une longue histoire évolutive, à laquelle ont pris part de nombreux acteurs différents et, dans nos archives fossiles, c'est par hasard qu'au cours de vastes durées se sont accumulées les diverses caractéristiques faisant partie de ce complexe de traits anatomiques et comportementaux qui nous distingue de nos plus proches apparentés vivants. Dans tout ce que nous pouvons raisonnablement deviner du comportement de ces autres proches apparentés que furent les Néandertaliens, nous voyons que le fossé cognitif béant entre l'homme moderne et le reste de la nature n'est que partiellement comblé. Ce que nous savons des Néandertaliens amenuise ce fossé ; mais leurs prédécesseurs et eux-mêmes ne l'ont qu'à moitié comblé, dans le meilleur des cas. Mis à part la bipédie et la fabrication des outils de pierre, c'est seulement avec l'arrivée d'*Homo sapiens* que nous trouvons une véritable innovation, une rupture radicale par rapport à ce qui avait caractérisé jusque-là l'évolution humaine, à savoir l'amélioration sporadique en des domaines déjà existants.

L'émergence de l'homme moderne

Nul ne saurait aujourd'hui préciser d'*où* sont venus les premiers hommes modernes ayant pénétré en Europe. La seule certitude est qu'ils sont arrivés d'ailleurs complètement formés. L'Europe n'est très certainement pas le lieu où a *émergé* l'homme moderne. La localisation de sa région d'origine est rendue délicate par le fait que l'homme « moderne » peut s'entendre en deux sens distincts : anatomique ou comportemental. Mais, sur la base des fossiles, il ne fait guère de doute qu'*Homo sapiens* a émergé en Afrique ou dans son voisinage. Les recherches moléculaires suggèrent également que notre espèce a bien une origine africaine, se situant peut-être entre – 160000 et – 130000. Bien que ces dates fassent l'objet d'une certaine controverse, le fait que les populations africaines actuelles présentent une plus grande diversité moléculaire que celle des autres continents montre, de façon assez convaincante, qu'*Homo sapiens* se différencie évolutivement dans cette région depuis bien plus longtemps que partout ailleurs.

Les archives fossiles, bien que maigres, racontent la même histoire. Il y a peut-être 120 000 ans de cela, des êtres humains d'aspect assez moderne ont campé près de la pointe sud de l'Afrique, dans certains sites de l'embouchure de la rivière Klasies. Ils y ont fabriqué des outils de type « âge de la pierre moyen » (plus ou moins équivalent du moustérien d'Europe et d'Asie occidentale, nous l'avons vu) ; mais certaines traces indiquent que leur mode d'occupation de l'espace au sein de leurs sites de campement était de style plus moderne que leurs objets façonnés, même s'ils n'ont laissé derrière eux aucune preuve matérielle attestant des activités symboliques. Les fossiles humains de l'embouchure de la rivière Klasies sont peu nombreux et fragmentaires; ils ont été interprétés comme les restes d'un festin de cannibales : c'est la plus ancienne preuve solide que nous ayons d'un tel comportement.

D'autres sites en Afrique ont livré de premiers hommes d'anatomie moderne, mais leur interprétation pèche par des incertitudes de datation. Un crâne moderne fragmentaire de la vallée de l'Omo, en Éthiopie, semble âgé de 125 000 ans, bien que d'autres spécimens d'Afrique datant plus ou moins de cette période gardent une forme plus archaïque. De son côté, la région du Levant faisait effectivement partie de l'Afrique, si l'on en juge d'après sa faune, et il est intéressant de noter que c'est de cette région que provient la seule preuve fossile solide et bien datée des tout premiers hommes modernes. En Israël, les sites de Skhul et de Qafzeh ont récemment été datés de presque 100 000 ans (le premier site, d'un peu plus; le second, d'un peu moins). Comme nous l'avons vu, ces sites ont tous deux livré des outils de type moustérien; mais dans chacun d'eux on a effectivement trouvé des preuves d'une inhumation accompagnée d'objets funéraires simples intentionnellement déposés. À Qafzeh, les fossiles humains présentent une certaine diversité, mais incluent très certainement les restes d'individus appartenant à l'espèce *Homo sapiens*. Et à Skhul, la plupart des spécialistes admettent que les fossiles relèvent de notre espèce, bien qu'ils retiennent quelques caractéristiques archaïques (mais certains paléoanthropologues ne sont pas d'accord). Sur la base de Qafzeh, donc, nous avons la preuve incontestable qu'au Levant, des hommes d'anatomie moderne, ou presque, étaient présents à une date très proche de – 100000.

Les êtres humains modernes ont, d'une façon ou d'une autre, coexisté avec les Néandertaliens en Israël, depuis le moment au moins de Qafzeh et de Skhul jusqu'à environ – 40000 : les premiers outils relevant du paléolithique supérieur dans cette région apparaissent peu de temps avant que les Néandertaliens locaux ne disparaissent finalement. Cela suggère que c'est l'adoption de modes de comportement modernes qui a finalement permis à *Homo sapiens* de régner sans partage. Cependant, les marques d'une activité symbolique à ce stade précoce sont peu nombreuses. On a décrit récemment une plaque comportant des sinuosités gravées, trouvée à Qundytra, sur le plateau du Golan, qui est manifestement un objet intentionnellement façonné, datant de – 50000. À cette époque, les outillages des Néandertaliens et des hommes modernes sont plus ou moins indistinguables, et on ne sait pas, d'après les caractéristiques de ce site, s'il a été occupé par des Néandertaliens ou par des hommes modernes, voire par les deux. Mais même avec l'arrivée des techniques du paléolithique supérieur, qui sont, pour autant que nous le sachions, exclusivement l'œuvre des hommes modernes, on ne voit pas apparaître immédiatement au Levant de traces de cette activité symbolique si caractéristique des premiers hommes modernes en Europe (lesquels ont eu également une technique de fabrication des outils de pierre taillée qui leur était particulière). Cela est moins énigmatique qu'il n'y paraît : l'expression culturelle chez les peuples actuels revêt des formes extrêmement variées en sorte que l'activité symbolique qui s'exerce systématiquement chez tous ces peuples est loin de toujours laisser des traces dans les archives archéologiques à venir. Les premiers Européens modernes qui ont évincé les Néandertaliens possédaient un répertoire culturel qui, par hasard, était susceptible de laisser des traces, sous la forme de ces nombreuses et spectaculaires réalisations artistiques, telle la « cathédrale » pariétale de Lascaux — bien que tous les sites archéologiques ne soient pas aussi riches les uns que les autres. Cependant, les données dont nous disposons maintenant suggèrent manifestement que les modes de comportement modernes sont apparus bien plus tard que les premiers signes anatomiques de la modernité.

On ne sait pas précisément ce qui s'est passé dans les domaines biologique et comportemental lorsque les hommes modernes ont envahi l'Europe. Nous ignorons jusqu'aux routes qu'ils empruntèrent. Il n'y a guère, pourtant, la chose paraissait simple : les plus anciens sites où l'on avait trouvé des industries du paléolithique supérieur en Europe (qui étaient invariablement associés, lorsqu'y figuraient des fossiles préservés, à des hommes d'anatomie moderne) étaient situés à l'Est. En particulier, le site de Bacho Kiro, en Bulgarie, daté de plus de 40 000 ans. Les hommes modernes, semblait-il, avaient envahi l'Europe vers cette époque, en partant de quelque part à l'Est. Et à la date de – 27000, ils avaient évincé les Néandertaliens de leur dernière place forte, la péninsule Ibérique, dans l'extrême Ouest. À présent, des sites du paléolithique supérieur ont été identifiés dans cette même péninsule Ibérique, qui datent d'environ 40 000 ans, et sont donc plus anciens que tous les sites à l'ouest de la Bulgarie. Les premiers hommes modernes sont-ils entrés en Europe à peu près à cette époque en plusieurs vagues, par différents points ? Certains de leurs premiers essais d'implantation ont-ils échoué ? Que signifie l'alternance de l'aurignacien et du châtelperronien dans certains sites de France ? De nouvelles découvertes et de nouvelles datations permettront certainement d'éclaircir cette question.

L'occupation de l'Europe par les hommes modernes semble donc avoir été le fruit d'un processus complexe, qui s'est étalé sur une longue période de temps : l'éviction des Néandertaliens a pris plus de douze mille ans. Certains paléoanthropologues ont soutenu qu'il n'y avait pas eu, en fait, éviction, mais absorption de populations : les nouveaux arrivants modernes se seraient hybridés avec les Néandertaliens, et les gènes de ces derniers auraient été « submergés » par ceux des envahisseurs. Cette vision pacifique n'est guère accréditée par les archives archéologiques (qui, en certains endroits, montrent un processus de remplacement rapide) ; et l'ampleur des différences physiques entre Néandertaliens et hommes modernes rend très invraisemblable l'idée qu'ils auraient pu s'hybrider sans problème. La rencontre entre les hommes de Cro-Magnon et les Néandertaliens n'a pas toujours dû être harmonieuse.

Les spectaculaires et précoces réalisations artistiques, musicales et symboliques dans les archives du paléolithique supérieur en Europe, bien avant – 30000, ne disent pas pour autant quel fut le laps de temps nécessaire à l'acquisition des sensibilités et tendances modernes. Les plaques délicatement gravées de l'abri Blanchard incarnent quelque forme de notation symbolique, même s'il n'est pas certain que cela ait correspondu à un calendrier lunaire, comme il a été suggéré Or l'activité symbolique est au cœur même du sens de l'humain. Car s'il est une chose qui distingue les êtres humains de tous les autres organismes, actuels ou éteints, c'est la capacité de pensée symbolique : l'aptitude à produire des symboles mentaux complexes et à les manipuler selon de nouvelles combinaisons. C'est le fondement même de l'imagination et de la créativité, de cette capacité unique en son genre qu'ont les êtres humains de créer un monde dans leur esprit et de le recréer dans le monde réel, en dehors d'eux-mêmes. D'autres espèces peuvent peut-être exploiter le monde extérieur avec une grande efficacité, comme nous l'avons vu dans le cas des chimpanzés. Mais ils demeurent fondamentalement des sujets passifs et des observateurs de ce monde. Même les Néandertaliens, si remarquables qu'ils aient été, n'ont, selon toute vraisemblance, guère dépassé cette condition.

C'est dans l'art des hommes de Cro-Magnon que nous voyons exposées de la façon la plus spectaculaire leurs capacités remarquablement humaines. Car, comme nous l'avons vu, il s'agissait de beaucoup plus que d'une simple restitution mécanique de l'environnement qui les entourait. C'était une complexe recréation de ce monde extérieur, exécutée avec une grande maîtrise et un sens aigu de l'observation. Les signes abstraits parsemant les frises d'animaux de Lascaux sont des « symboles » — que pourraient-ils être d'autre ? Les images des animaux elles-mêmes étaient manifestement, aux yeux des hommes de Cro-Magnon qui les ont peintes, plus que de simples représentations : elles aussi étaient empreintes des tonalités du monde complexe de l'esprit. Nous ne saurons jamais avec certitude quel en était le contexte mythologique ; mais il est évident que même la façon superbe dont les hommes de Cro-Magnon ont peint les animaux avec lesquels ils partageaient le monde devait avoir une importance symbolique à leurs yeux qui dépassait la simple description zoologique.

Indépendamment des aspects abstraits de la créativité et de l'imagination, les hommes de Cro-Magnon nous fournissent les meilleures preuves, à un stade très ancien, de cette organisation sociale complexe qui est si typique des êtres humains modernes. Par exemple, les inhumations raffinées, avec leur mobilier funéraire, comme celles de Sounguir, ne font pas que suggérer fortement l'existence d'une croyance en la survie après la mort, elles nous fournissent également l'indication manifeste d'une stratification sociale et d'une différenciation entre les individus en matière de rôles économiques et sociaux, toutes caractéristiques typiques des sociétés humaines modernes. Tous les hommes de Cro-Magnon n'ont pas été aussi somptueusement inhumés. Certains ont mené une existence plus humble que d'autres. Chez les Néandertaliens, bien qu'il soit vraisemblable que certains individus aient eu une plus grande importance sociale que d'autres, et même que les hommes et les femmes aient joué des rôles économiques, et reproductifs, distincts, il reste probable que leur société a dû être radicalement différente de tout ce qui nous est familier aujourd'hui. La plupart des sites néandertaliens sont petits (ou lorsqu'ils sont grands, ils consistent en de nombreux petits espaces d'habitation successifs, ce qui laisse penser que la dimension des groupes a toujours été extrêmement limitée à toutes les époques). Pour les sites des hommes de Cro-Magnon, la gamme de dimensions est bien plus vaste, ce qui suggère que les groupes s'assemblaient sans doute en plus grande formation, au moins périodiquement à certaines saisons. Dans le domaine de l'économie, de nombreux types de données différents indiquent que les Néandertaliens et les hommes de Cro-Magnon avaient une manière fondamentalement distincte d'exploiter l'environnement. Les pointes montées sur des javelots sont rares dans les sites des Néandertaliens, par exemple, ce qui suggère que ces êtres attaquaient habituellement les grosses proies en les approchant de très près (ce dont témoignent les traces de nombreuses blessures osseuses), tandis que les hommes de Cro-Magnon lançaient leurs javelots à une distance suffisante pour être hors de danger.

Tandis que certaines des œuvres d'art des hommes de Cro-Magnon ont été marquées, dès le début, d'une qualité incontestablement du plus haut niveau, on discerne aisément, dans le domaine de la technologie, une amélioration au cours du temps (et non pas simplement un changement) dans les archives du paléolithique supérieur. Les plus anciens outillages aurignaciens étaient relativement grossiers, tandis que les techniques de pêche les plus raffinées ont été adoptées plus tardivement dans le paléolithique supérieur. Il est vrai que l'efficacité de la technologie peut faire l'objet de mesures précises : les êtres humains ont généralement tendance, lorsqu'ils ont besoin de réaliser quelque chose, à écarter les procédés moins efficaces et à leur préférer des méthodes nouvelles plus performantes ; et l'innovation technologique constante au cours du paléolithique supérieur n'est que le premier exemple d'une tendance qui est en pleine accélération aujourd'hui. Par contraste, l'art traduit une aspiration fondamentale de l'esprit dont l'efficacité ne peut pas directement se mesurer. L'art dessert toujours la même fonction fondamentale, indépendamment du fait de savoir à quel point il est réussi ; son niveau d'excellence est entièrement indépendant de la technologie qui le sous-tend et il change avec la mode, d'une façon imprévisible, et non pas linéaire. C'est pour cela qu'un extraordinaire objet comme le cheval de Vogelherd annonce l'avènement, à un stade très précoce, d'une sensibilité humaine pleinement moderne, ce dont jamais aucune lame aurignacienne ne pourra témoigner. Et ce fabuleux objet extrêmement ancien témoignera de cet avènement aussi longtemps qu'il y aura des êtres humains sur la Terre pour l'apprécier.

S'il est vrai que les remarquables archives que nous ont léguées les hommes de Cro-Magnon représentent d'abondants et de brillants témoignages sur la créativité humaine à l'ère glaciaire, elles sont loin d'être les plus anciennes. En Afrique et en Australie, en particulier, nous avons des indices révélant que des modes de comportements humains modernes étaient apparus bien longtemps avant. On trouve, en Afrique, des outils en forme de lames, il y a plus (et probablement beaucoup plus) de 80 000 ans ; et les pointes montées sur des javelots se trouvent de façon courante dans les sites africains dans des périodes antérieures à 100 000 ans. Récemment, on a daté (mais il y a controverse) de 60 000 à 80 000 ans des pointes d'os munies de barbelures, découvertes dans un site du Zaïre, et il existe aussi des indices du travail de l'os dans des sites d'Afrique du Sud d'un âge comparable. Bien plus, on a trouvé des traces très vieilles d'une activité d'extraction du silex et de transport à longue distance de matériaux bruts : on ne trouve pas ce genre de comportement en Europe avant le paléolithique supérieur. Les variations d'une région à l'autre dans les techniques de la taille de pierre, qui sont associées en Europe aux hommes de Cro-Magnon, s'observent aussi en Afrique à une date plus ancienne.

Tout cela concerne donc la technologie, et non l'activité symbolique en tant que telle. Mais, comme je l'ai dit, cette dernière ne prend pas toujours des formes susceptibles de laisser des traces dans les archives archéologiques. Considérés globalement, cependant, de forts indices laissent supposer des modes de comportement modernes, dans ce domaine, à un stade très précoce en Afrique. Les preuves directes d'une activité symbolique sur ce continent sont plus minces que celles concernant les innovations technologiques, mais elles ne sont pas entièrement absentes : des fragments de coquille d'œuf d'autruche portant des incisions ont été trouvés dans des sites pouvant avoir presque 100 000 ans d'âge ; et l'on a découvert des perles réalisées dans la coquille de l'œuf d'autruche au sein de plusieurs sites très éloignés les uns des autres, datant d'une période qui va de – 60000 à – 50000. Des fragments d'os entaillés d'encoches qui pourraient peut-être correspondre à des notations ont été mis au jour dans des sites datés de plus de 40 000 ans. Ainsi, bien que les êtres humains de l'époque de l'âge de la pierre moyen en Afrique (période grossièrement équivalente, en matière de chronologie et de technologie, au moustérien) ne se soient, à l'évidence, pas livrés avec autant d'exubérance à des activités symboliques que ne l'ont fait les hommes de Cro-Magnon, ils ont néanmoins laissé des traces suggérant des modes de comportements plus « modernes » que ceux des Néandertaliens.

En Australie, aussi, on soupçonne que les comportements humains modernes ont fait leur apparition très tôt. En terme d'occupation, l'Australasie a accueilli des êtres humains dès la date très ancienne de – 60000, ou peut-être même encore plus tôt. Ce fait est d'un intérêt plus qu'anecdotique, parce que pour aller en Australie, les premiers hommes ont dû accomplir le formidable exploit de naviguer au moins cent kilomètres en plein océan. Bien plus, il existe des indices indirects de l'existence d'une activité artistique en Australie il y a 50 000 ans ou davantage. Et une récente publication rapporte la découverte de curieuses gravures circulaires sur un rocher antérieur à 50 000 ans, datation néanmoins controversée.

Somme toute, bien qu'en dehors de l'Europe les traces d'activité symbolique actuellement répertoriées soient assez vagues, il apparaît que notre vision de l'émergence de l'homme a été exagérément dictée par les archives archéologiques d'Europe, assurément très riches mais relativement tardives.

Que fut l'émergence ?

L'histoire évolutive des hominidés n'a pas représenté un progrès continu. En dépit de toutes ses aptitudes remarquables, *Homo sapiens* n'est que l'une des nombreuses brindilles d'un grand buisson évolutif et ne constitue pas du tout l'ornement d'un sommet que les autres espèces n'ont pas réussi à gravir. Faute d'avoir tenté de démêler l'écheveau de la classification des espèces et de leurs relations dans l'arbre généalogique des hominidés, mon esquisse du processus évolutif qui a conféré à notre espèce son unicité a pu parfois laisser une impression de linéarité. Car, même si une espèce descendante a pu coexister, et entrer en compétition, pendant un certain temps avec son espèce souche, tout comme une vieille technologie et un ancien comportement ont pu persister à côté des nouveaux dans notre lignée directe, c'est toujours une seule espèce — et, dans le domaine de la technique ou du comportement, une seule innovation — qui a finalement persisté, en supplantant l'autre. Néanmoins, il ne faut jamais oublier que l'histoire des hominidés démontre de manière éloquente qu'*il y a de nombreuses façons d'être un homi-*

nidé et que la nôtre n'est que l'une de ces diverses possibilités. L'histoire de notre branche évolutive a été, dès le stade des australopithèques, marquée par une continuelle expérimentation, et *Homo sapiens* représente un phénomène inhabituel chez les hominidés, dans la mesure où cette espèce est la seule de sa famille à persister dans le monde d'aujourd'hui.

La lignée qui a mené jusqu'à nous est apparue il y a bien plus de 5 millions d'années, à la faveur d'un processus évolutif qui n'a pas constitué la continuation de tendances déjà existantes, mais plutôt la conséquence d'un changement imprévisible du climat, l'habitat forestier ancestral commençant à reculer. Nos plus lointains ancêtres n'étaient ni des grands singes, au sens moderne, ni des hommes, bien que les capacités cognitives des grands singes actuellement vivants nous donnent la meilleure approximation de ce qu'ont pu être les leurs. Ces premiers hominidés possédaient une série d'adaptations anatomiques qui ne sont plus présentes aujourd'hui chez aucun être vivant : tout en restant capables de grimper avec facilité, ils avaient commencé à se déplacer de façon habituelle sur leurs membres postérieurs lorsqu'ils se trouvaient au sol. Cela n'a pas représenté alors un mode de vie « de transition », sauf à le considérer rétrospectivement. Assurément, les australopithèques n'étaient ni aussi agiles dans les arbres que le sont les grands singes, ni aussi à l'aise sur le sol que nous le sommes. Mais leur adaptation était parfaitement réussie, comme l'atteste la stabilité anatomique du groupe durant plusieurs millions d'années.

Cette remarquable stabilité met en évidence que l'évolution humaine, dès son tout début, a procédé par phases et non pas graduellement. Nos ancêtres et leurs apparentés étaient très bien adaptés à l'environnement dans lequel ils se trouvaient; ils s'y sont épanouis, en même temps que le lignage hominidé a continué à expérimenter en produisant de nouvelles espèces. Mais il faut attendre la grande crise climatique suivante, un événement *fortuit*, pour assister à une véritable innovation — l'introduction des premiers outils de pierre. La savane entamant toujours plus l'habitat forestier des australopithèques, l'une de leurs populations se mit à exploiter son environnement d'une façon totalement nouvelle. Il est difficile de dire comment l'invention des outils de pierre a exactement modifié le mode de vie global de ces hominidés. Car nous n'avons aucune information directe sur la façon dont leur vie sociale, par exemple, a été affectée par cette innovation ; et bien que les archives fossiles ne soient pas claires sur ce point, il semble que, pendant un moment au moins, ces premiers fabricants d'outils ont gardé leurs adaptations locomotrices ancestrales. Cette observation illustre une autre notion qui est caractéristique de nos archives préhistoriques : *les innovations anatomiques et technologiques ne sont pas allées de concert.* Bien qu'au premier abord cela puisse paraître surprenant, il nous faut garder présent à l'esprit que toutes les innovations, quelles qu'elles soient, doivent prendre naissance au sein des espèces ; et que les membres d'une espèce donnée ne présentent ordinairement pas de très grandes différences physiques les uns par rapport aux autres.

Sur le plan cognitif, cependant, ces premiers fabricants d'outils sont allés beaucoup plus loin que leurs ancêtres. Ils ont fait preuve d'une compréhension des propriétés de la pierre et ont su comment elle pouvait être fracturée à dessein. Ils possédaient par ailleurs des capacités d'anticipation dépassant tout ce que l'on peut voir dans le monde vivant, en dehors de notre propre espèce. Au-delà de capacités mentales de ce type, les archives laissées par les hominidés qui viennent ensuite et dont les proportions corporelles ressemblent aux nôtres ne disent rien de plus. Ces hominidés se sont manifestement bien adaptés à un environnement constitué par la savane ouverte ; ils n'avaient plus besoin, dans leur anatomie, de compromis entre les nécessités de la locomotion terrestre bipède et la préservation de certains traits pouvant être utiles dans les arbres. Cette nouvelle espèce était donc parfaitement à son aise dans les vastes étendues de la savane, en dépit des nombreux dangers que cet environnement peut présenter pour un être qui n'avait pas à sa disposition le formidable arsenal ni la ruse des espèces humaines récentes. Il s'est donc opéré là une transformation profonde. Des recherches récentes montrent que des réorganisations complètes des modes de développement peuvent résulter de changements relativement mineurs dans certains complexes de gènes. Mais on ignore encore la pertinence de ces connaissances nouvelles pour expliquer le changement radical d'où a émergé notre espèce.

Quoi qu'il en soit, deux ou trois cent mille ans environ se sont écoulés avant que les hominidés de ce nouveau type n'introduisent l'innovation technique suivante. Il s'est agi d'une approche totalement nouvelle de la fabrication des outils. Cette dernière n'a pas eu simplement pour but d'obtenir un outil doté d'un bord coupant; elle vise désormais à lui imprimer une forme donnée. Pour faire un biface soigneusement modelé à partir d'un bloc de pierre, il faut non seulement parfaitement comprendre comment on peut façonner la pierre en la fracturant, mais aussi posséder un modèle mental en fonction duquel imposer sa forme finale à l'outil. Certains des moulages endocrâniens qui nous sont parvenus des plus anciens fabricants d'outils suggèrent que leur cerveau était légèrement plus grand et asymétrique (et l'on sait ce que ces données impliquent) ; l'augmentation de la dimension du cerveau et son asymétrie ne sont nettement développées que chez ces premiers hominidés qui ont possédé des proportions corporelles semblables aux nôtres.

À partir de ce moment, l'outillage et le cerveau continuent à devenir de plus en plus complexes, mais par phases, et de façon indépendante l'un de l'autre. À nouveau, il n'est dans ce tableau nulle trace d'une progression continue. Tandis que les innovations sur les plans anatomiques et techniques n'ont cessé d'apparaître, il est difficile, étant donné le caractère lacunaire des archives fossiles et leurs limites intrinsèques, de savoir quelles conséquences elles ont eues pour ceux qui les ont acquises. Ainsi, des indices montrent que la maîtrise du feu daterait d'il y a très longtemps; mais ce n'est qu'à une date relativement récente que cette technique a été intégrée dans la vie quotidienne des hominidés. C'est seulement avec l'arrivée des Néandertaliens, dotés d'un grand cerveau, il n'y a pas plus de deux cent mille ans, que l'on aperçoit dans les archives fossiles des traces suggérant des comportements qui ressemblent aux nôtres, telle l'inhumation des morts. Mais, même dans ce dernier cas, il semble que, mis à part ce genre d'innovation, les Néandertaliens n'ont guère fait plus qu'améliorer le style de vie de leurs prédécesseurs, voire le raffiner.

Somme toute, l'apport des Néandertaliens n'a pas énormément comblé le fossé cognitif qui sépare de façon frappante les comportements de leurs prédécesseurs (tels qu'ils sont attestés dans les archives) de ceux des hommes pleinement modernes qui les ont suivis. En particulier, ces hominidés aujourd'hui disparus n'ont laissé aucune trace indubitable d'activité symbolique que l'on pourrait associer à la possession du langage. Bien plus, les données anatomiques suggèrent que certains Néandertaliens au moins avaient peut-être perdu l'équipement périphérique permettant la parole. Bien que ce dernier ne soit pas apparu, semble-t-il, pour un usage vocal, mais pour une fonction respiratoire, cette lacune anatomique est néanmoins importante, puisque la parole est nécessaire au langage.

Presque tous les traits cognitifs uniques en leur genre qui caractérisent les hommes modernes — et qui sans aucun doute caractérisaient nos ancêtres *Homo sapiens* qui ont éliminé les Néandertaliens — sont d'une façon ou d'une autre liés au langage. Ce dernier permet et requiert à la fois l'aptitude à former des symboles en esprit, lesquels peuvent être ensuite remaniés et mis en ordre par ce mécanisme « génératif » qui semble être propre à notre espèce. La pensée telle que nous la connaissons dépend de la manipulation mentale de ces symboles, qui représentent arbitrairement des traits appartenant aussi bien au monde intérieur qu'extérieur. Ces symboles sont, à leur tour, transposés dans des sons qui, ordonnés en fonction de certaines règles, constituent le langage. Nous nous servons de ce dernier pour expliquer ce que nous sommes à nous-mêmes et aux autres, et c'est pourquoi l'intime relation qui existe entre la linguistique et les symboles mentaux rend impossible d'envisager la pensée en l'absence du moyen par lequel nous la communiquons. Pour se servir pleinement de cette caractéristique humaine qu'est la pensée, il faut presque certainement posséder le langage : les

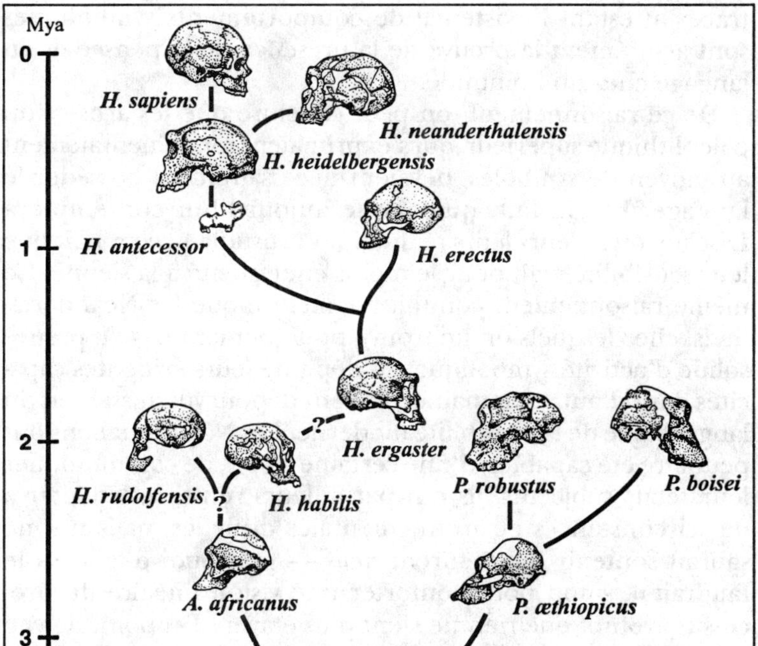

Cet arbre généalogique, en réalité plutôt un buisson, illustre l'une des façons possibles d'envisager les relations d'apparentement entre les diverses espèces répertoriées de la famille des hominidés. Les archives fossiles connues représentent simplement la pointe émergée de l'iceberg. Le buisson est certainement beaucoup plus complexe encore.

traces attestant l'existence de comportements symboliques sont assurément la preuve de la présence de la pensée et du langage chez un hominidé.

De ce raisonnement, on peut conclure que les artistes du paléolithique supérieur, qui s'exprimaient fondamentalement au moyen de symboles, devaient nécessairement posséder le langage. Et, de fait, quiconque aujourd'hui contemple à Lascaux ou ailleurs leurs réalisations artistiques reconnaît que leur sensibilité était pour le moins équivalente à la sienne. Ce même raisonnement conduit à conclure que les Néandertaliens, chez lesquels on ne trouve pratiquement pas de preuve solide d'activité symbolique, en dépit de leurs évidentes capacités dans d'autres domaines, étaient dépourvus aussi bien du langage que de la sensibilité moderne. Les Néandertaliens ont peut-être été capables, d'une certaine façon, de communiquer leurs états subjectifs, ils ont par ailleurs réussi à s'adapter à des circonstances environnementales difficiles, mais nul ne saurait soutenir qu'ils furent *nous* — pourquoi d'ailleurs le faudrait-il, sinon pour conforter une vision linéaire du processus évolutif que rien ne vient plus étayer ? Du point de vue de notre espèce, le saut cognitif crucial que fut celui du raisonnement symbolique complexe a été — c'est une évidence — accompli très tardivement dans l'évolution humaine et selon des modalités qui nous demeurent encore obscures.

CHAPITRE VI

Être humain

Notre différence d'avec le reste du monde organique, même si nous autres, humains, tendons à l'absolutiser, est avérée : avec l'émergence d'*Homo sapiens* et de ses comportements modernes, une espèce sans précédent apparaît, au sujet de laquelle, pour la première fois depuis l'adoption de la bipédie, voire depuis la fabrication des outils de pierre, on ne peut soutenir qu'elle fait simplement un peu mieux et différemment ce qu'avaient fait ses prédécesseurs. *Homo sapiens* n'est pas simplement une amélioration de ses ancêtres ; c'est un nouveau modèle, qualitativement différent de ces derniers sous certains aspects, peu nombreux mais essentiels.

Les aptitudes d'*Homo sapiens* aujourd'hui (et celles dont ont fait preuve les extraordinaires artistes du paléolithique supérieur) représentent un énorme saut par rapport à celles de ses prédécesseurs. Ce que l'on appelle globalement les « facultés humaines » ne s'inscrivent pas dans la continuation de dispositions qui étaient antérieurement présentes dans notre lignée et que les études de paléoanthropologie permettraient d'élucider. Elles relèvent davantage de la catégorie des « propriétés émergentes », par lesquelles une nouvelle combinaison de traits produit, par hasard, des résultats totalement inattendus. L'exemple classique de propriétés émergentes est celui de l'eau : ce corps composé possède de remarquables caractéristiques, essentielles à la vie, qui ne peuvent absolument pas se déduire de celles de ses composants, l'hydrogène et l'oxygène, considérés isolément. Le cerveau humain est probablement un meilleur exemple : la nature émergente de notre organe de commande centrale et des facultés qui en émanent, définissant des traits inédits qui nous font nous *sentir* différents de tous les autres innombrables produits de l'évolution, rend l'analyse de nous-mêmes par nous-mêmes (la bonne vieille « introspection[1] ») nécessaire, au même titre que l'étude des archives écrites suggérant que dans ses aspects fondamentaux le comportement humain n'a pas changé depuis les origines de l'écriture, il y a cinq mille ans. L'unicité de l'homme commence avec la conscience.

Les usages de la conscience

Si les êtres humains n'ont eu de cesse de débattre de la nature de leur conscience, sans jamais parvenir à des conclusions fermes et universellement acceptables, la raison en est que la conscience relève de l'expérience intérieure et qu'elle ne nous est pas donnée par le monde extérieur, bien qu'elle intervienne à l'évidence dans notre manière de percevoir ce dernier : elle est le filtre au moyen duquel nous regardons et interprétons notre environnement sans qu'elle-même en fasse partie. Elle ne nous fournit donc aucun point externe de référence sur lequel nous pourrions fonder un consensus accepté par tous, autre que la certitude d'avoir une conscience. Or cette faculté est notre caractéristique humaine la plus évidente, elle est une clé pour comprendre notre unicité.

1. Qu'il n'y ait pas plus à apprendre sur nous-mêmes en étudiant notre passé évolutif que nous ne puissions apprendre en observant nos comportements d'aujourd'hui ne signifie pas que l'analyse et la difficile reconstitution paléontologiques de nos quelque cinq millions d'années soient d'aimables divertissements. Mais la question de nos *origines*, qui est une préoccupation majeure parmi les hommes — à voir la régularité avec laquelle de par le vaste monde les hebdomadaires consacrent leurs couvertures à ce thème —, n'est pas strictement synonyme de celle de notre *unicité* : c'est toute la différence entre cerner la qualité du saut que notre espèce représente d'avec les autres espèces d'hominidés (et pour ce faire, l'étude de l'espèce humaine à partir de son état présent — ce que j'appelle, faute de mieux, l'introspection — aide à définir l'unicité) et chercher à décrire les modalités historiques (donc génétiques, adaptatives, etc.) d'effectuation de ce saut. *(N.d.A.)*

Qu'est-ce que la conscience ? Est-il possible de distinguer le monde mental de notre corps, ou bien l'un ne peut-il se concevoir sans l'autre ? Formulée avec une extrême précision voilà plus de trois cents ans par René Descartes, cette question est toujours au centre de vigoureux débats[1]. L'avènement de la théorie évolutionniste n'a guère permis de la résoudre. Charles Darwin était résolument d'avis que la conscience humaine avait résulté de l'édification du cerveau par le biais de la sélection naturelle, tandis qu'Alfred Russel Wallace, qui voyait des adaptations construites par la sélection naturelle dans tous les autres domaines, se déclarait incapable de comprendre comment ce processus aurait pu faire apparaître la conscience. De nos jours, bien que le débat continue à s'inscrire fondamentalement entre ces deux pôles, il apparaît que la conscience est le produit de notre cerveau, lequel est à son tour le produit de l'évolution de notre lignée. Mais les propriétés du cerveau humain sont de nature émergente : résultat unique en son genre d'une longue histoire évolutive, elles sont le fruit d'une acquisition par hasard de traits à laquelle la sélection naturelle n'a pu donner avantage qu'*après coup*. Les mécanismes sous-jacents à ces propriétés émergentes représentent les questions non résolues les plus importantes de la science, bien que de nombreuses recherches soient activement menées par des neurobiologistes, des psychologues, des philosophes et d'autres.

L'une des approches actuellement en vogue du problème de la conscience est de considérer notre cerveau comme une machine. En un sens, il est vrai qu'il est une machine, dans la seule mesure où l'on ne saurait regarder la conscience comme autre chose que le résultat des processus qui prennent place au sein de l'organe appelé cerveau. Ces similitudes des mécanismes cérébraux d'un individu à l'autre (similitudes héritées de l'histoire évolutive de l'espèce) permettent aux êtres humains de supposer que leur conscience est plus ou moins identique chez chacun et, sur la base de cette conviction, d'établir des rapports entre eux. Que tous les êtres humains

1. Nous renvoyons le lecteur à l'ouvrage de Pierre Guenancia, *L'intelligence du sensible. Essai sur le dualisme cartésien*, Paris, Gallimard, 1998. *(N.d.T.)*

normaux aient une conscience qui est comparable se vérifie passablement en pratique.

Malgré la récente floraison de techniques qui nous ont permis de réaliser des avancées sans précédent dans la compréhension du fonctionnement normal et pathologique du cerveau humain, les processus sous-jacents qui nous confèrent ce que nous appelons la conscience demeurent inconnus. Les hypothèses abondent. En théorie, on pourrait construire un « cerveau » artificiel reproduisant le fonctionnement du cerveau humain, jusques et y compris le phénomène de la conscience ; en pratique, nul ne sait comment cela se pourrait éventuellement. Les essais de simulation des réponses humaines sur ordinateur (autrement dit, les recherches sur l'intelligence artificielle) ont surtout visé à mettre au point des algorithmes qui miment les *résultats* d'approches « intelligentes » de problèmes particuliers, même si récemment l'introduction de « réseaux capables d'apprentissages » a beaucoup étendu l'horizon de certaines recherches. Si nous étions incapables de distinguer les réponses d'un ordinateur parfaitement « intelligent » de celles d'un être humain conscient (et il ne faut pas oublier que la diversité des mondes mentaux est infinie chez les êtres humains), la conclusion que l'ordinateur lui-même possède une conscience du genre de la nôtre ne serait pas évidente. Inversement, des êtres humains par ailleurs normaux sont capables de réaliser, alors qu'ils sont plongés dans un état d'« inconscience », au cours de troubles du sommeil, des activités complexes, qui parfois les conduisent devant les tribunaux. Les verdicts contradictoires sur leur culpabilité ou leur irresponsabilité en état de somnambulisme ne peuvent nous être d'aucun secours (ni d'ailleurs les verdicts concernant des accusés souffrant de lésions ou de troubles cérébraux).

L'idée que le cerveau pourrait être comparable à une machine (même agencée de façon non optimale) va inévitablement continuer à être explorée par les philosophes et les neurobiologistes ; mais jusqu'ici, elle ne nous a pas aidés à comprendre comment le cerveau engendre ce phénomène que nous appelons la conscience. Car, bien qu'il soit utile à certains égards d'étudier le cerveau comme s'il était une machine, ce n'en est pas une, au sens ordinaire. La question de la conscience doit être posée différemment : si nous ignorons exactement ce qu'*est* la conscience, cernons plutôt ce que sont les *usages* de la conscience. La question des « usages » de la conscience a été formulée par le psychologue Nicholas Humphrey, avec une particulière élégance : darwinien de stricte obédience, il nourrit la conviction que le cerveau humain « est apparu dans l'évolution, parce que, et seulement parce que, il dessert quelque fonction biologique utile ». Ma conception du processus évolutif diffère de la sienne : selon moi, le cerveau humain a été mis en place, puis ce n'est qu'ensuite qu'il a été favorisé par la sélection. Ce qui me conduit à reformuler la question de Humphrey en ces termes : quels processus mentaux sont responsables de la conscience, cette faculté qui a permis à notre espèce de triompher sur ses apparentées qui ne la possédaient pas?

Pour répondre à cette question, Humphrey invoque une métaphore qui lui permet de décrire ce qu'il considère comme le trait principal de la conscience humaine. Selon lui, la conscience est fournie par un « œil intérieur » : c'est une caractéristique unique en son genre de l'esprit humain, fondée sur des traits structuraux ou physico-chimiques encore incompris, qui permet au cerveau de s'observer lui-même en train de fonctionner. Cette faculté (dont nous pouvons peut-être admettre qu'elle est temporairement suspendue chez les véritables somnambules et absente chez les individus souffrant de certaines sortes de lésions cérébrales) permet ce que Humphrey appelle la « compréhension par la réflexion sur soi ». Cette métaphore ne recouvre pas tous les aspects que le sens commun pourrait attribuer à la conscience. Les relations humaines interpersonnelles sont marquées, selon Humphrey, par « une profondeur, une complexité et une importance biologique [qui] dépassent de loin tout ce qui s'observe chez les animaux » ; ces caractéristiques n'existeraient pas sans cette capacité de « compréhension par la réflexion sur soi ». Les chimpanzés, nous l'avons rappelé, sont capables de mettre en œuvre des stratégies du type : « à trompeur, trompeur et demi », qui pourraient indiquer une certaine aptitude rudimentaire à anticiper les comportements d'un partenaire. Humphrey note avec pertinence que dans le cas de l'homme, « sans la capacité de comprendre, de prédire et de manipuler le comportement des autres membres de sa propre espèce, un être humain pourrait difficilement survivre plus d'un jour ». La compréhension des motivations des autres (impossible sans un certain degré de compréhension des siennes propres) est un ressort fondamental du comportement social humain.

Pour un darwinien strict, cette conclusion suffit : la conscience humaine s'est édifiée simplement, et pratiquement automatiquement, grâce à l'avantage reproductif qui a été conféré par la sélection naturelle, génération après génération, aux individus ayant une capacité toujours plus grande de « compréhension par la réflexion sur soi ». Mais le processus évolutif est en réalité beaucoup plus complexe, et chez ces animaux extrêmement sociaux que sont les primates il est difficile de comprendre pourquoi la même chose ne s'est pas produite dans tous les lignages, dès lors que de minuscules avantages comportementaux peuvent être inexorablement amplifiés de génération en génération. De plus, il n'est pas de meilleur exemple que l'histoire du cerveau des vertébrés pour démontrer que le changement évolutif n'a pas simplement consisté en une amélioration graduelle au cours des âges : l'évolution du cerveau ne s'est pas ramenée à la simple addition de quelques connexions, pour aboutir finalement, au bout des temps, à une grande et magnifique machine. L'évolution a, en fait, fonctionné sur un mode *opportuniste*, affectant de façon assez anarchique des structures cérébrales anciennes à des fonctions nouvelles, et ajoutant de nouvelles structures ou élargissant les anciennes, au petit bonheur.

De nombreux processus naturels agissant à de nombreux niveaux sont intervenus dans l'émergence de notre espèce. Dans un premier temps, au sein d'une population locale d'hominidés et par le biais d'altérations du développement que nous ne comprenons pas encore, le cerveau humain actuel est apparu à partir d'une forme précurseur qui possédait toute une gamme de structures initialement utiles dans d'autres fonctions que celles qu'elles allaient ensuite desservir en tant qu'exaptations. Puis, la sélection naturelle a œuvré au sein de cette population locale pour établir cette nouvelle forme comme une norme. La spéciation est alors intervenue pour que cette dernière soit désormais l'attribut individuel d'une espèce, la fixant ainsi au sein de l'histoire d'un lignage. Pour finir, la nouvelle espèce a remporté la compétition avec ses apparentées, en un processus qui a conduit à *Homo sapiens* comme seule espèce d'hominidé restant en scène (ce qui est peut-être la première fois qu'existe un tel cas de figure dans l'histoire de la lignée). Sous cet angle, la conscience véritablement humaine est simplement l'un des résultats auxquels ont abouti les processus aléatoires d'apparition et de fixation des innovations couramment observés dans l'évolution de toutes les lignées.

À partir du moment où le cerveau humain et la conscience ont été acquis, tout un ensemble de potentialités cognitives sont devenues éventuellement exploitables, mais pas nécessairement dans l'immédiat. Je conviens avec Humphrey que les relations sociales complexes rendues possibles par l'« œil intérieur » traduisent une composante fondamentale de la conscience humaine moderne ; de même, je ne crois pas que des relations de ce type existaient (du moins pas sous cette forme développée) chez nos précurseurs immédiats. Mais je doute que l'« œil intérieur » (du moins dans la mesure où il concerne les relations interindividuelles) puisse fournir l'explication, à elle seule, de la réussite évolutive de notre espèce ; car, au lieu d'être la cause de notre conscience, il est plus probablement l'un des résultats de notre capacité d'abstraction symbolique. En outre, bien que ce trait puisse éventuellement permettre à certains individus de réussir au sein de l'espèce, en leur donnant la possibilité de mieux comprendre les motivations ou anticipations chez leurs compagnons, on ne voit pas bien comment il pourrait conférer à une espèce un avantage dans la compétition avec sa concurrente. Il convient sans doute d'admettre que nos capacités cognitives, très diverses et polyvalentes, ont certainement bien d'autres usages que de permettre aux individus d'interagir les uns avec les autres de façon subtile et complexe. S'il est une caractéristique qui distingue vraiment les êtres humains par rapport à toutes les autres espèces, c'est leur perception extrêmement fine du milieu extérieur, au-delà du milieu social.

Les recherches minutieuses et fort bien conçues de Dorothy Cheney et Robert Seyfarth, par exemple, ont montré que le singe vert (ou vervet) présente des relations sociales d'une subtilité et d'une complexité tout à fait inattendues. Or ces primates font preuve d'une compréhension beaucoup moins fine de leur environnement. Ainsi, ils ne prêtent guère attention aux indices de la présence de prédateurs autour d'eux, et pour trouver de la nourriture, ils ne font aucunement montre de cette coopération et cette ingéniosité qu'ils manifestent avec tant d'évidence dans les contextes sociaux. Les chimpanzés s'en sortent mieux à cet égard, mais nous pouvons néanmoins les caractériser plus comme des êtres sociaux que comme des créatures capables d'interpréter et d'exploiter avec soin leur environnement et de faire des projets.

Dans notre environnement fondamentalement urbain et largement façonné par la haute technologie, nous sommes assaillis par les stimuli sociaux, et lorsque nous ne nous rapportons pas à nos congénères, nous avons affaire pour l'essentiel aux produits de notre technologie. Une fois que j'aurai achevé la rédaction de ce paragraphe, je rentrerai chez moi en prenant le métro ; et, lorsque je serai dans mon environnement familier d'objets fabriqués par la technologie, je me relaxerai peut-être en écoutant de la musique enregistrée sur compact-disc. Cependant, même aujourd'hui, nous ne sommes pas très éloignés (dans le temps, du moins) de nos origines, de notre aptitude à observer de façon incomparable le milieu extérieur, c'est-à-dire la partie de notre environnement que nous n'avons pas créée. Il n'y a guère, un chauffeur d'autocar, natif de Corrèze, me racontait comment ses amis braconniers étaient capables de scruter les sous-bois d'une forêt bruissant de ses feuillages agités par le vent et de repérer infailliblement celle des touffes ondoyantes de grandes herbes qui cachait un lapin terrorisé. De nos jours, le grand public prête plutôt ces capacités aux aborigènes australiens, capables de survivre durant des périodes prolongées au sein d'un désert sans eau, où nul autre ne saurait apparemment se repérer ni survivre ; ou bien encore aux San, peuple boschiman, qui peuvent dire, en observant une brindille cassée ou une pierre retournée dans le lit d'un torrent, quelle sorte d'animal est passé, à quel moment, dans quelle direction, à quelle vitesse et si l'animal était ou non blessé. Dans le monde naturel, l'espèce humaine est unique en son genre par sa capacité à déceler et à interpréter des signes aussi subtils au sein de son environnement et de les exploiter à son avantage. Si l'acquisition des facultés humaines modernes a conféré à *Homo sapiens* une supériorité particulière par rapport à tout autre concurrent dans la nature, c'est assurément dans ce domaine.

L'homme sans détermination

La notion de facultés humaines conduit logiquement à la question de la détermination de la condition de l'espèce au sein de la nature. Depuis des millénaires, philosophes et théologiens débattent avec d'autant plus d'énergie de la chose que l'espèce humaine est, en réalité, la seule pour laquelle cette définition d'une condition n'existe pas ou, si elle existe, est la plus complexe à cerner. Il est plus aisé de cerner la détermination, quelle qu'elle soit, de la condition naturelle de l'amibe, ou du lézard, ou de la musaraigne, ou même du chimpanzé, que la nôtre. Les chimpanzés sont des organismes complexes, mais la gamme des possibilités qui leur sont ouvertes est beaucoup plus limitée que celle des choix envisageables par n'importe quel individu de l'espèce *Homo sapiens.* Nous devons, certes, affronter nombre des mêmes problèmes fondamentaux auxquels doivent faire face les chimpanzés dans les circonstances concrètes de la vie ; on ne peut ignorer aucun de ceux-ci, si l'on veut s'essayer à cerner notre condition dans la nature. Mais il n'y a rien de spécifiquement humain dans les problèmes que nous partageons avec les chimpanzés. C'est dans la façon dont nous sommes conscients de ces problèmes et les traitons que nous nous séparons des chimpanzés.

Pour l'homme, la vie ne consiste pas simplement à obtenir sa subsistance. Elle est chargée d'une variété incommensurable de significations sociales et culturelles. Chaque société a inventé ses propres façons d'affronter les besoins économiques et sociaux, ainsi que d'envisager le destin mortel de chaque individu. Les membres d'une société donnée peuvent juger consternantes les façons de faire d'une autre société; il se trouve néanmoins qu'aucune d'entre elles n'est intrinsèquement meilleure ou pire que les autres, dans quelque sens moral que ce soit. On ne peut tirer aucun concept moral (notion socialement élaborée) ni aucune « loi naturelle » (notion intellectuellement construite) de la contemplation de la nature, ou de toute autre entité matérielle existant à l'extérieur de notre moi; car la nature est tout simplement indifférente à la souffrance ou au bonheur individuel. Qualifier cette indifférence d'amorale équivaut alors à pratiquer l'anthropomorphisme. Ainsi, j'ai la conviction que toute théorie morale qui ne prend pas pour point de départ l'individu qui souffre est vouée à l'échec; mais je sais qu'aucune justification à ma thèse n'existe en dehors du milieu humain, voire en dehors de ma perception de celui-ci. Les codes moraux et les normes de comportement sont des nécessités fondamentales pour les êtres que nous sommes, individuellement complexes, mystérieusement motivés, et cependant extrêmement sociaux; et pour en saisir le sens, il est nécessaire de nous prendre nous-mêmes comme seul objet d'étude. Les résultats auxquels nous parvenons sont inégaux selon les domaines, en sorte qu'il n'est guère possible d'affirmer à propos d'une pratique courante dans telle société qu'elle viole les spécifications de la condition naturelle de l'homme. En effet, en tant qu'espèce *Homo sapiens* présente une telle diversité qu'il est pratiquement impossible de cerner de façon précise quelque chose que nous pourrions appeler *la* condition naturelle propre à l'homme — à moins d'y inclure le langage et la pensée symbolique, ces traits cruciaux qui sont cependant des facteurs déterminants plutôt que déterminés.

Nous sommes des êtres à la fois individuels et sociaux. Pour ce qui est du niveau social, la caractéristique la plus fondamentale de notre condition (qui est la raison principale pour laquelle des systèmes moraux sont nécessaires) est qu'il nous faut vivre avec d'autres individus, tous aussi complexes qu'imprévisibles.

Si chaque société a choisi ses valeurs et ses normes de comportements au sein de la vaste gamme de celles qui sont accessibles à *Homo sapiens*, globalement, les comportements humains individuels peuvent être décrits par n'importe quel couple d'antonymes : l'individu humain est généreux ou égoïste, crédule ou clairvoyant, agressif ou soumis, brillant ou bête, timide ou impérieux — le plus généralement, il est même les deux à la fois. La chose est avérée depuis la nuit des temps de l'espèce, pourtant, nous ne cessons de nous en étonner, plus préoccupés par ce que nous aimons dire de l'espèce humaine que par ce qu'elle est en réalité. Ainsi la jaquette d'une biographie consacrée à James Boswell, lui-même biographe de Samuel Johnson[1], présente ainsi son sujet : « Mari et père attentif, s'adonnant, par ailleurs, à la débauche ; juriste consciencieux mais tout autant bouffon et ivrogne ; auteur d'insipides vers de mirliton et de l'une des plus belles biographies qui aient été écrites en langue anglaise ; comment classer cet homme-là ? » « Il n'y a rien de plus étrange que les gens », aime-t-on à répéter sagement dans le nord de l'Angleterre. Malgré cela, nous nous étonnerons toujours qu'un pasteur stigmatise publiquement l'adultère et le relâchement des mœurs, tout en accomplissant dans le privé des actes, eux, moralement sordides, ou bien que tel homme politique réclame une plus grande rigueur budgétaire de la part du gouvernement, tout en soutenant le financement de travaux superflus mais entrepris uniquement à des fins électorales. Pour ne rien dire des philosophes qui continuent de s'étonner que les gardiens des camps aient pu jouer ou

1. James Boswell (1740-1795) est connu dans le monde anglophone pour sa biographie (considérée comme un chef-d'œuvre) : *La vie de Samuel Johnson.* Ce dernier, dont il fut l'ami pendant vingt ans, était un moraliste et lexicographe anglais, auteur d'un célèbre *Dictionnaire de la langue anglaise. (N.d.T.)*

écouter des sonates avant d'aller faire consciencieusement leur devoir d'exterminateur. Ce que l'on décrit habituellement comme l'« inhumanité » est une part de l'homme, au même titre que ce que l'on appelle son « humanité ».

La complexité de l'être humain ne peut être subsumée par des universaux spécifiques susceptibles de définir le contenu d'une condition naturelle de l'homme. Seule sans doute la notion de « discordance cognitive » définirait la caractéristique la plus proche de cette condition naturelle. Chacun de nous dispose d'un répertoire de possibilités (un menu dont il est probablement impossible à chaque individu d'imaginer la totalité), à partir duquel il choisit ses comportements. Un tel choix n'est pas nécessairement conscient, bien que nous soyons capables, à l'évidence, de modifier nos conduites manifestes en fonction des situations : nous sommes rarement impertinents avec nos supérieurs hiérarchiques, quoi que nous pensions d'eux, parce que nous savons que cela ne serait pas avisé. Mais l'inverse est aussi prouvé : pourquoi certaines personnes se sentent-elles menacées à ce point par les pensées et les activités privées des autres ? Pourquoi tant de gens font-ils preuve d'un sens aussi inapproprié de leurs droits ? Pourquoi caricaturons-nous parfois à l'extrême des idées sensées ou sommes-nous souvent agressifs alors que nous savons que nous sommes dans notre tort ? Pourquoi cette *Schadenfreude*[1] en l'absence de tout bénéfice concret pour l'observateur du malheur d'autrui ? Dans ces différentes circonstances, chacun fournit en général une explication plus ou moins rationnelle de ces comportements, mais presque dans chaque cas, celle-ci n'a habituellement guère de rapport avec la motivation réelle

1. Terme allemand signifiant « joie du mal ». Les psychologues qualifient de *Schadenfreude* les réactions de gaieté déclenchées chez des spectateurs à la vue des désagréments affligeant un individu donné. Sous une forme bénigne, la *Schadenfreude* est exprimée, par exemple, par les spectateurs d'un film de Charlie Chaplin, lorsque Charlot glisse sur une peau de banane. Sous une forme plus pathologique, elle a été analysée par l'ethnologue Colin Turnbull dans son ouvrage *The Mountain People*, où il a décrit le phénomène de déshumanisation qui s'est emparé d'un peuple d'Afrique de l'Est, les Iks, lorsqu'ils furent frappés, dans les années 1970, par une sévère famine, déshumanisation qui les amenait à rire à la vue d'un vieillard agressé par des adolescents ou d'un aveugle trébuchant sur une pierre. *(N.d.T.)*

de ces réactions. C'est que notre « œil intérieur », bien qu'il soit caractéristique de nos facultés cognitives uniques en leur genre, est capable de déterminer des distorsions, fondées sur notre capacité innée à croire en nos propres mensonges, lesquels sont souvent inventés a posteriori afin de nous satisfaire d'une situation. Si nous croyons en nos propres mensonges, il n'est guère étonnant que nous accordions foi si souvent aux mensonges des autres, surtout si nous y trouvons un avantage ou s'ils s'appuient sur des notions, si peu plausibles soient-elles, auxquelles nous *désirons* croire. Les auto-illusions de ce genre fournissent la base d'une sorte de rétroaction sociale qui conduit à l'institution des mythes, lesquels à leur tour amplifient les comportements correspondants et conduisent, de manière encore plus funeste, à fonder nombre d'idées toutes faites et de manières conventionnelles d'agir.

La raison la plus fondamentale pour laquelle nous sommes si réticents à reconnaître les contradictions de la nature humaine est qu'il nous faut vivre ensemble ; et, dans ces conditions, il nous faut souscrire (au moins publiquement) à une série de valeurs communes et de normes de comportements (qui peuvent parfois être contraires à nos idées ou à nos penchants privés). Dans notre société, comme dans beaucoup d'autres, les valeurs sur lesquelles se fondent les comportements sont ancrées dans un code moral qui a été établi au préalable dans un contexte religieux (bien que facteur déterminant et facteur déterminé soient ici étroitement emmêlés). Toute société humaine possède une religion au sens d'un récit mythique sur les origines de l'homme et ses rapports avec le reste du monde. En cela, dès lors que l'on cherche à cerner les comportements spécifiquement humains, la religion est, d'une certaine façon, l'une des plus anciennes tendances particulières que reflètent les archives archéologiques de l'homme moderne : nous ignorons ce que les réalisations artistiques représentaient en réalité pour les hommes de Cro-Magnon, sinon qu'elles reflétaient leurs conceptions mythologiques de leur propre place dans le monde. L'une des fonctions majeures de la croyance religieuse est d'expliquer la place de l'espèce dans la nature, de nier le caractère définitif de la mort et de rendre plus supportables les limitations pesant inévitablement sur l'existence humaine ordinaire. C'est parce que précisément les réalisations artistiques des hommes de Cro-Magnon vont à l'évidence bien au-delà de la pure représentation, pour incarner un symbolisme religieux au sens large, que nous pouvons nous identifier à ce point à ces êtres humains disparus depuis longtemps.

C'est dans les façons dont l'homme conçoit Dieu que ce qu'il est convenu d'appeler sa condition se trouve la plus étroitement reflétée. Les êtres humains, en dépit de leurs capacités d'associations mentales uniques en leur genre, sont incapables d'envisager des entités se situant véritablement en dehors de leur vécu ou ne pouvant pas être prédites à partir de ce qu'ils connaissent du monde matériel. Dieu est de ces entités. À l'époque où ont été écrits les textes fondateurs des grandes religions mondiales, l'univers était un lieu familier, bien que parfois hostile et imprévisible. Car il se limitait, non pas à la Terre elle-même, mais à la région locale habitée par les adeptes des religions en question. Certes, les étoiles se mouvaient sans doute dans le ciel, on leur attribuait éventuellement des propriétés mystiques et elles devaient permettre de définir les saisons, mais, à part ce rôle limité qu'avaient les cieux, les idées que pouvaient se faire les hommes sur leur place dans la nature étaient déterminées par l'environnement et les conditions de vie de chaque groupe, autrement dit par un contexte familier réconfortant. Dans des cieux à l'immensité inimaginable, la Terre et ses habitants représentent incontestablement la plus microscopique de toutes les particules de poussière — il n'y a guère, le télescope Hubble a ajouté quarante milliards de galaxies à l'univers, alors qu'on estimait jusqu'ici qu'il n'en comprenait que dix milliards. C'est dire que notre conception du Créateur devrait être révisée en conséquence, puisqu'en cette fin du XXe siècle, elle demeure résolument anthropomorphique. Nos dieux sont tour à tour féroces ou bienveillants, jaloux ou miséricordieux, ou peut-être tout cela en même temps, à l'image de notre fonds contradictoire. Une des grandes religions monothéistes soutient que nous avons été créés à l'image de Dieu ; il est plus vraisemblable de croire que nous avons créé Dieu à notre propre image, dans la mesure même où, en dépit de notre aptitude à la pensée abstraite que nous affichons avec fierté, nous sommes dans l'incapacité de procéder autrement, si nous voulons croire en un Dieu avec qui l'on puisse établir une relation personnelle ou, plus généralement, quelque relation que ce soit accessible à l'entendement humain. Dieu semblable à nous-mêmes, et pourtant, immatériel, pouvant faire des choses par des moyens que nous sommes même incapables de concevoir, et dominant un univers dont nous ne comprenons pas l'immensité : les paradoxes de cette conception reflètent à merveille les limites cognitives de notre condition.

Notre héritage évolutif

Un des aspects fondamentaux de notre condition semble être la soif de savoir toujours mieux qui nous sommes, et en particulier d'expliquer nos comportements. L'une des approches possibles, qui a fait récemment l'objet d'une grande vogue et d'une large divulgation, est fondée sur les conceptions ultradarwinistes de George Williams concernant le processus évolutif, complétées par les notions de sélection de parentèle et de gène égoïste déjà évoquées. Il s'agit de la discipline appelée « psychologie évolutionniste », laquelle est fondamentalement de la sociobiologie appliquée à notre propre espèce et vise à expliquer de nombreux comportements humains en se référant à notre héritage génétique, ce qui, en un sens très concret, suppose que nous soyons prisonniers de notre passé évolutif. Un certain nombre de contraintes, provenant de notre passé évolutif, pèsent sur nous, comme l'attestent les pathologies affectant les disques vertébraux chez un certain nombre d'entre nous (c'est la conséquence inévitable de l'adaptation à la station debout d'une colonne vertébrale qui était jusque-là vouée à la démarche quadrupède). Mais puisque les facultés humaines sont de nature émergente, l'idée selon laquelle nos comportements seraient programmés de façon stricte par notre héritage génétique est tout sauf avérée. La psychologie évolutionniste est extrêmement séduisante pour quiconque aime les explications simples et susceptibles de vastes applications. Assurément, nos comportements ne peuvent être tout à fait indépendants de notre patrimoine génétique. Mais il convient de garder à l'esprit que, tandis que sont en train de s'accumuler avec rapidité les données prouvant qu'un grand nombre de nos traits de personnalité individuelle (par opposition aux comportements propres à l'espèce) sont étroitement conditionnés par l'hérédité, il n'est pas évident que l'on puisse, à partir de ces observations, faire des généralisations valables globalement pour l'espèce, comme le font les praticiens de la psychologie évolutionniste.

Pour ces scientifiques, l'étude des comportements humains (ceux qui sont universels, pas simplement les nombreux comportements sociaux) vise à rechercher les « adaptations mentales » qui ont été mises en place par la sélection naturelle dans le passé évolutif de notre espèce. Lorsque certains stimuli sociaux déterminent une réponse comportementale particulière (ou même simplement tendent à déterminer, ou sont perçus de façon à déterminer, la réponse envisagée), la question qu'ils se posent toujours est de la forme : quel avantage sélectif cette réponse a-t-elle présenté au cours de notre évolution ? Pour les praticiens de la psychologie évolutionniste, la recherche de l'avantage sélectif demande toujours que l'on invoque le contexte de la chasse et de la cueillette. Nous sommes ici en présence d'une conception réductionniste à l'extrême du processus évolutif, pour laquelle pratiquement tous les traits existant chez une espèce (dans ce cas, les myriades de comportements humains) ont été directement soumis au contrôle de la sélection naturelle au cours de milliers de générations, du moins jusqu'à ce que ladite sélection soit tombée mystérieusement en désuétude après la Révolution agricole. Cette conception sociobiologique élude, par son élégante simplicité, la complexité du processus évolutif et de ses multiples facettes. Dans la mesure où elle a proclamé qu'elle rejetait les horreurs du darwinisme social (et de ses divers sous-produits déplaisants, tels que l'eugénisme), la psychologie évolutionniste a rendu un utile service, en donnant de nouveau un visage respectable aux discussions sur le comportement humain en termes biologiques (il est vrai que la plupart des praticiens de la psychologie évolutionniste sont parfaitement conscients du rôle de l'expérience individuelle et des contraintes sociales, ou de leur absence, dans le façonnement du comportement).

Dans leur quête des adaptations mentales, ces scientifiques aiment beaucoup se référer à un « environnement ancestral » dans le contexte duquel nos adaptations comportementales se seraient établies. L'environnement dans lequel nous vivons aujourd'hui ne devrait pas être pris en compte, à les en croire, tant l'industrie ou même l'agriculture sont des phénomènes récents. Pour expliquer nos adaptations mentales, il nous faut chercher dans notre passé évolutif de chasseur-cueilleur. À cela, on peut objecter de nombreux problèmes, dont je ne retiendrai que deux.

Premièrement, même si la théorie de l'évolution nous apprend que notre espèce a dû apparaître nécessairement dans une seule région restreinte, et donc dans un environnement assez spécifique, sa *réussite* évolutive a sûrement dû découler de sa remarquable capacité à pouvoir quitter cet environnement et à chasser ses concurrents de tous les autres habitats convenables pour l'homme. Il est donc évident que notre patrimoine génétique ne nous a pas adaptés spécifiquement à quelque environnement particulier, que ce soit sur le plan social, géographique, technologique ou écologique.

Le second problème, peut-être le plus important ici, concerne les modes de vie et leur rapport avec la théorie du gène égoïste et autres notions du même accabit qui mettent en avant l'importance de la transmission individuelle des gènes. Nos lointains ancêtres ont, d'une certaine façon, été des chasseurs-cueilleurs, cela ne fait aucun doute. Et tandis que les modes de vie liés à la chasse et à la cueillette peuvent être très divers, ils ont tous en commun que, pour des êtres humains continuellement obligés de se déplacer et n'exploitant que ce qu'offre l'environnement, avoir un grand nombre d'enfants au développement lent n'est pas un avantage. Les femmes sont sérieusement handicapées dès qu'elles ont à s'occuper de plus de deux enfants à la fois, d'autant plus qu'aucune bête de trait ne les aide à les transporter. En fait, dans le petit nombre de peuples chasseurs-cueilleurs subsistant de nos jours, les femmes prennent souvent des mesures draconiennes pour limiter le nombre de leurs grossesses. Les femmes san, qui sillonnent le désert du Namib, par exemple, allaitent leurs bébés jusqu'à ce qu'ils atteignent l'âge de quatre ans ou davantage, ce qui a pour effet de maintenir leur sécrétion hormonale de prolactine à un taux élevé et d'inhiber ainsi l'ovulation pendant toute cette période. Leurs gènes ne paraissent guère les aiguillonner à se reproduire. En fait, comme c'est pratiquement toujours le cas, ce sont les considérations d'ordre économique qui priment. Pour les chasseurs-cueilleurs, donc, c'est la fécondité, non son absence, qui est l'ennemi. Les femmes san ne manifestent individuellement aucun signe, conscient ou inconscient, qui indiquerait qu'elles désirent augmenter le nombre de leurs enfants. Or l'environnement des chasseurs-cueilleurs, c'est justement ledit contexte ancestral.

On sait depuis longtemps que, comme de nombreux autres organismes, l'espèce humaine a adopté une stratégie reproductive qui comporte un investissement parental élevé pour un nombre relativement restreint d'enfants. L'objectif n'a jamais été de maximiser le nombre des petits, en soi, mais plutôt d'assurer la réussite (économique, en premier lieu) des êtres engendrés. Cette règle a peut-être été quelque peu perturbée à la suite de l'adoption d'un mode d'existence sédentaire fondé sur l'agriculture, qui a demandé beaucoup plus de bras que cela n'avait été le cas auparavant, mais le modèle fondamental a persisté jusqu'à nos jours.

Toute une série d'autres problèmes surgissent, dès lors que l'on voit les organismes simplement comme des véhicules pour leurs gènes, à la façon de la poule dont on dit qu'elle n'est qu'un moyen pour l'œuf de faire un autre œuf. Toute théorie de ce genre rencontre ses plus grandes difficultés lorsqu'elle essaye de s'appliquer à la structure des sociétés complexes du type de celles des primates et au comportement des individus qui les composent, car elle bute alors sur son incapacité à prendre en compte un fait essentiel : les sociétés desservent des fonctions économiques aussi bien que reproductives, et les individus sont, de même, des entités économiques aussi bien que reproductives. En réalité, le temps et l'énergie que chaque individu investit dans la réalisation d'objectifs économiques au cours de sa vie dépassent de très loin ce qu'il en consacre à l'activité reproductive. La plupart des « lois » supposées en matière de comportement humain que soulignent les praticiens de la psychologie évolutionniste, et qu'ils expliquent par des comportements génétiquement hérités, sont, tout aussi vraisemblablement sinon plus, explicables par des décisions économiques rationnelles (amplifiées par des normes sociales qui résultent aussi de visées que l'on peut globalement qualifier d'économiques). Lorsqu'ils observent des comportements qui ne se conforment pas aux prédictions sociobiologiques, les spécialistes de la psychologie évolutionniste, qui à l'évidence aiment avoir, comme on dit en français, le beurre et l'argent du beurre, ont coutume de prétendre, sans être à un paradoxe près, que dans ces cas la sélection naturelle a joué sur la « flexibilité » du comportement plutôt que sur sa spécificité. Une fois de plus, cependant, ces comportements sont bien mieux expliqués par la nature complexe des décisions économiques (au sens large) que chaque organisme doit prendre, combinée à l'énorme diversité des types de personnalité que l'on trouve dans toute population humaine. Il est impossible d'établir une correspondance terme à terme entre les gènes individuels et les comportements, même si, collectivement et de concert avec d'autres facteurs, les gènes jouent manifestement un rôle. Ne croyons pas que le génome, les organismes, les contextes économiques et des milieux sociaux soient simples.

Mettant l'accent sur la transmission des gènes, les praticiens de la psychologie évolutionniste consacrent beaucoup d'attention aux comportements humains liés au sexe. Cela les a conduits à des théories très discutables, parce que l'activité sexuelle humaine et la reproduction ne sont pas liées d'une façon mécanique. Non que ce découplage (pour ainsi dire) soit un phénomène purement humain : les bonobos, par exemple, se servent de façon courante de l'activité sexuelle comme moyen de dissiper les tensions sociales qui se développent au sein de leurs groupes (et on voudra bien noter qu'il n'existe pas chez eux de dominance des mâles, ce qui suggère, lorsque les comportements mâles et femelles diffèrent chez les hominoïdes, que ces différences ne sont pas nécessairement des sous-produits des régulations hormonales gouvernant la fonction reproductive chez l'un et chez l'autre sexe). Prenons un exemple. Hommes et femmes ne jouent pas le même rôle dans l'accomplissement de la reproduction et font souvent preuve d'attitudes contrastées en ce qui la concerne. Un praticien de la psychologie évolutionniste, partant du principe que la sexualité et la reproduction sont de fait la même chose, dirait que ces attitudes différentes s'expliquent par le fait que les femmes représentent une ressource reproductive quantitativement limitée pour laquelle les hommes entrent en compétition. Ces derniers sont théoriquement en mesure de féconder un grand nombre de femmes, tandis que celles-ci ne peuvent impérativement avoir qu'un nombre limité d'enfants. Cela expliquerait pourquoi les femmes auraient pour stratégie de chercher à former un couple avec un homme donné, susceptible de contribuer (le plus possible) à l'élevage de son petit nombre d'enfants, tandis que les hommes préféreraient butiner. L'objectif prétendu dans chacune de ces stratégies serait de maximiser l'efficacité de la transmission des gènes.

« L'infidélité est peut-être programmée dans nos gènes », proclamait il y a peu un hebdomadaire américain en couverture, preuve que les spécialistes de la psychologie évolutionniste ont très facilement réussi à faire accepter leur théorie selon laquelle, dans l'entreprise de toute première importance qui est celle de la transmission des gènes à la génération suivante, les hommes essaient d'être le père du plus grand nombre possible d'enfants, tandis que les femmes sont programmées pour ne s'unir qu'à ceux des mâles qui se sentiront le plus responsables de ces enfants. Ces deux stratégies sont contradictoires et incitent donc à un maximum de tromperies des deux côtés, idée qui semble particulièrement séduisante pour une société où les feuilletons à l'eau de rose de toutes sortes représentent le plus lucratif des arts télévisuels, sinon celui qui reflète le plus fidèlement la réalité quotidienne de la plupart des gens. Mais la transmission pure et simple des gènes ne peut pas être l'explication de toute chose. Car dans ce schéma de maximisation, il est vite évident que féconder le maximum de femmes est de peu d'intérêt à long terme pour des hommes qu'obséderait la transmission de leurs gènes, si le temps et l'énergie consacrés aux jeux de l'amour les détournent des efforts qu'ils pourraient autrement entreprendre pour assurer la survie de leur descendance génétique. Une telle contradiction entre stratégies est généralement inévitable, et il est difficile de voir comment des gènes « égoïstes » pourraient y échapper. Chez des organismes relativement simples comme la mouche drosophile, il apparaît désormais que des dizaines de gènes indépendants les uns des autres sont mis en jeu dans le comportement de cour, qui lui-même ne représente qu'une partie de l'activité reproductive totale. La complexité du comportement, surtout chez l'homme et les autres primates, échappe à la notion de gènes spécifiques qui dicteraient l'un ou l'autre de ces comportements selon la psychologie évolutionniste.

De ces mêmes comportements, un économiste tirerait l'interprétation que la sexualité est une activité procurant du plaisir aussi bien aux hommes qu'aux femmes (ce qui est un trait spécifique qui a probablement été mis en place par la sélection, car en son absence l'espèce risquerait de s'éteindre). Cela expliquerait par là même que les hommes (au sens de sujets masculins) désirent faire souvent l'amour, et la plupart du temps sans que cela ait de rapport avec la reproduction (comme l'atteste, par exemple, l'existence ancienne, mais toujours florissante, de la prostitution, activité économique s'il en fût). Les femmes, cependant, doivent supporter les conséquences économiques de l'activité sexuelle lorsqu'elle conduit à la reproduction ; autrement dit, elles doivent dans ce cas faire face aux dépenses qu'engage le fait d'élever des enfants, alors que les hommes n'y participent en théorie que volontairement. Pour une femme, donc, le plaisir associé à une activité sexuelle libre et variée peut éventuellement être moindre que les avantages économiques représentés par la formation d'un couple avec un homme (à condition que celui-ci joue le rôle prévu de soutien financier, ce qui trop souvent ne semble pas être le cas aujourd'hui). Il n'est sans doute pas sans signification que lorsque les données économiques classiques sont bouleversées (comme lorsque des allocations familiales sont versées aux mères célibataires), on note qu'alors les femmes ont moins tendance à former des couples.

Les hommes et les femmes ont, en moyenne, un certain nombre de comportements préférentiellement liés à leur sexe ; de même, il est vraisemblable que le cerveau des hommes et celui des femmes présentent de subtiles différences dans de nombreux aspects de leur organisation. Mais les praticiens de la psychologie évolutionniste en tirent des conclusions exagérément simplificatrices de la complexité du vécu individuel des êtres humains. Il est possible que nous puissions apercevoir des sortes de lois globales en matière de comportement humain ; mais en général, elles résultent de la sommation de millions de décisions individuelles (influencées, on le sait, par des valeurs acquises par l'apprentissage), à l'instar des tendances automatiques qui se manifestent dans le système du marché libre, phénomène dont personne ne doute et qu'étudient les économistes. Dans la réalité, les acteurs sont à leur niveau beaucoup plus mystérieux et obéissent à des motivations bien plus complexes que ne l'imaginent les praticiens de la psychologie évolutionniste ou les économistes. Notre existence se ramène rarement à une lutte sourde pour augmenter notre succès reproducteur, comme l'atteste le fait que 10 pour cent des couples mariés choisissent de ne pas avoir d'enfants, ou que les homosexuels rejettent consciemment tout projet de transmettre leurs gènes (bien qu'il semble que certains gardent un fort désir d'élever des enfants, si l'on en juge d'après l'augmentation des adoptions par des homosexuels). La vie consiste pour l'essentiel à se maintenir en vie, aussi confortablement que possible, dans un environnement social extrêmement complexe. C'est donc avant tout une question économique. La sexualité intervient souvent, mais surtout dans des contextes de pouvoir, dans des perspectives de consolidation de liens sociaux ou comme pure recherche du plaisir. Elle est beaucoup plus rarement pratiquée dans le contexte spécifique de la reproduction.

Bien qu'ils soient toujours présents en arrière-plan, les gènes n'influencent qu'indirectement nos comportements, en particulier en programmant le développement de notre cerveau. Ce mystérieux organe résulte d'une très longue histoire évolutive. C'est dans ce sens que notre passé évolutif se fait encore sentir en nous : si nous voulons comprendre les complexités de notre comportement, c'est le cerveau et non pas directement les gènes qu'il faut examiner.

Cerveau et comportement

Psychologiquement nous sommes donc très complexes. La raison en est, partiellement du moins, que notre cerveau a été élaboré au fil du temps par rajouts successifs. J'ai dit combien la vieille théorie d'un conflit intrinsèque entre des structures et des fonctions cérébrales anciennes et d'autres, nouvelles, apparaît aujourd'hui très simpliste; mais il est néanmoins évident que c'est dans notre organe de commande centrale qu'il nous faut chercher la clé des contradictions dont nous faisons tous preuve dans notre vie quotidienne. À un niveau donné de notre conscience, nos capacités de jugement nous disent que la mort est le point final définitif; mais à un autre, nous rejetons cette idée et envisageons les alternatives les plus invraisemblables. Nous sommes simultanément des nostalgiques des réalisations du passé et des amateurs de toute nouveauté. Par haine, nous commettons des crimes que nous justifions au nom d'un Dieu d'amour. Nous inventons des mensonges et nous y croyons. Nous voulons êtres autonomes dans notre vie, mais désirons influencer la vie des autres. Nous avons de merveilleuses facultés rationnelles, mais ne suivons les préceptes de la raison que de façon capricieuse, dans le meilleur des cas. Pourquoi ?

L'une des réponses possibles est que ce genre de contradictions résulte des interactions complexes qui se déroulent au sein de notre cerveau entre des aires corticales supérieures et de plus anciennes structures situées en dessous d'elles. Comme nous l'avons vu, cependant, cette conception présente des difficultés ; car, fonctionnellement, les structures anciennes et récentes sont étroitement imbriquées, et c'est le cerveau global qui nous dicte nos penchants les moins rationnels, en même temps que ces facultés qui nous permettent de mettre au point des ordinateurs toujours plus puissants et d'envoyer des sondes spatiales sur Mars. Bien plus, en termes de comportements également, il semble qu'il soit extrêmement trompeur d'établir une dichotomie tranchée entre des fonctions cérébrales sous-tendant des démarches rationnelles et celles qui sont responsables de réactions émotionnelles. Car, entre les deux, il existe un niveau de fonctionnement neuro-éthologique — l'intuition — qui se nourrit de l'un et de l'autre pôle : l'intuition intervient en l'absence de raisonnement conscient et les psychologues spécialistes des fonctions cognitives la rattachent depuis longtemps à la mémoire des émotions. Et des données solides indiquent à présent que l'intuition joue un rôle majeur dans la prise de décisions rationnelles.

Lorsqu'un individu cherche à prendre une décision, son cerveau ne met pas simplement en jeu un algorithme standard qui va examiner les données et conduire à une solution optimum. En réalité, l'évaluation rationnelle des faits est complétée par toutes sortes d'autres informations qui peuvent aller d'une impression globale de malaise ou au contraire d'un sentiment d'adéquation, jusqu'à une épouvante déclarée ou au sentiment énervant d'une impossibilité de choisir entre deux solutions. La décision qui sera finalement prise, bien que fondée sur une estimation des faits, ne sera peut-être pas explicable par des mots (ou alors ce ne sera qu'une justification a posteriori). Hannah et Antonio Damasio ont réalisé, à la faculté de médecine de l'université de l'Iowa, une expérience très ingénieuse pour analyser ce mode de fonctionnement mental. Ils sont partis de la constatation que les patients souffrant de lésions du cortex d'association préfrontal ventromédian (aire du cerveau située juste au-dessus des yeux) obtenaient des résultats tout à fait normaux aux tests visant à évaluer leur QI ou leur mémoire, mais prenaient de façon habituelle des décisions catastrophiques dans le cadre de leur vie quotidienne, puis se donnaient beaucoup de mal pour les formuler. Ces chercheurs ont mis au point une expérience portant sur un jeu de hasard, dans lequel différents paquets de cartes offraient des chances différentes de gagner, ce que leurs « cobayes » ne réalisaient qu'au bout d'une assez longue pratique du jeu. Tandis que les sujets normaux « contrôles » se sont mis rapidement à piocher dans les paquets de cartes offrant les meilleures chances de gagner, bien avant qu'ils aient été capables de dire pour quelle raison ils faisaient ce choix, les sujets atteints de lésions préfrontales ont continué à puiser dans les paquets de cartes perdants, même après qu'ils eurent compris que d'autres paquets offraient de meilleures chances de gagner. Les chercheurs ont également étudié, pendant toute la durée de l'expérience, les variations de la conductance de leur peau chez leurs « cobayes » : il s'agit d'une mesure qui indique le niveau de stress psychologique (c'est de cette façon que fonctionne l'appareil appelé « détecteur de mensonge »). Les sujets porteurs de lésions cérébrales n'ont jamais montré aucun indice de stress, quel que fût le paquet qu'ils choisissaient, tandis que les sujets « contrôles » ont fait rapidement preuve de réactions de stress, dès qu'ils envisageaient de prendre une carte dans les paquets perdants, avant même d'avoir consciemment réalisé que ces derniers étaient effectivement défavorables.

La conclusion de cette expérience a été assez claire : le comportement des sujets « contrôles » a été guidé inconsciemment (en fait, par l'intuition), avant même qu'ils aient réalisé de façon consciente quels paquets étaient favorables et quels paquets ne l'étaient pas. Les patients porteurs de lésions, d'un autre côté, ont été également capables de comprendre quels étaient les bons et les mauvais paquets, mais ils se sont montrés dépourvus d'intuition. Leur incapacité à prendre de bonnes décisions dans la vie de tous les jours était probablement liée, elle aussi, à cette absence d'intuition, qui dérivait à son tour de leurs lésions préfrontales. À la lumière de ces résultats, Hannah et Antonio Damasio pensent que le cortex préfrontal ventro-médian fait partie du système qui garde trace des récompenses et des punitions antérieures : ce sont ces informations qui nourrissent les intuitions intervenant dans le processus de décision chez les êtres humains normaux. Tout cela paraît très sensé, car il est clair (intuitivement évident ?) que l'intuition est l'un des facteurs indispensables de l'exercice de la créativité humaine. Même la science, l'activité rationnelle par excellence chez l'homme, nous en donne des preuves. En effet, s'il est vrai que la science s'enorgueillit de procéder objectivement en mettant à l'épreuve des hypothèses formulées à partir d'observations recueillies avec soin, les hypothèses, au départ, résultent souvent elles-mêmes d'intuitions, plutôt que de raisonnements explicites. L'intuition joue donc un rôle indispensable dans les processus de pensée.

On pourrait aussi arguer que, si la grande musique possède toujours une composante intellectuelle, son impact dérive invariablement de sa capacité à nous émouvoir directement, sans mettre en jeu nos facultés rationnelles ni nos capacités d'intuition (sauf lorsqu'elle évoque d'autres associations mentales). Cependant, de récentes recherches suggèrent que l'exposition précoce à la musique (par la pratique plus que par l'écoute, bien que les deux modalités soient efficaces) aiguillonne le développement du raisonnement mathématique, apparemment en stimulant le développement des circuits neuronaux intervenant dans les raisonnements de haut niveau. Cela souligne encore un peu plus l'intrication des relations entre ce que nous appelons les facultés mentales inférieures et supérieures. Globalement, cependant, il est clair que les facultés cognitives humaines résultent de la coopération de plusieurs mécanismes que nous pouvons classer, au sens large, en processus émotionnel, intuition et processus de raisonnement conscient. Et il est très probable que l'addition du raisonnement symbolique aux fonctions préexistantes représentées par les réponses émotionnelles et les perceptions intuitives a marqué l'avènement de la conscience moderne de l'homme, comme par un saut.

Néanmoins, ce saut ne nous a pas conduits à laisser derrière nous tout notre passé évolutif. Car, s'il est vrai que les contradictions dans les comportements que connaissent tous les êtres humains individuels dans leur vie quotidienne ne proviennent peut-être pas toujours directement de cette dichotomie, ô combien rebattue, entre émotion et intellect, il est parfaitement vraisemblable que les intuitions, fondées sur des réactions émotionnelles éprouvées lors d'expériences vécues antérieures, puissent souvent contredire l'appréciation rationnelle (sur le plan de la pensée symbolique) des faits disponibles. Il est remarquable dans cet ordre d'idée que, tandis que nous pouvons facilement apprendre à mettre en œuvre des techniques en assimilant les savoir-faire acquis par d'autres, nous sommes plus ou moins incapables en matière d'interactions humaines d'apprendre de cette façon. Ne tenant pas compte des conseils sur la conduite des affaires humaines qui ont été transmis au cours des âges, chaque génération répète sans cesse les mêmes erreurs. Si l'on ajoute à cette tendance les limites intrinsèques de la liberté humaine, il est facile de voir pourquoi l'histoire humaine tend à se répéter à court terme. Alors que nous sommes capables d'apprendre de quelqu'un d'autre, facilement et de façon durable, comment accomplir certaines tâches techniques telles que programmer la mise en marche d'un magnétoscope (apparemment, on peut y arriver), dans nos interactions avec les autres, nous ne semblons capables d'apprendre que par le biais des plus puissants des conditionnements aversifs. C'est seulement après que nos relations avec d'autres personnes sont passées par de pénibles extrémités que nous comprenons comment nous y prendre avec elles ; et même alors, il nous est difficile de généraliser cet enseignement chèrement acquis à de nouvelles situations. Pour l'expliquer, il est inutile d'invoquer une différence de fonctions entre hémisphère droit et hémisphère gauche, même si la mode a mis en vedette ce genre d'interprétation. Le vrai problème se situe au niveau de l'interaction entre plusieurs modalités psychophysiologiques diffuses, qui *ensemble*, constituent le monde mental tel que nous le percevons : c'est cette interaction qui est à l'origine de certaines contradictions dont nous ne pourrons jamais nous défaire.

En raison même de cette intrication des fonctions cérébrales, les thèses de la psychologie évolutionniste ne sont pas recevables. Il n'est pas possible d'attribuer les aspects regrettables de nos comportements d'aujourd'hui aux conditions de vie rencontrées par nos lointains ancêtres de la préhistoire, même si ce passé évolutif n'est pas entièrement à négliger lorsque nous cherchons à définir notre condition naturelle actuelle. Qu'ils aient été chasseurs ou cueilleurs ou les deux, qu'ils aient vécu en petits ou en grands groupes, que l'hominidé mâle ait eu pour stratégie de féconder le maximum de femelles ou qu'il ait eu pour fonction de subvenir aux besoins d'une femelle à laquelle il aurait été fidèle, voilà qui n'a pas grand-chose à voir avec ce que nous sommes (ou pouvons être) en cette fin de XXe siècle. Notre cerveau n'est pas une machine identique chez tous les individus, programmée par les gènes pour répondre de façon spécifique à des stimuli spécifiques; les multiples différences culturelles qui se rencontrent de par le monde le prouvent assez, de même que les extraordinaires différences qui existent entre les individus au sein de chaque société. Nous sommes des êtres complexes du point de vue du comportement, extrêmement influencés par l'expérience vécue, et chez lesquels les conflits internes et les comportements compulsifs sont la norme plutôt que l'exception. Nous sommes dotés de cette complexité comportementale sans aucun doute depuis la naissance d'*Homo sapiens* moderne; mais la manière dont nos ancêtres ont pu vivre n'a guère à voir avec la façon dont nous menons notre vie aujourd'hui.

Notre esprit rationnel, en outre, n'est pas une machine absolument sans défaut, toujours en état de vigilance maximum; même lorsque nous sommes parfaitement détachés, nous commettons souvent des erreurs mathématiques ou prenons des décisions erronées comme, par exemple, lorsque nous abordons de nouveaux aspects de ce monde complexe que nous nous sommes créé. L'erreur est une donnée inévitable de l'existence humaine. Ainsi, nouvelle contradiction, nous avons conspué la société Exxon, lors de la marée noire due à l'*Exxon Valdez*, un accident éminemment statistique, tout en sachant, si nous avions bien voulu nous l'avouer, qu'en terme de chaîne de responsabilités, les vrais coupables, c'était nous tous, chaque fois que nous mettions en route le moteur du filtre de notre piscine ou celui de notre voiture. Bien plus, même lorsque nous savons en principe comment agir au mieux de nos intérêts pour nous-mêmes et pour les autres, bien peu d'entre nous (voire aucun) sommes capables de mettre en pratique ce savoir de façon constante ou parfaite. Chacun peut agir rationnellement une partie du temps; mais personne ne peut être complètement rationnel tout le temps. Et, en dépit des inconvénients que cela implique, il faut probablement s'en féliciter : tout compte fait, l'amour et la compassion ne relèvent pas de la raison.

L'homme et le monde naturel

Les êtres humains font partie de la nature. Nous sommes le résultat des mêmes processus naturels qui ont engendré la myriade d'autres formes vivantes sur la Terre. Cependant, nous nous *percevons* comme différents des organismes qui vivent à nos côtés, et de fait, nous le sommes (bien qu'on puisse soutenir que toutes les autres espèces le sont également). Nous sommes vraiment différents en ce sens fondamental que nous, et nous seuls, sommes capables de réfléchir sur cette différence. Et nos conceptions sur la nature de cette dernière influencent inévitablement la façon dont nous voyons notre place dans ce monde et celle dont nous interagissons avec lui.

Dans son ouvrage *Dominion*, Niles Eldredge souligne qu'en matière d'attitude par rapport au monde extérieur il semble y avoir une différence fondamentale entre les peuples de chasseurs-cueilleurs qui survivent encore aujourd'hui et ceux qui ont adopté un mode de vie lié à l'agriculture. Pour illustrer son propos, il cite les observations de l'anthropologue Colin

Turnbull sur les Pygmées de la forêt Mbuti au Zaïre. Lorsque ces derniers quittent leur campement pour sillonner la forêt (plus exactement, pour aller collecter), ils chantent : « Notre Mère la Forêt, notre Père la Forêt », ce qui, de l'avis d'Eldredge, illustre parfaitement l'impression qu'a le peuple mbuti d'être intégré au sein de l'écosystème qui l'entoure. Ces Africains exploitent leur environnement avec une extrême habileté, mais le point le plus important dans leur relation avec celui-ci est qu'ils ne cherchent pas du tout à le modifier. Ils connaissent intimement cet écosystème et ont un savoir extrêmement détaillé sur les ressources qu'il peut leur offrir, mais ils en font partie, en dépendent et comprennent cette dépendance. Cela se reflète non seulement dans la description qu'ils donnent de la forêt elle-même, mais aussi dans la façon dont ils rendent compte de leur propre existence et de leur situation par rapport à la nature qui les entoure.

Les nombreux peuples de chasseurs-cueilleurs qui ont existé sur la Terre ont dû entretenir des idées analogues; et jusqu'à très récemment, il n'y avait *que* des chasseurs-cueilleurs — ce terme recouvre toutefois quantité de modes de vie différents. Même les Magdaléniens, qui ont laissé derrière eux ces prodigieuses réalisations artistiques attestant leur créativité et leur aptitude à la pensée symbolique, se sont probablement considérés comme faisant partie intégrante de l'écosystème qui les environnait. Il est vrai, toutefois, qu'ils ont peut-être joué un rôle dans l'extinction de beaucoup des grands mammifères européens vers la fin de la plus récente période de glaciation. Mais une chasse irréfléchie menant à l'extinction de l'espèce prise comme proie, en raison, comme cela a probablement été le cas, des extraordinaires facultés de l'homme, ne peut pas être considérée comme un essai conscient de changer l'environnement. Rien ne prouve que les Magdaléniens n'appréciaient pas de vivre dans les conditions offertes par leur milieu, lequel était d'ailleurs riche. La signification de leur art peut faire l'objet de controverses, mais il ne fait guère de doute que, quels que soient les mythes et les croyances que ce dernier représentait, il véhiculait au moins implicitement l'idée que ce peuple se voyait comme une partie intégrante du monde naturel qu'il habitait, lequel était donc perçu comme une entité qui leur était supérieure.

Le contraste avec les agriculteurs sédentarisés est impressionnant. Car le concept même de production d'une récolte implique la modification d'écosystèmes. Comme le note Eldredge, l'adoption de l'agriculture a conduit, pour la toute première fois, à abandonner les écosystèmes locaux et en quelque sorte à en « sortir ». À partir du moment où les hommes ont été à l'extérieur, il leur a été possible de concevoir différemment leur place dans la nature. Ils y ont été pratiquement obligés, car leur place a alors été réellement à part de la nature. Pour un agriculteur, la vie ne consiste pas à exploiter ingénieusement ce qu'offre la nature ; cela devient une bataille avec cette dernière, car il s'agit de pallier l'ensemble des vicissitudes de l'environnement, en recourant à toutes sortes de techniques. La bataille peut être gagnée ou perdue, mais c'est néanmoins une bataille entre deux camps qui s'opposent.

Ce nouveau mode de vie, supposant un affrontement (et corollairement, une nouvelle façon de regarder la nature), a, semble-t-il, été imposé de force à l'homme par la nature elle-même. Une tendance à la sécheresse s'est développée à la fin de la plus récente période de glaciation de l'ère glaciaire (je ne dis pas la dernière, car il y en a d'autres à venir), il y a environ 10 000 ans. Cela a rendu la vie difficile aux chasseurs-cueilleurs du Proche-Orient, qui (comme nous le savons d'après l'allure particulière du poli de leurs outils de pierre) avaient déjà commencé à récolter de façon régulière les graines des céréales sauvages. On estime que la région du Proche-Orient était déjà densément peuplée à ce stade, en sorte qu'émigrer vers une zone géographique plus propice n'a pas dû être considéré comme une solution intéressante par ces chasseurs-cueilleurs qui voyaient une ressource alimentaire graduellement se raréfier en raison des étés de plus en plus chauds et secs. Pour des êtres dotés de toutes les facultés cognitives de l'homme moderne, commencer à semer des graines, afin de pouvoir compter sur un volume constant de céréales et compenser ainsi les effets de la sécheresse, n'a pas dû représenter un saut trop grand. Il semble que c'est ainsi que les choses se sont passées, les variétés mutantes de ces plantes dont les graines se détachaient plus facilement lors de la récolte ayant été de plus en plus sélectionnées pour être semées. L'humanité a ainsi commencé l'exploitation artificielle d'importantes ressources qui, jusque-là, étaient naturelles, exploitation qui allait inexorablement s'intensifier.

Car, l'homme étant ce qu'il est, l'utilisation excessive de ce genre de ressources allait presque inévitablement s'ensuivre. Les civilisations ont donc pris leur essor, puis ont chuté, sur la base de ce cycle de surexploitation. L'effectif des populations s'effondrait lors de ces crises économiques (nous devrions nous en souvenir aujourd'hui que la démographie est galopante). Le point important à noter ici, cependant, est qu'à mesure que l'homme a intensifié son exploitation des ressources naturelles, sa distance d'avec l'écosystème environnant est allée croissante et son attitude par rapport à la nature a changé en conséquence. Eldredge en trouve la preuve dans les documents fondateurs de la tradition judéo-chrétienne, écrits par les descendants de ces premiers chasseurs-cueilleurs devenus agriculteurs. Ils témoignent, souligne-t-il, directement de la façon dont les premiers agriculteurs se voyaient eux-mêmes par rapport au monde naturel. Dans Genèse, 1,28 (« Dieu leur dit : Soyez féconds et prolifiques, remplissez la terre et dominez-la. Soumettez les poissons de la mer, les oiseaux du ciel et toute bête qui remue sur la terre ! »), Eldredge lit « la plus retentissante déclaration d'indépendance qui ait jamais été faite » — indépendance par rapport à la nature. Nous sommes les rois de l'écosystème dans lequel nous vivons ; un pouvoir supérieur nous a confié la domination de cet adversaire. En pratique, cette relation antagonique avec la nature gouverne depuis le néolithique jusqu'à aujourd'hui notre attitude à son égard, renforçant d'autant plus notre impression d'en être le maître et le possesseur[1].

1. L'injonction de la Genèse : « Soyez féconds et prolifiques » était peut-être raisonnable dans le contexte de l'existence économique précaire des premiers agriculteurs (qui avaient pour travailler un besoin de bras sans précédent), mais elle n'a certainement guère de sens aujourd'hui, du moins en tant que prescription pour notre espèce globale. *(N.d.A.)*

Pourtant, de ces écosystèmes locaux, nous n'avons jamais cessé de dépendre : les archives archéologiques racontent le cycle de systèmes économiques complexes qui ont disparu à la suite d'une croissance démographique excessive ou d'une surexploitation et une dégradation de l'environnement local. Les économistes, de nos jours, débattent pour savoir si l'homme serait en train d'épuiser les ressources naturelles disponibles. Jusque récemment dans l'histoire de notre civilisation, la technique (c'est-à-dire l'ingéniosité humaine) est toujours parvenue à sauver la situation. La Révolution verte, par exemple, a presque doublé d'un seul coup la production de céréales dans certains pays asiatiques. À l'évidence Thomas Malthus a trop noirci le tableau, du moins pour le court terme, lorsqu'il a prédit, au tournant du XIXe siècle, que la croissance de la population humaine dépasserait inévitablement celle des ressources alimentaires disponibles ; et les déclarations fracassantes de plus récents prophètes de malheur, tel le Club de Rome (*Halte à la croissance*), ont été spectaculairement démenties par un retournement de conjoncture. Pourtant, le nombre de régions localisées qui ont dû être abandonnées par les populations humaines parce qu'elles se trouvaient détériorées à un point tel qu'il n'était plus possible de les exploiter de façon productive est élevé ; et des phénomènes inquiétants tels que la progression en apparence inexorable du Sahara ne peuvent pas être mis au seul compte de phénomènes naturels.

En cette époque de globalisation, l'état général de l'écosystème mondial est devenu un sujet de préoccupation. Personne ne sait exactement combien d'êtres humains la Terre peut éventuellement héberger et nourrir (les estimations varient de cinq à vingt milliards), mais il ne fait pas de doute que ce nombre est fini et se situe probablement du côté de la limite supérieure. Si la catastrophe n'est peut-être pas pour tout de suite, il conviendrait que nous nous souciions du fait que nous avons déjà dépassé la limite inférieure de ces estimations. Outre les aspects économiques de la capacité d'hébergement de la Terre, il faut prendre en compte les facteurs sociaux. Les individus ont besoin d'espace, et lorsque celui-ci est restreint, il en résulte des pathologies sociales. Ce phénomène est déjà perceptible dans les villes à forte densité démographique, ainsi que dans les prisons surpeuplées. Mais des observations faites sur les singes nous laissent entrevoir quel avenir inquiétant pourrait nous échoir.

Dans des régions du Japon où la terre est assez rare, des macaques qui vivaient antérieurement en liberté dans la nature ont été parqués à l'occasion et ravitaillés par l'homme, de sorte qu'ils se sont multipliés pour atteindre d'extraordinaires densités de population. On peut les voir de nos jours, au moment de la distribution de nourriture, arriver en vaste nombre au poste de ravitaillement. Il n'y a pas d'interaction sociale entre eux, à part les querelles. Chaque singe se tient sur son minuscule morceau de territoire et avale goulûment sa nourriture aussi vite qu'il le peut, fixant intensément des yeux le coin du sol où elle se trouve et évitant de regarder les autres, car des interactions agressives pourraient en résulter. On est à des années-lumière de la riche vie sociale que mènent ces primates lorsque, dans les circonstances naturelles, ils sillonnent librement la forêt ! On ne les voit plus, dans les conditions artificielles décrites ci-dessus, recourir à ces complexes stratégies qu'ils utilisent à l'état sauvage pour réduire au minimum les conflits. Au lieu de cela, il n'y a plus que des individus vivant dans un isolement terrifiant, refermés sur eux-mêmes, inquiets.

Nous subissons, depuis bien longtemps déjà, les conséquences de la croissance démographique, économiquement et socialement. La taille maximum d'une communauté humaine dans laquelle les normes de comportement peuvent être maintenues par le simple jeu de la pression sociale semble se situer aux alentours de 150 individus. La dimension des groupes de chasseurs-cueilleurs est en général très en dessous de cette limite. Mais, dans les sociétés sédentarisées, celle-ci est très vite dépassée. Dans une société idéale de vastes proportions, on pourrait espérer que les individus cohabiteraient en respectant volontairement les normes sociales. Mais, en pratique, au-dessus de la taille limite, il est nécessaire, pour maintenir la cohésion de la société, d'instaurer de complexes institutions, contre lesquelles les individus s'irritent fréquemment et qui donnent lieu souvent à des injustices individuelles. De nos jours, peu d'êtres humains vivent au sein de communautés de moins de 150 personnes; par suite, nous sommes obligés de rechercher notre identité dans de petits groupes délimités au sein de vastes populations. Cela peut, à un extrême, conduire à la guerre entre pays, et à un autre, au racisme, à l'intolérance religieuse, à tous ces phénomènes de même type qui gangrènent nos sociétés. Ce genre de pulsions destructrices s'expriment souvent par la dénégation de la qualité d'êtres humains aux membres des groupes autres que celui auquel on appartient, phénomène qui a été particulièrement bien observé chez les soldats auxquels on demande de tuer des gens qu'ils ne connaissent pas et contre lesquels ils n'ont pas de griefs personnels. Dans nos énormes sociétés modernes, avec leurs tendances centrifuges intrinsèques, nous approchons dangereusement du seuil d'épuisement des possibilités sociales de cohésion.

Nous avons récemment assisté à la montée d'un mouvement écologiste fondamentaliste[1] qui met judicieusement en avant l'idée qu'en quelque sorte nous aurions en charge l'avenir des autres espèces faisant partie de la Création (car si Dieu nous a donné le pouvoir de dominer sur le reste de la biosphère, il nous en a aussi sûrement donné la responsabilité). Il est vrai que cette position est contre-balancée par l'indifférence radicale chez beaucoup qui veut que nul besoin n'est de se soucier d'un monde qui va bientôt finir. Mais les fondamentalistes écologistes ne vont cependant pas jusqu'à se préoccuper de limiter la croissance démographique. Après tout, l'exhortation biblique à se multiplier semble claire. Le problème est encore compliqué par le fait que, chez des organismes tels que l'homme, la reproduction est étroitement liée à la sexualité (bien que, de nos jours, l'inverse ne soit heureusement pas

1. Le fondamentalisme, aux États-Unis, est une tendance du protestantisme qui, depuis le début du XXe siècle, revendique l'adhésion stricte au texte de la Bible, s'opposant à tout ce qu'elle appelle le « modernisme ». C'est ce mouvement qui, en 1925, a intenté un procès contre l'enseignement du darwinisme dans les écoles. *(N.d.T.)*

vrai). Et la sexualité est l'une de ces anciennes fonctions limbiques étrangères pour ainsi dire aux facultés « supérieures » qui nous permettent de nous considérer à part de la nature. En fait, à certains moments de l'existence, la sexualité est probablement le comportement le plus difficilement contrôlable par les facultés supérieures en question. Le conflit qui existe ainsi entre nos structures limbiques et corticales est la raison pour laquelle notre société regarde la sexualité de façon ambivalente et désire, par conséquent, la contrôler. Lier son exercice à celui de la procréation est l'un des moyens d'assurer ce contrôle, et le résultat paradoxal est que cette volonté de brider la sexualité (et d'obéir à l'injonction biblique) conduit un certain nombre de membres de notre société actuelle à revendiquer l'abandon du contrôle des naissances.

Si bien intentionnée que soit cette conception fondamentale, elle constitue sûrement l'exemple suprême de l'arrogance de l'homme, puisque nous sommes aujourd'hui entrés dans une période où la croissance de la population humaine mondiale est en train de passer du statut de bienfait à celui de calamité économique et écologique. Nous ne sommes à part de la nature que dans une petite mesure. Et s'il est vrai que notre marche à l'extérieur des écosystèmes locaux nous a été à peu près bénéfique jusqu'à présent, nous ne pouvons pas du tout envisager d'évoluer à l'extérieur de l'écosystème planétaire. C'est avec justesse que l'on a décrit notre planète comme une « oasis dans l'espace » ; et cette oasis, de laquelle nous n'avons aucune perspective plausible de nous échapper, souffre de l'accroissement des populations humaines. Notre espèce devra vivre ou mourir avec l'écosystème planétaire, et si l'on ne veut pas que la deuxième option se réalise, il nous faut trouver le moyen d'abandonner, ou du moins de changer, notre attitude arrogante et conquérante vis-à-vis du monde naturel qui nous héberge et nous nourrit. Un ancien Premier ministre français définit un jour la civilisation comme « une lutte contre la nature ». Sans doute n'a-t-il pas pensé à tout ce qu'impliquait cette définition : aucune civilisation ni société ne peut survivre longtemps si elle ne prête pas suffisamment attention au monde naturel. Il en va du bien-être de l'espèce.

CONCLUSION

De l'unicité de l'espèce humaine

Démographie galopante, destruction des écosystèmes, autant de domaines où l'on a pour habitude d'appeler les hommes à la prise de conscience, cette même conscience qui nous fait sentir si différents du reste du monde vivant et dont les extraordinaires potentialités n'ont à l'évidence pas d'équivalent dans le monde animal. Or l'affirmation, souvent répétée, selon laquelle seuls les êtres humains possèdent la conscience joue sur une simple question de vocabulaire. En effet, tous les mammifères sont des êtres capables de sensations et de perceptions et se comportent de façon individualisée : ce ne sont pas des automates. Structuralement, leur cerveau ressemble au nôtre dans ses traits fondamentaux; le nôtre, pas plus que le leur, n'est une machine. Les caractéristiques comportementales des grands singes conduisent à conclure à de vives ressemblances avec *Homo sapiens.* Dans la mesure où nous nous sentons distincts des autres hôtes du monde vivant, plutôt que les ressemblances, nous préférons souligner les différences que nous percevons entre nous et eux, en particulier entre nous et nos plus proches apparentées parmi les espèces animales. Or, mis à part la morphologie, un grand nombre de ces différences relèvent simplement d'une question de degré, voire parfois n'existent pas. Dans ces conditions, quelle est donc l'unicité de l'espèce ?

À cette question, la réponse par l'étude des origines de l'homme ne saurait être qu'éminemment fragmentaire. L'émergence, ses conditions, ses modalités, le jeu opportuniste des adaptations, le hasard de l'évolution sont autant d'éléments qui constituent aujourd'hui plus que jamais — du fait des apports de nombreuses disciplines aussi différentes que la paléoanthropologie, la biologie moléculaire, la morpholinguistique, les approches comportementalistes, voire l'éthologie — un puzzle : le motif ne se dégage qu'à partir de morceaux déjà trouvés et de pièces toujours manquantes ou encore sujettes à de vives controverses d'interprétation. Rassembler tous les éléments avec lesquels le lecteur se sera familiarisé au cours de sa lecture permettra d'esquisser une réponse à la question de l'unicité de l'espèce.

La nature contradictoire des comportements humains s'explique, partiellement du moins, par la structure fonctionnelle désordonnée de notre cerveau, issue d'un très long processus évolutif d'additions et de réorganisations. Notre passé évolutif continue à nous marquer, même si certaines de nos caractéristiques mentales sont sans précédent. Nous n'avons évidemment pas surgi du limon primordial à l'état complètement formé. Pour autant, nous ne sommes pas les prisonniers de nos gènes sur le plan du comportement, à la manière dont voudraient nous le faire croire les praticiens de la psychologie évolutionniste. Il devient presque chaque jour plus évident qu'un grand nombre de nos traits de personnalité sont influencés par nos gènes, souvent très fortement; mais il est tout aussi évident que nos facultés humaines émergentes nous mettent individuellement, en matière de choix de comportements, devant un menu sans équivalent — ce sur quoi se fonde notre notion de libre arbitre. Nous effectuons la plupart de ces choix pour des raisons sociales ou économiques, qui n'ont rien à voir avec la transmission de nos gènes. Que nos comportements ne soient pas stéréotypés n'a rien d'unique en soi : certains lions sont poltrons, d'autres sont courageux; certains chiens sont intelligents (à leur niveau), et d'autres ne le sont pas; certains chimpanzés sont plus gentils que d'autres. Il ne fait guère de doute que beaucoup d'autres animaux ont une certaine forme de conscience individuelle (tous les possesseurs de chiens le savent). Et inversement, l'exemple du somnambulisme montre que des comportements humains très complexes peuvent advenir en l'absence de la conscience humaine normale.

Lorsque nous examinons de près ces facteurs cognitifs qui nous font être ce que nous sommes, nous pouvons souvent trouver des parallèles, ailleurs dans la nature, et particulièrement chez les primates qui nous sont apparentés. Ceux-ci peuvent prévoir ; ils peuvent comprendre comment réagir ; d'une façon rudimentaire, ils sont capables de tromper ; et ils peuvent ressentir le contentement et l'attachement aussi bien que la peur et l'irritation. Dans le contexte large de tout ce qui fait notre vécu quotidien individuel, les façons dont nous différons des grands singes sont, en réalité, très limitées, du moins en nombre. Notre cerveau et les processus qui s'y déroulent ne sont pas entièrement différents de ceux que connaissent les grands singes ; nous avons, cependant, au cours de l'évolution, acquis de nouvelles facultés, qui ne se sont pas substituées aux anciennes, mais s'y sont ajoutées. Ces nouvelles facultés se sont traduites par l'apparition de la conscience humaine, dont nous sommes bien en peine de trouver une définition pertinente.

Nous pouvons, en théorie, découvrir ce qui fait notre unicité, à la fois en nous comparant avec les grands singes et en recherchant dans les archives paléontologiques et archéologiques le moment à partir duquel certains changements attestent que nous avons atteint le niveau des comportements modernes. Mais dans les deux cas, la recherche n'est pas aisée, faute que les grands singes et les archives paléoarchéologiques nous disent, sur ce point, quoi que ce soit d'éclairant.

Commençons par les grands singes. La raison pour laquelle nous ne pouvons connaître les limites de leur conscience est très directe : ils ne peuvent pas nous le dire. Les grands singes ne parlent pas. Ils ne peuvent pas nous expliquer ce qu'ils ressentent, ni ce qui leur traverse l'esprit, parce qu'ils ne possèdent pas le langage. Et ce dernier, nous l'avons vu, n'est pas qu'une question d'aligner des sons en série ni même simplement de communication. C'est un processus complexe consistant à établir des associations entre les différents stimuli reçus par les aires sensorielles du cerveau puis à les traduire sous la forme d'ordres donnés à l'appareil vocal par les centres cérébraux qui gouvernent la production de sons. Plus précisément, cela demande de classer et de nommer les objets et les sensations fournis par les mondes externe et interne, d'établir des associations entre eux et d'exprimer les résultats en fonction d'un ensemble arbitraire de règles. Le concept crucial ici est celui d'*associations*; et bien que tous les êtres capables de sensations et de perceptions possèdent une plus ou moins grande aptitude à faire des associations entre différentes sortes d'informations parvenant au cerveau, il est évident que le langage, non seulement dépend de ces associations, mais permet aussi à certaines d'entre elles de se faire. Le langage, à vrai dire, est plus ou moins synonyme de pensée symbolique.

Cela ne signifie pas que toute forme de compréhension est impossible en l'absence de langage et de pensée. L'intuition non verbale nous instruit beaucoup sur le monde; et bien qu'il soit inexact de voir l'intuition comme de la parole non exprimée, nous pouvons sans doute la regarder comme un précurseur, ou du moins une précondition, du langage. La pure intuition, cependant, présente des limites assez draconiennes : elle concerne l'expérience directement vécue et possède une dimension purement individuelle, tandis que le langage, mettant en jeu des symboles de signification générale, permet le partage. Wolfgang Köhler, l'homme qui a initié les recherches sur l'emploi de l'outil chez les grands singes, a jadis réalisé une expérience qui a mis en lumière de façon saisissante les limitations imposées par l'absence de langage chez ces primates, dans des conditions où ils comprenaient bien le problème posé. Ce scientifique avait appris à deux chimpanzés à obtenir une récompense alimentaire en tirant simultanément sur deux cordes qui pendaient à une dizaine de mètres l'une de l'autre : elles étaient trop éloignées pour que l'un ou l'autre des chimpanzés puisse obtenir la récompense tout seul. Il fallait obligatoirement que les deux primates agissent de concert. Une fois qu'ils eurent compris, l'un des deux fut retiré et remplacé par un autre qui n'avait pas appris la technique. Le chimpanzé expérimenté fut à l'évidence en proie à des crises de colère lorsqu'il vit que son nouveau partenaire n'arrivait pas à bien exécuter ce qu'il aurait dû faire : le premier avait une parfaite compréhension intuitive du problème, mais il ne pouvait réaliser la tâche par lui-même et il était tout simplement incapable de dire à l'autre ce qu'il fallait faire pour obtenir la nourriture. Pour avoir compris la procédure, le chimpanzé expérimenté n'avait pas pour autant trouvé la solution du problème par l'exercice de la pensée rationnelle ; car il est à peu près certain que cette dernière démarche lui était interdite, dans la mesure où son espèce est dépourvue des facultés rendant le langage possible. La possibilité de trouver rationnellement la solution et celle de la communiquer aux autres reposent pour l'essentiel sur le même mécanisme.

Préciser quels sont les traits cognitifs associés au langage est chose délicate, en partie parce qu'il est impossible de communiquer avec des êtres vivants qui ne possèdent pas ce dernier. Mais il est sûr, pour autant qu'une déduction puisse l'être, que le langage et les aptitudes mentales qui lui sont directement associées prennent une grande part à la capacité de penser — capacité sur laquelle la réussite de notre espèce a été fondée. Le langage, de même que la pensée, demande de former et de manipuler des symboles dans l'esprit, et notre capacité de raisonnement symbolique est pratiquement inconcevable sans lui. L'imagination, elle aussi, fait partie du même processus ; ce n'est qu'à partir du moment où nous créons des symboles que nous pouvons les combiner de façon nouvelle et poser la question : « Et si ? » Le langage est ainsi beaucoup plus que le simple moyen par lequel nous expliquons nos pensées à nous-mêmes et aux autres : il est nécessaire au processus de la pensée même. Bien plus, ces particularités que l'on vante comme humaines, telle, par exemple, la conscience de la mort (dont découle entre autres la conscience religieuse), ne sont probablement guère plus que des corollaires de cette même aptitude à la pensée symbolique. Car, même si nous la redoutons beaucoup ou sommes obsédés par elle, notre propre mort n'appartient pas à notre expérience individuelle. Cela demeure une abstraction pour chacun de nous, quel que soit le nombre de fois où nous avons vu, par nous-mêmes ou en représentation, la mort des autres. Cette même capacité fondamentale sous-tend également cet « œil intérieur » qui permet au cerveau de contempler son propre fonctionnement et elle sous-tend aussi l'auto-illusion, une fonction mentale jumelle de l'« œil intérieur », tout aussi extraordinaire. Ces deux fonctions dépendent dans la même mesure de la capacité à produire et à recombiner des symboles mentaux. Pratiquement tous les aspects de l'aptitude à raisonner, du sens de l'humour à la disposition à envisager des visions apocalyptiques, reposent sur ces mêmes facultés mentales qui nous confèrent le langage.

Les archives fossiles montrent avec une certaine clarté que nos plus lointains ancêtres ne possédaient pas le langage. Comme nous l'avons vu, nous ne pouvons pas déduire l'existence ou la non-existence de cette faculté de l'observation de la forme des moulages endocrâniens, mais les structures de l'appareil vocal qui rend possible la parole laissent leurs empreintes à la base du crâne. Les plus anciens fabricants d'outils avaient certainement une claire perception des propriétés mécaniques des divers types de roches qu'ils manipulaient et étaient capables de prévoir leurs futurs besoins, mais ils arrivaient à cette compréhension intuitive sans être dotés des structures périphériques nécessaires à la parole, qui rendent possible l'expression du langage. Même des innovations ultérieures telles que la domestication du feu et la construction d'abris semblent avoir été réalisées par le seul biais du raffinement de cette capacité de compréhension intuitive. *Homo heidelbergensis* est, à notre connaissance, le premier hominidé à avoir été doté d'un crâne dont la base pourrait héberger un appareil vocal de type moderne. Ces ancêtres, par ailleurs dotés d'un assez gros cerveau, fabriquaient des outils, se servaient du feu et construisaient des abris. Cependant, les archives archéologiques qu'ils ont laissées ne contiennent pratiquement aucune trace attestant la présence de la pensée symbolique. Ce type d'archives est certes sélectif, mais le contraste avec le paléolithique supérieur, fourmillant de réalisations symboliques, peut difficilement être plus radical. La descente du larynx et l'édification des structures supralaryngiennes qui sous-tendent la production de la parole sont très certainement intervenues dans un contexte physiologique plus général, c'est-à-dire respiratoire. Et il s'ensuit que l'appareil vocal moderne a représenté une exaptation pour le langage : c'était une structure préexistante qui a rendu possible cette remarquable innovation à partir du moment où les connexions cérébrales nécessaires ont été acquises.

Ce n'est qu'avec l'arrivée de l'homme de Cro-Magnon en Europe (en même temps qu'avec des indices antérieurs attestant très probablement l'existence de comportements modernes dans d'autres parties du monde, et peut-être avant tout en Afrique) que les archives archéologiques montrent indubitablement la présence d'êtres humains dotés de la sensibilité moderne. C'est seulement avec les hommes de Cro-Magnon et leurs semblables que les archéologues aperçoivent de façon certaine des preuves de l'existence de stratégies économiques qui ressemblent à celles des chasseurs-cueilleurs d'aujourd'hui, et qui reflètent cette aptitude humaine unique en son genre à lire et à interpréter l'environnement externe. Même les Néandertaliens, si complexes et admirables qu'ils aient été, étaient probablement limités à un niveau de compréhension intuitive du monde qui les entourait. Ils ont été d'émérites artisans de la pierre et parfaitement capables d'apprendre par imitation, mais n'ont, par eux-mêmes, fait preuve que d'assez peu d'originalité et d'inventivité. Ils ont été, à l'évidence, capables de solidarité pour leurs semblables, et ont même sans doute pleuré en inhumant ce mort à Shanidar. Il ne fait guère de doute qu'ils ont eu des moyens perfectionnés de communication entre eux. Cependant, il est vraisemblable qu'ils accomplissaient tout cela en l'absence de la faculté de raisonnement symbolique, et peut-être même de celle de l'aptitude à la parole, comme le suggère la forme jugée curieusement primitive de la base du crâne chez certains Néandertaliens, du moins. Ces êtres humains ne vivaient pas, contrairement à nous, dans un monde de leur propre fabrication, reconstruit en esprit, mais ils menaient leur existence dans le monde que la nature leur offrait. S'ils ne furent pas nos égaux sur le plan intellectuel, s'ils ne représentent pas un stade inférieur de notre propre espèce, en dépit des ressemblances anatomiques et comportementales avec *Homo sapiens*, du fait qu'ils étaient dépourvus de la pensée symbolique dont le langage est l'expression emblématique, il convient dès lors d'interpréter les archives archéologiques qu'ils nous ont léguées non pas comme le pâle reflet de ce que nous sommes capables de faire, mais comme l'expression, tout à fait remarquable, de ce qui peut être obtenu purement grâce à l'application de la pensée intuitive.

Comment et quand avons-nous acquis nos singulières facultés linguistiques/symboliques ? En dépit de nos vastes connaissances sur la façon dont est construit le cerveau humain, comment l'information y transite et comment certaines parties fonctionnent dans le cadre de certains comportements, les mécanismes par lesquels est produite notre conscience symbolique complexe nous demeurent inconnus. Il ressort, cependant, qu'après deux ou trois millions d'années d'expansion du volume du cerveau et d'acquisitions neurales diverses par un bricolage en quelque sorte dans notre lignage, des structures étaient en place pour devenir des exaptations lorsqu'à la suite d'un changement, qui a probablement été minime en termes génétiques, s'est constitué l'extraordinaire édifice final (ainsi les structures apparues dans un cadre non linguistique, prioritairement liées aux fonctions respiratoires, revêtirent à un moment donné la fonction linguistique d'émission vocale). De même que la clé de voûte d'une arche ne représente que la minuscule portion de la structure d'ensemble, mais est d'une importance capitale pour son intégrité, un changement neural relativement petit a dû avoir le remarquable effet d'engendrer les fonctions émergentes de notre cerveau. Et cette innovation neurale a dû être acquise dans une petite population de nos ancêtres, à un moment où quelque équipement périphérique (l'appareil vocal, par exemple) était déjà là pour permettre son expression.

Actuellement personne ne comprend exactement pourquoi l'augmentation du volume du cerveau et sa complexification ont représenté un phénomène constant dans le temps mais survenant par épisodes au cours de la longue histoire évolutive des hominidés et des primates en général. Nous ignorons également pourquoi, au terme de ce processus, le cerveau humain s'est trouvé si magnifiquement « exapté » au langage et au raisonnement symbolique. Les avantages conférés par l'amélioration du raisonnement intuitif ont peut-être par eux-mêmes suffi à impulser le processus de développement du cerveau ; à moins, au contraire, que ce développement eût à lui seul un impact particulier pour les hominidés ancestraux au point de devenir si nettement caractéristique de notre groupe. Le phénomène de l'exaptation n'est pas rare : on a récemment, par exemple, montré que les aptitudes à la parole et à l'écriture sont localisées chacune dans un hémisphère opposé du cerveau. L'aptitude à l'écriture n'est donc pas une simple conséquence passive de la capacité mentale à énoncer des mots ; elle dépend de circuits neuraux particuliers. La capacité pour ces deux comportements a certainement été présente dans le cerveau des premiers hommes modernes ; cependant, l'aptitude à l'écriture n'a été mise en œuvre que 50 000 ans environ *après* l'invention du langage parlé — et chez de nombreux groupes humains, elle n'a pas du tout été mise en œuvre.

Les archives paléontologiques et archéologiques qui concernent notre espèce sont déplorablement incomplètes pour la période critique de son évolution au cours de laquelle les facultés humaines modernes ont émergé. Nous avons de sérieux indices attestant que l'homme anatomiquement moderne est apparu en Afrique ; mais pour le moment du moins, cet événement paraît très antérieur aux traces attestant l'existence de comportements symboliques complexes de style moderne. Comme je l'ai souligné, il n'y a pas de raison de supposer que l'apparition de nouvelles techniques et de nouveaux comportements soit toujours allée de pair avec l'arrivée d'une nouvelle espèce. Néanmoins il importe que nous comprenions mieux à l'avenir comment *Homo neanderthalensis* a pu coexister pendant 60 000 ans au Levant avec des Moustériens qui par l'anatomie de leur squelette étaient manifestement des *Homo sapiens.* Cette longue période de coexistence — et de ressemblance culturelle — signifie-t-elle que le cerveau de ces hominidés était identique de fait ? Si tel est le cas, cela voudrait dire, selon certains, que le câblage interne du cerveau moderne s'est effectué de nombreux millénaires après l'acquisition par l'espèce de sa structure squelettique moderne. À cela, on objectera qu'il faudrait aussi en conclure que les êtres humains modernes, sur le plan du comportement, auraient acquis la base neuro-anatomique de leurs facultés symboliques assez tardivement. Ce qui n'aurait pas laissé à cette sorte d'homme nouvelle sur le plan physique beaucoup de temps pour se répandre à partir de son centre d'origine supposé, l'Afrique, et remplacer à l'échelle mondiale des êtres humains qui lui étaient semblables sur le plan anatomique, mais dont le cerveau, bien qu'identique sur le plan de la morphologie externe, était plus archaïque. Rien dans les archives paléontologiques, certes fragmentaires, ne vient étayer cette hypothèse.

La solution alternative envisageable est qu'*Homo sapiens* est apparu déjà doté de son anatomie squelettique actuelle et de son cerveau au câblage interne moderne ; mais celui-ci, en tant qu'exaptation potentielle, n'a pas tout de suite soustendu les facultés symboliques. Ainsi, le cerveau moderne serait resté en jachère, pour ainsi dire, jusqu'à ce que quelque stimulus culturel (l'invention du langage) au sein d'une population locale déclenche l'expression des facultés latentes. On peut encore se représenter les choses en disant que ces dernières sont apparues au moins partiellement en tant que phénomène épigénétique au sein du programme de développement et non pas en tant que résultat d'un changement majeur dans la structure génétiquement programmée du cerveau. Le développement du cerveau après la naissance se ramène à l'élaboration de voies nerveuses spécifiques, pour l'essentiel par le biais d'une élimination sélective au sein d'une grosse masse d'interconnexions neurales. Dans les premiers stades de la vie, il est très facile d'apprendre une langue, et même plusieurs simultanément. Après l'âge de dix ans, les voies spécifiques du langage ont acquis leur statut définitif, et il devient beaucoup plus difficile d'apprendre de nouvelles langues. La faculté du langage implique ainsi une structuration du cerveau au cours du développement, et il n'est pas trop difficile d'envisager de façon grossière comment une forme de langage initiale relativement rudimentaire aurait pu être acquise (peut-être même à l'origine chez les enfants) par le biais de mécanismes de développement, se perfectionnant elle-même par la suite et se diversifiant au cours des millénaires pour donner la diversité prodigieuse des langues existant aujourd'hui. L'émergence du langage, tel qu'il nous est familier aujourd'hui, n'a pas eu lieu en une seule fois. Il est beaucoup plus plausible d'envisager que le langage, avec les aptitudes mentales et les complexités de comportements qui lui sont associées, s'est répandu (et diversifié) à partir de son centre d'origine géographique, en se diffusant chez des populations humaines établies qui possédaient déjà la capacité latente de l'acquérir, plutôt que d'imaginer que de nombreuses populations d'êtres humains qui nous ressemblaient, mais étaient dépourvues de cette aptitude, auraient été éliminées dans le monde entier au cours d'une période relativement courte.

Force est de conclure cet ouvrage sur l'aveu que nous ignorons où, quand, comment et pourquoi notre espèce a acquis son trait extraordinaire qu'est la conscience. Quelle que soit l'importance que nous leur accordons, nos facultés cognitives, incarnées par nos capacités linguistiques, nous distinguent véritablement des millions d'autres organismes vivant sur cette planète. Mais l'aptitude à former et à manipuler les symboles mentaux n'a manifestement pas été l'objectif prédéterminé d'un inexorable processus au cours des âges, même si les fondements en ont été établis au cours de la longue histoire évolutive des hominidés : elle a été acquise en tant que phénomène émergent, représentant probablement un changement mineur en termes génétiques ou physiques, survenu de façon plutôt soudaine et assez tardivement dans notre histoire évolutive. Cet événement des événements est, hélas, impossible à cerner dans les archives paléontologiques, car celles-ci consistent essentiellement en os et en dents. Et les archives archéologiques, incomplètes et extrêmement sélectives, ne donnent qu'un pâle reflet du comportement de nos ancêtres. Mais, s'il est vrai qu'au départ la probabilité était, sans nul doute, très faible que tous les éléments nécessaires à l'émergence de la conscience humaine aient été réunis précisément de la façon dont ils l'ont été, on peut tenir le même raisonnement sur la probabilité a priori de n'importe laquelle des millions de réalisations particulières effectuées par le processus évolutif. De sorte que l'événement qu'a constitué l'émergence est beaucoup moins remarquable que son résultat.

Comment, dès lors, nous définir ? Plus de trois milliards d'années après que la vie est apparue sur la Terre, seuls parmi les millions de descendants du lointain ancêtre commun à toutes les formes vivantes, nous avons acquis, non pas simplement un gros cerveau — c'était déjà le cas des Néandertaliens —, mais une faculté mentale pleinement développée. Celle-ci est quelque chose de complexe, non pas dans le sens où elle serait comparable à une machine perfectionnée dont les nombreux organes coopèrent à la réalisation d'un objectif unique, mais dans le sens où elle représente la synthèse de composantes anciennes et nouvelles, les premières de nature réflexe et émotionnelle, les secondes, de nature rationnelle, mais associées aux précédentes comme une couche de vernis recouvre un bâti. L'esprit humain n'est donc pas une entité toute rationnelle ; il est encore dépendant de la longue histoire évolutive du cerveau dont il a émergé. En accédant à la pensée symbolique, nous avons certes fait un grand bond qui nous a mis à part du reste du monde vivant ; mais nous ne nous sommes pas entièrement émancipés des structures cérébrales qui gouvernaient en réalité le comportement de certains ancêtres très éloignés, en fait. C'est précisément *cette interaction de l'ancien avec le nouveau* qui rend unique notre espèce, jusque dans le danger qu'elle représente pour elle-même comme pour le reste du monde vivant.

Dès lors que les archives paléontologiques et archéologiques nous montrent que l'étape finale de la réalisation de l'homme a représenté bien plus qu'une simple extrapolation des tendances à l'œuvre jusque-là, le paléontologue ne saurait tenter d'expliquer les complexités du comportement humain moderne, au-delà du moins de la mise en évidence de ces interactions entre l'ancien et le nouveau à l'intérieur de notre cerveau apte à manipuler des symboles et qui sous-tendent notre conscience.

C'est ici que le paléontologue pose sa plume et laisse la place aux psychologues, aux neurobiologistes, aux philosophes, aux romanciers, aux dramaturges pour qu'ils dissèquent nos façons d'être et d'agir. À l'éthique, à la philosophie et au droit, il revient de dire comment l'espèce doit vivre et selon quelles valeurs. Lorsque tous se préoccupent de savoir comment *Homo sapiens* pourrait se hisser enfin à la hauteur des exigences induites par son appellation zoologique d'« Homme sage », le paléontologue ne peut apporter que deux petites pierres à cet édifice d'interrogations. La première, c'est de souligner que si la nature a doté *Homo sapiens* d'une capacité unique en son genre et, potentiellement, extrêmement destructrice, elle n'a aucune obligation d'assurer qu'il en fasse un usage raisonné. La deuxième, plus prospective, c'est de douter que l'avenir puisse apporter quelque amélioration à l'espèce qui la doterait d'une intelligence, donc d'une sagesse, supérieure — n'en déplaise à la littérature de science-fiction, à la futurologie et à l'industrie cinématographique, qui nourrissent toutes la fiction encore largement propagée que l'évolution aurait été une ascendance aussi graduelle qu'inexorable vers le progrès. Rien ne garantit que notre histoire évolutive, ayant consisté jusqu'à présent en l'acquisition de remarquables innovations, se poursuive à l'avenir en ce sens.

La première raison en est que le changement évolutif survenu dans notre passé s'est opéré sur un mode sporadique, dans le meilleur des cas. Il n'y a pas eu de changement de grande importance fonctionnelle durant la totalité de la première moitié de notre histoire évolutive. Même les premiers fabricants d'outils n'étaient, semble-t-il, pas tellement différents d'aspect de leurs prédécesseurs, et à partir du moment où ils sont apparus, un million d'années s'est encore écoulé avant que ne se réalise la grande amélioration technique suivante. Dans le domaine anatomique aussi bien que technique, l'histoire de notre lignée a reposé sur l'addition, par moments, d'innovations, et non sur une montée graduelle vers la perfection.

Du fait que l'évolution joue sur la diversification et la spéciation plutôt que sur l'accumulation constante de petits changements, du fait que les caractéristiques des espèces individuelles restent la plupart du temps égales à elles-mêmes, on comprend que les innovations importantes dans notre lignée soient apparues de façon intermittente. La théorie de l'évolution comme l'observation des archives fossiles induisent donc, concernant notre avenir biologique, que les conditions n'existent actuellement pas pour qu'*Homo sapiens* entre dans une nouvelle phase d'évolution.

Car, et c'est la deuxième raison essentielle, ce sont les petites populations isolées ou quasi isolées qui sont les véritables moteurs de l'innovation dans l'évolution et la cible de la spéciation. Nos lointains ancêtres ont vécu répartis en de petites populations, largement éparpillées tout autour du globe, au cours des périodes de l'ère glaciaire qui ont énormément différencié leurs conditions d'existence écologiques et géographiques. C'est dans ce contexte-là qu'*Homo sapiens* est apparu. De nos jours, cependant, la situation est radicalement différente. La population humaine mondiale a dépassé les cinq milliards et continue à augmenter. Les techniques de transport modernes se jouent des notions de distances et de barrières géographiques. Les individus sont incomparablement plus mobiles qu'ils ne l'ont jamais été. L'isolement de populations au sein de notre espèce est un phénomène qui appartient au passé, tandis que le brassage des personnes de toutes provenances géographiques ne cesse de s'amplifier. En sorte que, de nos jours, les conditions d'une véritable innovation évolutive au sein de notre espèce sont, sans aucun doute, totalement inexistantes. Nous formons une seule et vaste population recouvrant toute la Terre ; absolument jamais dans l'histoire d'aucune espèce, les conditions ont été moins propices pour la fixation de nouveautés évolutives — à moins que n'advienne quelque catastrophe.

On peut en imaginer certaines : un virus tout aussi terrible que le VIH, propagateur du sida, mais moins fragile et plus facilement communicable, la collision de la Terre avec une météorite du genre de celle qui a été associée à la fin des dinosaures[1] et dont les conséquences à l'échelle mondiale ne pourraient être atténuées par les ressources techniques (les plus récentes estimations donnent une probabilité voisine de zéro pour qu'un tel événement se produise dans la prochaine centaine de milliers d'années, mais il est inévitable qu'une telle collision se produise finalement quelque jour), un impact immaîtrisé d'une haute technologie sur l'environnement, voire une exploitation exagérée de notre écosystème planétaire qui pourrait conduire à sa destruction totale, donc à la nôtre. Les scénarios envisageables sont infinis, et tout facteur capable de réduire et de fragmenter les populations humaines restaurerait alors les possibilités d'un changement évolutif de l'homme. Récemment, un scénario nouveau envisageait des voyages spatiaux comme possibilité éventuelle de changement évolutif. Que se passerait-il, en effet, si l'on établissait un jour de petites colonies humaines sur des astres très éloignés? La dimension de ces populations étant réduite, les conditions du changement évolutif seraient en place. Mais est-ce si sûr? À supposer que des expéditions spatiales de ce genre deviennent un jour une réalité — ce qui, en fait, est loin d'être certain —, toute colonie de ce type devrait être ravitaillée depuis la Terre. L'isolement ne serait donc pas complet; et l'apparition évolutive d'une nouvelle espèce aurait donc très peu de chances de se produire. Et même si, par quelque miracle, l'une de ces colonies de l'espace était capable de survivre à l'état isolé, au cas où son ravitaillement depuis la Terre cesserait, tout ce qui y adviendrait par la suite cesserait d'importer, par ses effets, pour la vie humaine qui se poursuivrait sur la Terre. Il en va de même pour le génie génétique — autre thème favori de la science-fiction lorsque celle-ci envisage l'avenir évolutif et génétique de notre espèce. De nouveaux génotypes artificiel-

1. Sur ce sujet, lire l'ouvrage de David M. Raup, *De l'extinction des espèces. Sur les causes de la disparition des dinosaures et de quelques milliards d'autres*, Paris, Gallimard, 1993. *(N.d.T.)*

lement produits ne pourraient être entretenus que par la mise à l'écart de la population générale des individus porteurs des nouvelles caractéristiques. Au cas très invraisemblable où l'on jugerait possible sur le plan éthique de réaliser de telles manipulations sur des membres de notre espèce, les innovations mises au point par génie génétique resteraient nécessairement limitées à de petites populations « expérimentales » et ne pourraient donc pas affecter la population globale d'*Homo sapiens*.

La mauvaise nouvelle est donc que, si les choses persistent plus ou moins comme elles sont, nous ne pouvons espérer que l'évolution ni la technologie ne viennent à la rescousse de l'espèce humaine pour la sauver de ses pulsions autodestructrices, en la dotant sinon d'une intelligence illimitée, du moins de bon sens collectif. La bonne nouvelle est que, hormis le cas de catastrophe, *Homo sapiens* ne cessera jamais d'être cette espèce unique, complexe, impénétrable dans ses comportements car toujours caractérisée par ses traits anciens et nouveaux, legs de son histoire évolutive. Il ne lui reste somme toute pour seule sagesse possible que de comprendre son unicité et d'apprendre à mieux la vivre. La perfectibilité, aujourd'hui comme hier, n'est qu'une illusion.

REMERCIEMENTS

J'ai appris au contact de nombreuses personnes, au fil des ans, mais j'aimerais plus spécialement faire état de ma dette à l'égard de mon ami et collègue, Niles Eldredge, qui reconnaîtra ici un grand nombre de ces thèmes que nous débattons, verres en main emplis de liquides de couleurs variées, depuis l'époque mémorable du « Blarney Castle », il y a un quart de siècle. Je suis également redevable à ma remarquable directrice de collection, Jane Isay, qui a fait surgir l'idée de ce livre, alors que je n'y pensais pas, et dont les commentaires, ainsi que ceux de Kate Murphy, ont amélioré le produit final. Et merci à Erin DeWitt, pour les judicieux remaniements qu'elle a apportés au manuscrit, et à Lorie Stoopack pour son assistance.

Je tiens, enfin, à remercier Marcel Blanc, mon traducteur, et Éric Vigne, mon éditeur, pour le soin qu'ils ont apporté à cette édition française.

BIBLIOGRAPHIE

La littérature couvrant les thèmes abordés dans le présent ouvrage est vaste. On ne trouvera ici qu'un petit nombre d'études récentes, référencées dans l'ordre des chapitres de ce volume auxquels ils se rapportent. La plupart contiennent eux-mêmes d'amples références à une littérature plus spécialisée.

Chapitre premier

Bahn, P., et J. Vertut, *Images of the Ice Age,* New York, Facts on File, 1988.

Marshack, A., *The Roots of Civilization,* éd. Revue Mount Kisco, NY, Moyer Bell Ltd., 1991.

Pfeiffer, J. E., *The Creative Explosion: An Inquiry into the Origins of Art and Religion,* New York, Harper & Row, 1982.

Sieveking, A., *The Cave Artists,* Londres, Thames and Hudson, 1979.

Tattersall, I., *The Human Odyssey: Four Million Years of Human Evolution,* New York, Prentice-Hall, 1993.

White, R., *Dark Caves, Bright Visions: Life in Ice Age Europe,* New York, American Museum of Natural History et W. W. Norton, 1986.

Chapitre II

Ackerman, S., *Discovering the Brain,* Washington, D.C., National Academy Press, 1992.

Byrne, R., *The Thinking Ape: Evolutionary Origins of Intelligence,* Oxford, Oxford University Press, 1995.

Corballis, M. C., *The Lopsided Ape: Evolution of the Generative Mind,* New York, Oxford University Press, 1991.

Goodall, J., *The Chimpanzees of Gombe: Patterns of Behavior,* Cambridge, MA, Belknap Press, 1986.

McGrew, W. B., *Chimpanzee Material Culture: Implications for Human Evolution,* Cambridge, Cambridge University Press, 1992.

Pinker, S., *The Language Instinct,* New York, William Morrow & Co., 1994 [trad. franç., *L'instinct du langage,* Odile Jacob, 1999].

Savage-Rumbaugh, S., et R. Lewin, *Kanzi: Ape at the Brink of the Human Mind*, New York, John Wiley & Sons, 1994.
Wallman, J., *Aping Language*, Cambridge, Cambridge University Press, 1992.

Chapitre III

Dawkins, R., *The Extended Phenotype: The Long Reach of the Gene*, New York, W. H. Freeman & Company, 1982.
Eldredge, N., *Reinventing Darwin: The Great Debate at the High Table of Evolutionary Theory*, New York, John Wiley & Sons, 1995.
—, *Time Frames: The Rethinking of Darwinian Evolution and the Theory of Punctuated Equilibria*, New York, Simon & Schuster, 1985.
—, *Unfinished Synthesis: Biological Hierarchies and Modern Evolutionary Thought*, New York, Oxford University Press, 1985.
Ridley, M., *Evolution*, Boston, Blackwell Scientific Publications, 1993.

Chapitres IV et V

Johanson, D. C., L. Johanson, et B. Edgar, *Ancestors: In Search of Human Origins*, New York, Villard Books, 1994.
Leakey, R., et R. Lewin, *Origins Reconsidered: In Search of What Makes Us Human*, New York, Doubleday, 1992.
Lewin, R., *The Origin of Modern Humans*, New York, Scientific American Library, 1993.
Schick, K. D., et N. Toth, *Making Silent Stones Speak: Human Evolution and the Dawn of Technology*, New York, Simon & Schuster, 1993.
Tattersall, I., *The Fossil Trail: How We Know What We Think We Know about Human Evolution*, New York, Oxford University Press, 1995.
—, *The Last Neanderthal: The Origin, Success, and Mysterious Extinction of Our Closest Human Relative*, New York, Macmillan, 1995.
Tattersall, I., E. Delson, et J. A. Van Couvering, eds., *Encyclopedia of Human Evolution and Prehistory*, New York, Garland Publishing, 1988.

Chapitre VI

Allman, W. F., *The Stone Age Present: How Evolution Has Shaped Modern Life—From Sex, Violence, and Language to Emotions, Morals, and Communities*, New York, Simon & Schuster, 1994.
Eldredge, N., *Dominion: Can Nature and Culture Co-Exist?*, New York, Henry Holt & Company, 1995.
Humphrey, N., *Consciousness Regained: Chapters in the Development of Mind*, New York, Oxford University Press, 1983.
—, « The Uses of Consciousness », *57th James Arthur Lecture on the Evolution of the Human Brain*, New York, American Museum of Natural History, 1987.
Wright, R., *The Moral Animal: Why We Are the Way We Are: The New Science of Evolutionary Psychology*, New York, Pantheon Books, 1994.

INDEX*

* Établi par Catherine Joubaud.

nrf essais

NRF Essais n'est pas une collection au sens où ce mot est communément entendu aujourd'hui ; ce n'est pas l'illustration d'une discipline unique, moins encore le porte-voix d'une école ni celui d'une institution.

NRF Essais est le pari ambitieux d'aider à la défense et restauration d'un genre : l'essai. *L'essai est exercice de pensée, quels que soient les domaines du savoir : il est mise à distance des certitudes reçues sans discernement, mise en perspective des objets faussement familiers, mise en relation des modes de pensée d'ailleurs et d'ici. L'essai est une interrogation au sein de laquelle la question, par les déplacements qu'elle opère, importe plus que la réponse.*

Éric Vigne

(Les titres précédés d'un astérisque ont originellement paru dans la collection Les Essais.*)*

Raymond Abellio *Manifeste de la nouvelle Gnose.*

* Theodor W. Adorno *Essai sur Wagner* (*Versuch über Wagner*; traduit de l'allemand par Hans Hildenbrand et Alex Lindenberg).

Svetlana Alpers *L'atelier de Rembrandt. La liberté, la peinture et l'argent* (*Rembrandt's Enterprise. The Studio and the Market*; traduit de l'anglais [États-Unis] par Jean-François Sené).

Svetlana Alpers *La création de Rubens* (*The Making of Rubens*, traduit de l'anglais [États-Unis] par Jean-François Sené).

Bronislaw Baczko *Comment sortir de la Terreur. Thermidor et la Révolution.*

Bronislaw Baczko *Job mon ami. Promesses du bonheur et fatalité du mal.*

Gilles Barbedette *L'invitation au mensonge. Essai sur le roman.*

Jean-Pierre Baton et Gilles Cohen-Tannoudji *L'horizon des particules. Complexité et élémentarité dans l'univers quantique.*

Michel Blay *Les raisons de l'infini. Du monde clos à l'univers mathématique.*

Luc Boltanski et Laurent Thévenot *De la justification. Les économies de la grandeur.*

Jorge Luis Borges *Entretiens sur la poésie et la littérature* suivi de *Quatre essais sur J. L. Borges* (*Borges the Poet*; traduit de l'anglais [États-Unis] par François Hirsch).

Pierre Bouretz *Les promesses du monde. Philosophie de Max Weber.*

* Michel Butor *Essais sur les Essais.*

Robert Calasso *Les quarante-neuf degrés* (*I quarantanove gradini*; traduit de l'italien par Jean-Paul Manganaro).

* Albert Camus *Le mythe de Sisyphe. Essai sur l'absurde.*

* Albert Camus *Noces.*

Barbara Cassin *L'effet sophistique.*

* Cioran *La chute dans le temps.*

* Cioran *Le mauvais démiurge.*

* Cioran *De l'inconvénient d'être né.*

* Cioran *Écartèlement.*

* Jean Clair *Considérations sur l'état des beaux-arts. Critique de la modernité.*

Robert Darnton *Édition et sédition. L'univers de la littérature clandestine au* XVIIIe *siècle.*

Philippe Delmas *Le bel avenir de la guerre.*

Daniel C. Dennett *La stratégie de l'interprète. Le sens commun et l'univers quotidien* (*The Intentional Stance*; traduit de l'anglais [États-Unis] par Pascal Engel).

Alain Dieckhoff *L'invention d'une nation. Israël et la modernité politique.*

Michel Dummett *Les sources de la philosophie analytique* (*Ursprünge der analytischen Philosophie*; traduit de l'allemand par Marie-Anne Lescourret).

* Mircea Eliade *Briser le toit de la maison. La créativité et ses symboles* (textes traduits de l'anglais par Denise Paulme-Schaeffner et du roumain par Alain Paruit).

* Mircea Eliade *Occultisme, sorcellerie et modes culturelles* (*Occultism, Witchcraft and Cultural Fashions*; traduit de l'anglais [États-Unis] par Jean Malaquais).

Pascal Engel *La norme du vrai. Philosophie de la logique.*

* Etiemble et Yassu Gauclère *Rimbaud.*

Gérard Farasse *L'âne musicien. Sur Francis Ponge.*

Alain Finkielkraut *La mémoire vaine. Du crime contre l'humanité.*

Michael Fried *La place du spectateur. Esthétique et origines de la peinture moderne* (*Absorption and Theatricality. Painting and Beholder in the Age of Diderot*; traduit de l'anglais [États-Unis] par Claire Brunet).

Michael Fried *Le réalisme de Courbet. Esthétique et origines de la peinture moderne II* (*Courbet's Realism*; traduit de l'anglais [États-Unis] par Michel Gautier).

Ilan Greilsammer *La nouvelle histoire d'Israël. Essai sur une identité nationale.*

Pierre Guenancia *L'intelligence du sensible. Essai sur le dualisme cartésien.*

Jürgen Habermas *Droit et Démocratie. Entre faits et normes* (*Faktizität und Geltung. Beiträge zur Diskurstheorie des Rechts und des demokratischen Rechtsstaats*; traduit de l'allemand par Rainer Rochlitz et Christian Bouchindhomme).

François Hartog *Mémoire d'Ulysse. Récits sur la frontière en Grèce ancienne.*

Stephen Hawking et Roger Penrose *La nature de l'espace et du temps* (*The Nature of Space and Time*; traduit de l'anglais [États-Unis] par Françoise Balibar).

Nathalie Heinich *États de femmes. L'identité féminine dans la fiction occidentale.*

Raul Hilberg *Exécuteurs, victimes, témoins. La catastrophe juive 1933-1945* (*Perpetrators Victims Bystanders. The Jewish Catastrophe 1933-1945*; traduit de l'anglais [États-Unis] par Marie-France de Paloméra).

Ian Kershaw *Hitler. Essai sur le charisme en politique* (*Hitler*; traduit de l'anglais par Jacqueline Carnaud et Pierre-Emmanuel Dauzat).

Ben Kiernan *Le génocide au Cambodge 1975-1979. Race, idéologie et pouvoir* (*The Pol Pot Regime. Races, Power, and Genocide in Cambodia under the Khmer Rouge, 1975-79*; traduit de l'anglais [États-Unis] par Marie-France de Paloméra).

* Alexandre Koyré *Introduction à la lecture de Platon* suivi de *Entretiens sur Descartes.*

Julia Kristeva *Le temps sensible. Proust et l'expérience littéraire.*

Thomas Laqueur *La fabrique du sexe. Essai sur le corps et le genre en Occident* (*Making Sex. Body and Gender from the Greeks to Freud*; traduit de l'anglais [États-Unis] par Michel Gautier).

J.M.G. Le Clézio *Le rêve mexicain ou la pensée interrompue.*

Jean-Marc Lévy-Leblond *Aux contraires. L'exercice de la pensée et la pratique de la science.*

* Gilles Lipovetsky *L'ère du vide. Essais sur l'individualisme contemporain.*

Gilles Lipovetsky *Le crépuscule du devoir. L'éthique indolore des nouveaux temps démocratiques.*

Gilles Lipovetsky *La troisième femme. Permanence et révolution du féminin.*

Nicole Loraux *Les expériences de Tirésias. Le féminin et l'homme grec.*
Nicole Loraux *La voix endeuillée. Essai sur la tragédie grecque.*
Giovanni Macchia *L'ange de la nuit. Sur Proust* (*L'angelo della notte ; Proust e dintorni* ; traduit de l'italien par Marie-France Merger, Paul Bédarida et Mario Fusco).
Christian Meier *La naissance du politique* (*Die Entstehung des Politischen bei den Griechen* ; traduit de l'allemand par Denis Trierweiler).
Pierre Pachet *La force de dormir. Essai sur le sommeil en littérature.*
* Octavio Paz *L'arc et la lyre* (*El arco y la lira* ; traduit de l'espagnol [Mexique] par Roger Munier).
* Octavio Paz *Conjonctions et disjonctions* (*Conjunciones y Diyunciones* ; traduit de l'espagnol [Mexique] par Robert Marrast).
* Octavio Paz *Courant alternatif* (*Corriente alterna* ; traduit de l'espagnol [Mexique] par Roger Munier).
* Octavio Paz *Deux transparents. Marcel Duchamp et Claude Lévi-Strauss* (*Marcel Duchamp, Claude Lévi-Strauss o el nuevo Festín de Esopo ;* traduit de l'espagnol [Mexique] par Monique Fong-Wust et Robert Marrast).
* Octavio Paz *Le labyrinthe de la solitude* suivi de *Critique de la pyramide* (*El laberinto de la soledad* ; *Posdata* ; traduit de l'espagnol [Mexique] par Jean-Clarence Lambert).
* Octavio Paz *Marcel Duchamp : l'apparence mise à nu* (*Apariencia desnuda, la obra de Marcel Duchamp. El Castillo de la Pureza. *water writes always in * plural* ; traduit de l'espagnol [Mexique] par Monique Fong).
Jackie Pigeaud *L'Art et le Vivant.*
Joëlle Proust *Comment l'esprit vient aux bêtes. Essai sur la représentation.*
Hilary Putnam *Représentation et réalité* (*Representation and Reality* ; traduit de l'anglais [États-Unis] par Claudine Engel-Tiercelin).
David M. Raup *De l'extinction des espèces. Sur les causes de la disparition des dinosaures et de quelques milliards d'autres* (*Extinction, Bad Genes or Bad Luck ?* ; traduit de l'anglais [États-Unis] par Marcel Blanc).
Jean-Pierre Richard *L'état des choses. Études sur huit écrivains d'aujourd'hui.*
Rainer Rochlitz *Le désenchantement de l'art. La philosophie de Walter Benjamin.*
Rainer Rochlitz *Subversion et subvention. Art contemporain et argumentation esthétique.*
Rainer Rochlitz *L'art au banc d'essai. Esthétique et critique.*
Marc Sadoun *De la démocratie française. Essai sur le socialisme.*
Jean-Paul Sartre *Vérité et existence.*
Jean-Marie Schaeffer *L'art de l'âge moderne. L'esthétique et la philosophie de l'art du XVIIIe siècle à nos jours.*

Jean-Marie Schaeffer *Les célibataires de l'art. Pour une esthétique sans mythes.*

Dominique Schnapper *La communauté des citoyens. Sur l'idée moderne de nation.*

Dominique Schnapper *La relation à l'Autre. Au cœur de la pensée sociologique.*

John R. Searle *La redécouverte de l'esprit* (*The Rediscovery of the Mind*; traduit de l'anglais [États-Unis] par Claudine Tiercelin).

John R. Searle *La construction de la réalité sociale* (*The Construction of Social Reality*; traduit de l'anglais [États-Unis] par Claudine Tiercelin).

Jean-François Sirinelli (sous la direction de) *Histoire des droites en France*, tome 1 : *Politique*, tome 2 : *Cultures*, tome 3 : *Sensibilités*.

Wolfgang Sofsky *Traité de la violence* (*Traktat über die Gewalt*; traduit de l'allemand par Bernard Lortholary).

Jean Starobinski *Le remède dans le mal. Critique et légitimation de l'artifice à l'âge des Lumières.*

George Steiner *Réelles présences. Les arts du sens* (*Real Presences. Is there anything* in *what we say?*; traduit de l'anglais par Michel R. de Pauw).

George Steiner *Passions impunies* (*No passion spent*; traduit de l'anglais par Pierre-Emmanuel Dauzat et Louis Évrard).

* Salah Stétié *Les porteurs de feu et autres essais.*

Ian Tattersall *L'émergence de l'homme. Essai sur l'évolution et l'unicité humaine* (*Becoming Human. Evolution and Human Uniqueness*; traduit de l'anglais [États-Unis] par Marcel Blanc).

Jean-Marie Vaysse *L'inconscient des Modernes. Essai sur l'origine métaphysique de la psychanalyse.*

Patrick Verley *L'échelle du monde. Essai sur l'industrialisation de l'Occident.*

Paul Veyne *René Char en ses poèmes.*

Michael Walzer *Traité sur la tolérance* (*On Toleration*; traduit de l'anglais [États-Unis] par Chaïm Hutner).

Bernard Williams *L'éthique et les limites de la philosophie* (*Ethics and the Limits of Philosophy*; traduit de l'anglais par Marie-Anne Lescourret).

Yosef Hayim Yerushalmi *Le Moïse de Freud. Judaïsme terminable et interminable* (*Freud's Moses. Judaism Terminable and Interminable*; traduit de l'anglais [États-Unis] par Jacqueline Carnaud).

Composition CMB Graphic
et impression Bussière Camedan Imprimeries
à Saint-Amand (Cher), le 3 mai 1999.
Dépôt légal : mai 1999.
Numéro d'imprimeur : 992026/1.

ISBN 2-07-075364-6./Imprimé en France.

87276